高等学校建筑工程专业系列教材

建筑结构抗震

张玉敏　葛　楠　韩建强　主　编

陈海彬　初建宇　尤志国　副主编

苏幼坡　　　　　　　主　审

中国建筑工业出版社

图书在版编目（CIP）数据

建筑结构抗震/张玉敏，葛楠，韩建强主编．—北京：中国建筑工业出版社，2012.6
（高等学校建筑工程专业系列教材）
ISBN 978—7—112—14488—4

Ⅰ.①建…　Ⅱ.①张…　②葛…　③韩…　Ⅲ.①建筑结构－防震设计－高等学校－教材
Ⅳ.①TU352.104

中国版本图书馆 CIP 数据核字(2012)第 153155 号

本书是按照高等院校建筑工程专业的《建筑结构抗震》课程教学大纲要求，并依据国家标准《建筑抗震设计规范》（GB 50011—2010）及相关参考文献编写，全书共分9章，主要内容为：第1章　地震基础知识与建筑抗震设防；第2章　场地、地基与基础；第3章　结构地震反应分析与抗震验算；第4章　多层及高层钢筋混凝土房屋抗震设计；第5章　多层砌体结构房屋的抗震设计；第6章　单层钢筋混凝土柱厂房抗震设计；第7章　多高层建筑钢结构抗震设计；第8章　隔震与消能减震及非结构构件抗震设计；第9章　建筑抗震性能化设计等。

本书可作为高等院校建筑工程及相关专业的教材，也可供建筑工程设计及施工技术人员参考使用。

* * *

责任编辑：杨　杰
责任设计：张　虹
责任校对：张　颖　赵　颖

高等学校建筑工程专业系列教材

建筑结构抗震

张玉敏　葛　楠　韩建强　主　编
陈海彬　初建宇　尤志国　副主编
苏幼坡　　　　　　　　　　主　审

*

中国建筑工业出版社出版、发行（北京西郊百万庄）
各地新华书店、建筑书店经销
文道思发展有限责任公司制版
北京市安泰印刷厂印刷

*

开本：787×1092毫米　1/16　印张：16¾　字数：403千字
2012年6月第一版　　2012年6月第一次印刷
定价：**35.00**元
ISBN 978—7—112—14488—4
(22564)

前　言

本书是根据教育部对建筑工程专业的培养要求，结合作者多年的教学实践经验，参考中华人民共和国国家标准《建筑抗震设计规范》（GB 50011—2010）及相关参考文献编写，内容包括抗震概念设计、场地、地基和基础、各类工业与民用建筑的抗震设计的理论和方法，以及非结构抗震、隔震与消能减震，建筑性能化设计等。

本书简明扼要、讲求实用，既重视基本概念的阐述，又强调抗震理论的应用。本书分为 9 章，前 3 章为基本理论部分，后 6 章为专题部分。考虑到钢结构应用日益广泛，本书增加了钢结构抗震的章节，还讨论了隔震与消能减震和非结构抗震等前沿性的课题，并将建筑性能化设计单独作为一章讲述。

本书由苏幼坡教授主审，张玉敏教授、葛楠副教授、韩建强副教授担任主编，陈海彬副教授、初建宇副教授、尤志国副教授担任副主编。书中第 1、2、8 章由张玉敏编写；第 3 章由葛楠编写；第 4、5、6 章由韩建强编写；第 7 章由陈海彬编写；第 9 章由初建宇、尤志国编写。

在本书编写过程中，参考了大量国内外近年来出版的建筑结构抗震设计方面的教材、规范和手册等文献，在此对相关作者表示感谢。

因编写作者水平有限，时间仓促，对新规范的深入理解和使用经验等方面多有欠缺，书中难免有遗漏和不足之处，热切希望广大读者批评指正。

目　录

第 1 章　地震基础知识与建筑抗震设防 ……………………………………… 1

1.1　地震震害的启示 ……………………………………………………… 1

1.2　地震与地震动 ………………………………………………………… 2

　　1.2.1　地球的构造 ………………………………………………… 2

　　1.2.2　地震类型与成因 …………………………………………… 2

　　1.2.3　地震波 ……………………………………………………… 4

　　1.2.4　地震强度 …………………………………………………… 6

　　1.2.5　常用术语 …………………………………………………… 10

1.3　地震活动与地震分布 ………………………………………………… 11

　　1.3.1　世界地震活动性 …………………………………………… 11

　　1.3.2　我国地震活动 ……………………………………………… 12

　　1.3.3　我国严重的地震灾害 ……………………………………… 12

1.4　地震的破坏作用 ……………………………………………………… 14

　　1.4.1　地表的破坏现象 …………………………………………… 14

　　1.4.2　建筑物的破坏 ……………………………………………… 14

　　1.4.3　次生灾害 …………………………………………………… 15

1.5　建筑结构的抗震设防 ………………………………………………… 16

　　1.5.1　抗震设防依据 ……………………………………………… 16

　　1.5.2　建筑抗震设防要求 ………………………………………… 18

　　1.5.3　建筑抗震设防分类及设防标准 …………………………… 20

1.6　建筑结构抗震概念设计 ……………………………………………… 21

　　1.6.1　场地、地基和基础的要求 ………………………………… 21

　　1.6.2　建筑结构的规则性 ………………………………………… 22

　　1.6.3　抗震结构体系 ……………………………………………… 23

　　1.6.4　结构构件 …………………………………………………… 23

　　1.6.5　非结构构件 ………………………………………………… 24

思考题 …………………………………………………………………………… 24

第 2 章　场地、地基与基础 ……………………………………………… 25

2.1　概述 ………………………………………………………………… 25

2.2　场地分类 …………………………………………………………… 26

　　2.2.1　场地条件对震害的影响 …………………………………… 26

　　2.2.2　覆盖层厚度 ………………………………………………… 27

　　2.2.3　场地土类型 ………………………………………………… 27

　　2.2.4　场地类别划分 ……………………………………………… 28

2.3　天然地基与基础 …………………………………………………… 29

　　2.3.1　地基抗震设计原则 ………………………………………… 29

　　2.3.2　地基土抗震承载力 ………………………………………… 29

　　2.3.3　地基抗震验算 ……………………………………………… 30

2.4　液化土地基 ………………………………………………………… 30

　　2.4.1　地基土液化及其影响因素 ………………………………… 30

　　2.4.2　液化的判别 ………………………………………………… 31

　　2.4.3　液化地基的评价 …………………………………………… 33

　　2.4.4　液化地基的抗震措施 ……………………………………… 34

2.5　桩基的抗震验算 …………………………………………………… 35

　　2.5.1　非液化土中桩基抗震验算 ………………………………… 35

　　2.5.2　液化土中桩基抗震验算 …………………………………… 36

思考题 ……………………………………………………………………… 37

第 3 章　结构地震反应分析与抗震验算 …………………………… 38

3.1　概述 ………………………………………………………………… 38

3.2　单自由度弹性体系的地震反应分析 ……………………………… 38

　　3.2.1　计算简图 …………………………………………………… 38

　　3.2.2　运动方程 …………………………………………………… 38

　　3.2.3　自由振动 …………………………………………………… 40

　　3.2.4　强迫振动 …………………………………………………… 42

3.3　单自由度弹性体系的水平地震作用及其反应谱 ………………… 44

　　3.3.1　水平地震作用的基本公式 ………………………………… 44

　　3.3.2　地震反应谱 ………………………………………………… 44

　　3.3.3　标准反应谱 ………………………………………………… 46

　　3.3.4　设计反应谱 ………………………………………………… 47

3.4　多自由度弹性体系的地震反应分析的振型分解法 ……………… 49

　　3.4.1　计算简图 …………………………………………………… 49

　　3.4.2　运动方程 …………………………………………………… 50

　　3.4.3　自由振动 …………………………………………………… 52

　　3.4.4　振型分解法 ………………………………………………… 66

3.5　多自由度体系的水平地震作用 …………………………………… 70

　　3.5.1　振型分解反应谱法 ………………………………………… 70

　　3.5.2　底部剪力法 ………………………………………………… 72

3.6 结构的地震扭转效应 ………………………………………………… 77
  3.6.1 刚心与质心 ……………………………………………… 77
  3.6.2 单层偏心结构的振动 …………………………………… 78
  3.6.3 多层偏心结构的振动 …………………………………… 81
  3.6.4 偏心结构的地震作用 …………………………………… 83
3.7 地基与结构的相互作用 ……………………………………………… 87
  3.7.1 地基与结构的相互作用对结构地震反应的影响 ……… 87
  3.7.2 考虑地基结构相互作用的抗震设计 …………………… 88
3.8 竖向地震作用 ………………………………………………………… 88
  3.8.1 高耸结构和高层建筑 …………………………………… 88
  3.8.2 屋盖结构 ………………………………………………… 90
  3.8.3 其他结构 ………………………………………………… 90
3.9 结构地震反应的时程分析法 ………………………………………… 90
  3.9.1 概述 ……………………………………………………… 90
  3.9.2 恢复力特性曲线 ………………………………………… 91
  3.9.3 结构的计算模型 ………………………………………… 93
  3.9.4 地震波的选用 …………………………………………… 97
  3.9.5 地震反应的数值分析法 ………………………………… 98
3.10 建筑结构抗震验算 ………………………………………………… 101
  3.10.1 结构抗震承载力验算 ………………………………… 101
  3.10.2 结构的抗震变形验算 ………………………………… 103

思考题 …………………………………………………………………… 107

第4章 多层及高层钢筋混凝土房屋抗震设计 ……………………… 108
4.1 概述 …………………………………………………………………… 108
4.2 抗震设计的一般要求 ………………………………………………… 110
  4.2.1 结构体系选择 …………………………………………… 110
  4.2.2 结构布置 ………………………………………………… 111
  4.2.3 抗震等级 ………………………………………………… 115
4.3 框架内力与位移计算 ………………………………………………… 116
  4.3.1 水平地震作用计算 ……………………………………… 118
  4.3.2 水平地震作用下框架内力的计算 ……………………… 118
  4.3.3 竖向荷载作用下框架内力计算 ………………………… 118
  4.3.4 竖向荷载下的梁端弯矩调幅 …………………………… 119
  4.3.5 竖向活荷载的最不利布置 ……………………………… 119
  4.3.6 内力组合 ………………………………………………… 119
  4.3.7 框架结构位移验算 ……………………………………… 121
4.4 钢筋混凝土框架结构构件设计 ……………………………………… 122
  4.4.1 框架梁截面设计 ………………………………………… 122
  4.4.2 框架柱截面设计 ………………………………………… 126
  4.4.3 框架节点抗震设计 ……………………………………… 131

4.5 抗震墙结构的基本抗震构造措施 ……………………………… 135

4.5.1 抗震墙的厚度及墙肢长度 …………………………… 135

4.5.2 抗震墙的分布钢筋 …………………………………… 135

4.5.3 轴压比限值 …………………………………………… 136

4.5.4 边缘构件 ……………………………………………… 136

4.5.5 连梁 …………………………………………………… 138

4.6 框架—抗震墙结构抗震构造措施 ……………………………… 138

4.7 多层框架结构抗震设计 ………………………………………… 139

4.7.1 工程概况 ……………………………………………… 139

4.7.2 设计依据 ……………………………………………… 139

4.7.3 截面尺寸初步估计 …………………………………… 140

4.7.4 荷载计算 ……………………………………………… 141

4.7.5 梁、柱刚度计算 ……………………………………… 143

4.7.6 水平地震作用计算及侧移验算 ……………………… 145

4.7.7 内力计算 ……………………………………………… 146

4.7.8 荷载组合及调整 ……………………………………… 146

4.7.9 框架梁配筋计算 ……………………………………… 150

4.7.10 框架柱配筋计算 …………………………………… 151

思考题 …………………………………………………………………… 154

第5章 多层砌体结构房屋的抗震设计 ……………………………… 155

5.1 概述 ……………………………………………………………… 155

5.2 震害及其分析 …………………………………………………… 155

5.2.1 墙体的破坏 …………………………………………… 156

5.2.2 墙体转角处的破坏 …………………………………… 156

5.2.3 楼梯间的破坏 ………………………………………… 156

5.2.4 内外墙连接处的破坏 ………………………………… 156

5.2.5 屋盖的破坏 …………………………………………… 156

5.2.6 突出屋面的屋顶间等附属结构的破坏 ……………… 156

5.3 结构方案与结构布置 …………………………………………… 156

5.3.1 结构方案与结构布置 ………………………………… 156

5.3.2 房屋总高度和层数限值 ……………………………… 156

5.3.3 房屋最大高宽比 ……………………………………… 157

5.3.4 房屋抗震横墙最大间距 ……………………………… 158

5.3.5 房屋局部尺寸 ………………………………………… 158

5.4 多层砌体房屋抗震计算 ………………………………………… 158

5.4.1 计算简图 ……………………………………………… 159

5.4.2 地震作用 ……………………………………………… 159

5.4.3 楼层地震剪力在墙体中的分配 ……………………… 160

5.4.4 墙体抗震承载力验算 ………………………………… 166

5.5 多层砌体结构房屋的抗震构造措施 …………………………… 167

    5.5.1 多层砖房构造措施 ·················· 168

    5.5.2 多层砌块结构房屋的抗震构造措施 ·················· 171

  思考题 ·················· 172

第 6 章　单层钢筋混凝土柱厂房抗震设计 ·················· 173

 6.1　震害及分析 ·················· 173

    6.1.1 屋盖系统 ·················· 173

    6.1.2 柱 ·················· 175

    6.1.3 山墙和围护墙 ·················· 176

    6.1.4 披屋的震害 ·················· 176

 6.2　抗震设计基本要求 ·················· 177

 6.3　钢筋混凝土柱厂房抗震计算 ·················· 179

    6.3.1 不作内力分析和抗震验算的范围 ·················· 179

    6.3.2 单层厂房空间结构分析简介 ·················· 179

    6.3.3 横向抗震计算 ·················· 180

    6.3.4 纵向计算 ·················· 188

    6.3.5 截面抗震验算 ·················· 190

 6.4　抗震构造措施 ·················· 193

    6.4.1 屋盖系统的抗震构造 ·················· 193

    6.4.2 排架柱的抗震构造 ·················· 196

    6.4.3 柱间支撑的构造及其连接 ·················· 197

    6.4.4 厂房结构构件的连接节点构造 ·················· 198

  思考题 ·················· 198

第 7 章　多高层建筑钢结构抗震设计 ·················· 199

 7.1　多高层钢结构的主要震害特征 ·················· 199

    7.1.1 节点连接破坏 ·················· 199

    7.1.2 构件破坏 ·················· 201

    7.1.3 结构倒塌 ·················· 202

 7.2　多高层钢结构的选型与结构布置 ·················· 203

    7.2.1 结构选型 ·················· 203

    7.2.2 钢结构抗震等级 ·················· 204

    7.2.3 结构平面布置 ·················· 204

    7.2.4 结构竖向布置 ·················· 206

    7.2.5 结构布置的其他要求 ·················· 206

 7.3　多高层钢结构的抗震概念设计 ·················· 207

    7.3.1 优先采用延性好的结构方案 ·················· 207

    7.3.2 多道结构防线要求 ·················· 207

    7.3.3 强节点弱构件要求 ·················· 207

    7.3.4 强柱弱梁要求 ·················· 210

    7.3.5 偏心支撑框架弱消能梁段要求 ·················· 210

    7.3.6 其他抗震特殊要求 ·················· 211

7.4 多高层钢结构的抗震计算要求 ……………………………………… 213
    7.4.1 计算模型 …………………………………………………………… 213
    7.4.2 阻尼比 ……………………………………………………………… 215
    7.4.3 计算有关要求 …………………………………………………… 215
7.5 多高层钢结构抗震构造要求 ……………………………………… 215
    7.5.1 纯框架结构抗震构造措施 ……………………………………… 215
    7.5.2 中心支撑框架抗震构造措施 …………………………………… 219
    7.5.3 偏心支撑框架抗震构造措施 …………………………………… 220
思考题 …………………………………………………………………… 222

第8章 隔震与消能减震及非结构构件抗震设计 ……………………… 223
8.1 概述 ………………………………………………………………… 223
8.2 隔震结构房屋设计 ………………………………………………… 223
    8.2.1 结构隔震原理 …………………………………………………… 223
    8.2.2 隔震系统的构成 ………………………………………………… 224
    8.2.3 隔震结构的设计要点 …………………………………………… 224
8.3 消能减震结构设计 ………………………………………………… 230
    8.3.1 消能减震部件及其布置 ………………………………………… 230
    8.3.2 消能减震设计计算要点 ………………………………………… 230
    8.3.3 消能部件附加给结构的有效阻尼比和有效刚度确定 ………… 230
    8.3.4 支承构件刚度或恢复力滞回模型的要求 …………………… 231
    8.3.5 消能器的性能检验 ……………………………………………… 232
    8.3.6 消能部件的连接 ………………………………………………… 232
8.4 非结构构件抗震设计规定 ………………………………………… 232
    8.4.1 一般要求 ………………………………………………………… 232
    8.4.2 基本计算要求 …………………………………………………… 232
    8.4.3 建筑非结构构件的基本抗震措施 ……………………………… 233
    8.4.4 建筑附属机电设备支架的基本抗震措施 …………………… 235
思考题 …………………………………………………………………… 236

第9章 建筑抗震性能化设计 ………………………………………… 237
9.1 概述 ………………………………………………………………… 237
9.2 抗震设防目标 ……………………………………………………… 238
9.3 结构性能目标选择 ………………………………………………… 238
9.4 性能设计指标的选定及设计方法 ………………………………… 239
9.5 不同抗震性能水准位移控制目标 ………………………………… 241
9.6 结构抗震性能设计对弹塑性计算分析的要求 …………………… 242
思考题 …………………………………………………………………… 242

附录 我国主要城镇抗震设防烈度、设计基本地震加速度和设计地震分组 ……… 243

第1章 地震基础知识与建筑抗震设防

1.1 地震震害的启示

地震是一种灾害性自然现象。全世界每年大约发生 500 万次地震，其中绝大多数地震是人感觉不到的微小地震，只有灵敏的仪器才能监测到它们的活动。人能够感觉到的地震（有感地震）每年发生约 5 万次，其中 5 级以上破坏性地震约有 1000 余次，能够造成严重破坏的强烈地震平均每年发生约 18 次。我国是世界上多地震国家之一，20 世纪共发生破坏性地震 3000 余次，其中 6 级以上地震近 800 次，8 级以上特大地震 9 次。

由于地震时产生的巨大能量，往往造成各类建筑物和设施的破坏，甚至倒塌，并由此引起各种次生灾害的发生以及人员的伤亡。提高建筑物和各类设施防御地震破坏能力，防止地震时人员伤亡，减少地震所造成的经济损失，是地震工程和抗震工程学的重要任务。国内外大量震害都表明，采用科学合理抗震设防标准、抗震设计方法和抗震构造措施，是当前减轻地震灾害的最有效途径。1976 年 7 月 28 日在我国一个拥有 150 万人口的唐山市，遭遇 7.8 级地震的袭击，顷刻间整座城市化为一片瓦砾，人员死亡高达近 24.2 万人，经济损失超过百亿元。可是，1985 年一个拥有 100 余万人口的智利瓦尔帕莱索市虽遭受了同样 7.8 级地震的袭击，人员伤亡却只有 150 人，而且，不到一周时间，整个城市就恢复原样。同样大小的地震，城市人口也差不多相同，却产生了如此不同的后果，只是因为瓦尔帕莱索市的建筑物和设施曾进行了有效抗震设防。

对各类建筑物和设施进行抗震设防，免不了要增加工程的造价和投资，因此如何合理地采用设防标准，既能有效地减轻工程的地震破坏、避免人员伤亡、减少经济损失，又能合理地使用有限的资金，是当前工程抗震防灾中迫切需要解决的关键问题。由于制定的设防标准不同，各类建筑物和设施在地震中的表现会截然不同，因而地震时造成的损失也会有巨大的差别。例如，日本东京是国际著名大城市，历史上曾发生过 8 级以上大地震，日本政府以及各界一向对此十分关心和重视，长期以来一直致力于将东京建成一个能抗御 8 级大地震的城市。1986 年一次 6.2 级地震发生在东京城底下，一座上千万人口的城市仅死亡 2 人，整个城市几乎未遭受到破坏。可是一向认为没有发生大地震危险的日本第二大港神户市对工程抗震设防就不那么重视。在 1995 年 1 月 17 日的一次 6.9 级（JMA 震级为 7.2）的地震中，导致了近十万栋房屋毁坏，5500 人死亡和约 1000 亿美元的经济损失。又一个典型事例，1988 年 12 月 7 日前苏联的阿美尼亚共和国发生一次 6.8 级地震，位于震中的斯皮塔克城全城变为废墟，距震中 40 公里的列宁纳坎市约有 80% 建筑物毁坏，更远的基洛伐克市也有将近 50% 的建筑物严重破坏或倒塌，地震死亡人数达 4～5 万人。该地区历史上曾发生过数次 6～7 级大地震，在地震区划图上也被划在 MSK 烈度表的 9 度地区。但前苏联政府，特别是城市规划和建设部门，鉴于城市居住建筑严重短缺，又缺乏资金，便在 70 年代初期对大量新建的多层房屋建筑降低设防标准，一律从 9 度降低到 7 度，而恰恰正是这些房屋建筑在该次地震中大量倒塌，造成了众多的人员伤亡。

从上述的震例不难看出，工程抗震是减轻地震灾害和损失的十分有效的措施，工程抗震的成效很大程度上取决于所采用的工程设防标准，而制定恰当、合理的设防标准不仅需要有可靠的科学和技术依据，并同时要受到社会经济、政治等条件的制约。那么是不是对工程建筑物和设施的设防标准越高越好呢？当然不是这样。最佳的或者说可行、合理的设防标准的确定，特别是可接受的最低设防标准的制定，需要在保证地震作用下的工程安全性与优化的经济效益和社会影响之间取得平衡。

1.2 地震与地震动

地震给人类社会带来灾难，造成不同程度的人身伤亡和经济损失。为了减轻或避免这种损失，就需要对地震有较深入的了解。作为土木工程技术人员，其主要任务就是研究如何防止或减少建（构）筑物由于地震而造成的破坏，这就是建（构）筑物的抗震问题。

1.2.1 地球的构造

地球是一个略呈椭圆的球体，它的平均半径约为 6400km。研究表明，地球是由性质不同的三个层次构成：最外层是薄薄的地壳，中间层是很厚的地幔，最里层是地核（图 1.1）。

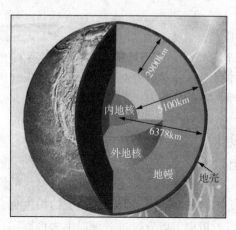

图 1.1 地球的构造

地壳是由各种结构不均匀、厚薄不一的岩层组成。在陆地上，除表面的沉积层外，陆地地壳主要有两大层：上部花岗岩层和下部玄武岩层，平均厚度约为 30～40km。在海洋中，海洋地壳一般只有玄武岩层，平均厚度约为 5～8km。地球上绝大部分地震都发生在这一层薄薄的地壳内。

地幔主要是由质地非常坚硬，结构比较均匀的橄榄岩组成。地壳与地幔的分界面叫莫霍面，莫霍面以下 40～70km 内是一层岩石层，它与地壳共同组成岩石圈。岩石层以下存在一个厚度几百公里的软流层，该层物质呈塑性状态并具有粘弹性质。岩石层与软流层合称上地幔。上地幔之下为下地幔，其物质成分与结构和上地幔差别不大，但物质密度较大。

地核是个半径为 3500km 的球体，可分为外核和内核。对地核的成分和状态目前尚不清楚，据推测外核厚度约为 2100km，处于液态；内核半径约为 1400km，处于固态。地核构成物质主要是镍和铁。

到目前为止，所观察到的地震深度最深为 700km，比起地球半径来仅占 1/10，可见地震仅发生于地球的表面部分——地壳内和地幔上部。

1.2.2 地震类型与成因

地震按照其成因可分为三种主要类型：火山地震、塌陷地震和构造地震。

伴随火山喷发或由于地下岩浆迅猛冲出地面引起的地面运动称为火山地震。这类地震一般强度不大，影响范围和造成的破坏程度均比较小，主要分布于环太平洋、地中海以及东非等地带，其数量约占全球地震的7%左右。

地表或地下岩层由于某种原因陷落和崩塌引起的地面运动称为塌陷地震。这类地震的发生主要由重力引起，地震释放的能量与波及的范围均很小，主要发生在具有地下溶洞或古旧矿坑地质条件的地区，其数量约占全球地震的3%左右。

由于地壳构造运动造成地下岩层断裂或错动引起的地面振动称为构造地震。这类地震破坏性大、影响面广，而且发生频繁，几乎所有的强震均属构造地震。构造地震为数最多，约占全球地震的90%以上。构造地震一直是人们的主要研究对象，关于构造地震的成因有多种学说，这里主要介绍断层说和板块构造说。

构造地震成因的局部机制可以用地壳构造运动来说明，地球内部处于不断运动之中，地幔物质发生对流释放能量，使得地壳岩石层处在强大的地应力作用之下。在漫长的地质年代中，原始水平状的岩层在地应力作用下发生形变：当地应力只能使岩层产生弯曲而未丧失其连续性时，岩层发生褶皱；当岩层变形积累的应力超过本身强度极限时，岩层就发生突然断裂和猛烈错动，岩层中原先积累的应变能全部释放，并以弹性波的形式传到地面，地面随之振动，形成地震（图1.2）。

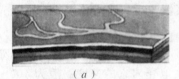  

（a）　　　　　　　　　　（b）　　　　　　　　　　（c）

图1.2　构造运动与地震形成示意图

（a）岩层原始状态；（b）褶皱变形；（c）断裂错动

构造地震成因的宏观背景可以借助板块构造学说来解释。板块构造学说认为，地壳和地幔顶部厚约70～100km的岩石组成了全球岩石圈，岩石圈由大大小小的板块组成，类似一个破裂后仍连在一起的蛋壳，板块下面是塑性物质构成的软流层。软流层中的地幔物质以岩浆活动的形式涌出海岭，推动软流层上的大洋板块在水平方向移动，并在海沟附近向大陆板块之下俯冲，返回软流层。这样在海岭和海沟之间便形成地幔对流，海岭形成于对流上升区，海沟形成于对流下降区（图1.3）。

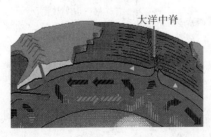 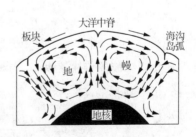

图1.3　板块运动

全球岩石圈可以分为六大板块，即欧亚板块、太平洋板块、美洲板块、非洲板块、印度洋板块和南极板块（图1.4）。各板块由于地幔对流而互相挤压、碰撞，地球上的主要地震带就分布在这些大板块的交界地区及附近，仅有15%左右发生于板块内部。

图 1.4　全球大板块划分示意图

1.2.3　地震波

地震引起的振动以波的形式从震源向各个方向传播并释放能量，这就是地震波。它包含在地球内部传播的体波和只限于在地球表面传播的面波。地震波是一种弹性波。

体波中包括纵波和横波两种。纵波是由震源向外传播的疏密波，其介质质点的振动方向与波的前进方向一致，从而使介质不断地压缩和疏松，故也称压缩波或疏密波。如在空气中传播的声波就是一种纵波。纵波的特点是周期较短，振幅较小，传播速度快，在地壳内它的速度一般为 200～1400m/s。

横波是由震源向外传播的剪切波，其介质质点的振动方向与波的前进方向相垂直，亦称剪切波。横波的周期较长，振幅较大，传播速度较慢，在地壳内它的速度一般为 100～800m/s（图 1.5）。还应指出，横波只能在固体内传播，而纵波在固体和液体内都能传播。

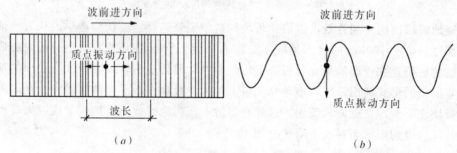

图 1.5　体系质点振动形式

(a) 纵波；(b) 横波

根据弹性理论，纵波的传播速度 v_p 与横波的传播速度 v_S 可分别按下列式（1.1）和式（1.2）计算：

$$v_p = \sqrt{\frac{E(1-\mu)}{\rho(1+\mu)(1-2\mu)}} \tag{1.1}$$

$$v_S = \sqrt{\frac{E(1-\mu)}{2\rho(1+\mu)}} = \sqrt{\frac{G}{\rho}} \tag{1.2}$$

式中　E——介质的弹性模量；

G——介质的剪度模量；

ρ——介质的密度；

μ——介质的泊松比。

在一般情况下，当 $\mu=0.22$ 时，从式（1.1）和式（1.2）可得：

$$v_p=1.67v_s \qquad\qquad (1.3)$$

由此可见，纵波的传播速度要比横波的传播速度快，所以在仪器的观测记录纸上，纵波一般都先于横波到达。因此，通常又把纵波叫做 P 波（即初波），把横波叫做 S 波（即次波）。根据 P 波和 S 波的到达的时间差，可确定震源的距离。

研究表明，体波在地球中的传播速度将
随深度的增加而加快（图 1.6），并且由于地
球的层状构造特点，体波通过分层介质时，
将会在界面上反复发生反射和折射。当体波
经过地层界面的多次反射和折射后投射到地
面时，又激起两种仅沿地面传播的面波，即
瑞雷波（R 波）和洛夫波（L 波）。瑞雷波传
播时，质点在波的传播方向和地面法向所组
成的平面内（XZ 平面）做与波前进方向相反
的椭圆形运动，而在与该平面垂直的水平方
向（y 方向）没有振动，故瑞雷波在地面上
呈滚动形式 [图 1.7(a)]。瑞雷波具有随着

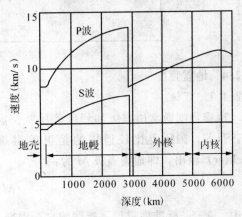

图 1.6　体波在地球内传播速度的变化

距地面深度增加其振幅急剧减小的特性，这可能是地震时地下建筑物比地上建筑物受害较
轻的一个原因。洛夫波传播时将使质点在地平面内作与波前进方向相垂直的水平方向
（y 方向）的运动，即在地面上呈蛇形运动形式 [图 1.7(b)]。洛夫波也随深度而衰减。

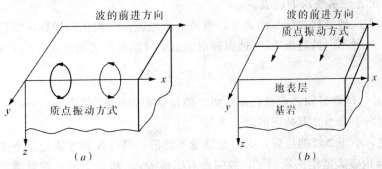

图 1.7　面波质点振动形式
(a) 瑞雷波；(b) 洛夫波

面波振幅大，周期长，只能在地表附近传播，比体波衰减慢，故能传播到很远的
地方。

综上所述，地震波的传播以纵波最快，剪切波次之，面波最慢。所以在任意一地震波
的记录图（图 1.8）上，纵波总是最先到达，剪切波次之，面波到达最晚。然而就振幅而
言，后者却最大。由于面波的能量要比体波大，所以造成建筑物和地表破坏的主要以面波

为主。大量震害调查表明，一般建筑物的震害主要是由水平振动引起，因此，由体波和面波共同引起的水平地震作用通常是最主要的地震作用。从图1.8中还可看出，在上述3种波到达之间有一相对稳定区段，稳定区段的时间间隔则随由观测点至震源之间距离的减小而缩短。在震中区，由于震源机制和地面扰动的复杂性，3种波的波列几乎是难以区分的。

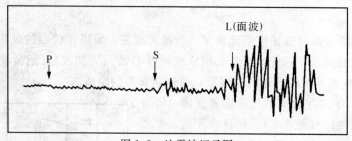

图 1.8　地震波记录图

1.2.4　地震强度

1.2.4.1　震级

地震强度通常用震级和烈度等反映。震级是表示一次地震本身强弱程度和大小的尺度。目前，国际上比较通用的是里氏震级，其原始定义是在 1935 年由里克特（C. F Richter）给出，即地震震级 M 为：

$$M = \lg A \tag{1.4}$$

式中　A——标准地震仪（指摆的自振周期为 0.8s，阻尼系数为 0.8，放大倍数为 2800 倍的地震仪）在距震中 100km 处记录的以微米（$1\mu m = 10^{-6}$ m）为单位的最大水平地动位移（单振幅）。实际上，地震时距震中恰好 100km 处不一定设置了地震仪，且观测点也不一定采用上述的标准地震仪。因此，对于距震中的距离不是 100km，且采用了非标准地震仪所确定的震级，尚需进行适当的修正才是所要求的震级。

震级表示一次地震释放能量的多少，也是表示地震强度大小的指标，所以一次地震只有一个震级。各种不同的震级 M 与地震释放能量 E（尔格）之间有如下的关系：

$$\lg E = 11.8 + 1.5M \tag{1.5}$$

由式（1.5）计算得知，震级相差一级，能量就要相差 32 倍之多。一次 6 级地震所释放的能量，相当于一个 2 万吨级的原子弹。

一般地说，小于 2 级的地震，人们是感觉不到的，只有仪器才能记录下来，因此称为微震；2~4 级地震人就能感觉到了，故叫做有感地震；5 级以上的地震就能引起不同程度的破坏，称为破坏性地震；7 级以上的地震则称为强烈地震或大震；8 级以上的地震称为特大地震。据 1935 年后所提出的震级测算方法计算，1960 年 5 月发生在智利的 8.5 级地震，是记录到的世界最大震级地震，它所释放出来的地震能量是空前的，海啸规模巨大，地面形状变化非常显著，其破坏性之大，在世界地震史上是十分罕见的。

1.2.4.2　地震烈度和地震烈度表

（1）地震烈度

地震烈度是指地震时某一地区的地面和各类建筑物遭受到一次地震影响的强弱程度。

一次同样大小的地震，若震源深度、离震中的距离和土质条件等因素不同，则对地面和建筑物的破坏也不相同。这时，若仅用地震震级来表示地震动的强度，还不足以区别地面和建筑物破坏轻重的程度。虽然一次地震只有一个震级，但距离震中不同的地点，地震的影响是不一样的，即地震烈度不同。一般来说，离震中越近，地震影响越大，地震烈度越高；离震中越远，地震烈度就越低。

（2）地震烈度表

用什么尺度衡量地震烈度？在没有仪器观测的年代，只能由地震宏观现象，如人的感觉、器物的反应、地表和建筑物的影响和破坏程度等，总结出宏观烈度表来评定地震烈度。我国早期的《新中国地震烈度表》（1957）就属于这种宏观烈度表。由于宏观烈度表未能提供定量指标，因此不能直接用于工程抗震设计。随着科学技术的发展，强震仪的问世，使人们有可能记录到地面运动参数，如地面运动加速度峰值、速度峰值来定义地震烈度，从而出现了含有物理指标的定量烈度表。由于不可能随处取得地震仪记录，因此，用定量烈度表评定地震现场的地震烈度还有一定困难。比较好的方法是将两种烈度表结合起来，使之兼有两种功能，以便工程应用。

1999年由国家地震局颁布实施的《中国地震烈度表》（GB/T 17742—1999），就属于将宏观烈度与地面运动参数建立起联系的地震烈度表。所以，该烈度表既有定性的宏观标志，又有定量的物理标志，兼有宏观烈度表和定量烈度表的功能。《中国地震烈度表》（GB/T 17742—1999）自发布实施以来，在地震烈度评定中发挥了重要作用。由于国家经济发展，城乡房屋结构发生了很大变化，抗震设防的建筑比例增加。因此，由中国地震局对《中国地震烈度表》（GB/T 17742—1999）进行了修订，并由国家质量监督检验检疫总局和国家标准化管理委员会联合发布了新的《中国地震烈度表》（GB/T 17742—2008），参见表1.1。

中国地震烈度表 表1.1

地震烈度	人的感觉	房屋震害			其他震害现象	水平向地震动参数	
		类型	震害程度	平均震害指数		峰值加速度 (m/s²)	峰值速度 (m/s)
Ⅰ	无感	—	—	—	—	—	—
Ⅱ	室内个别静止中的人有感觉						
Ⅲ	室内少数静止中的人有感觉		门、窗轻微作响		悬挂物微动		
Ⅳ	室内多数人、室外少数人有感觉，少数人梦中惊醒	—	门、窗作响		悬挂物明显摆动，器皿作响		
Ⅴ	室内绝大多数、室外多数人有感觉，多数人梦中惊醒		门窗、屋顶、屋架颤动作响，灰土掉落，个别房屋墙体抹灰出现细微裂缝，个别屋顶烟囱掉砖		悬挂物大幅度晃动，不稳定器物摇动或翻倒	0.31 (0.22~0.44)	0.03 (0.02~0.04)

地震烈度	人的感觉	房屋震害			其他震害现象	水平向地震动参数	
		类型	震害程度	平均震害指数		峰值加速度 (m/s²)	峰值速度 (m/s)
Ⅵ	多数人站立不稳，少数人惊逃户外	A	少数中等破坏，多数轻微破坏和/或基本完好	0.00～0.11	家具和物品移动；河岸和松软土出现裂缝，饱和砂层出现喷砂冒水；个别独立砖烟囱轻度裂缝	0.63 (0.45～0.89)	0.06 (0.05～0.09)
		B	个别中等破坏，少数轻微破坏，多数基本完好				
		C	个别轻微破坏，大多数基本完好	0.00～0.08			
Ⅶ	大多数人惊逃户外，骑自行车的人有感觉，行驶中的汽车驾乘人员有感觉	A	少数毁坏和/或严重破坏，多数中等破坏和/或轻微破坏	0.09～0.31	物体从架子上掉落；河岸出现塌方，饱和砂层常见喷水冒砂，松软土地上地裂缝较多；大多数独立砖烟囱中等破坏	1.25 (0.90～1.77)	0.13 (0.10～0.18)
		B	少数中等破坏，多数轻微破坏和/或基本完好				
		C	少数中等和/或轻微破坏，多数基本完好	0.07～0.22			
Ⅷ	多数人摇晃颠簸，行走困难	A	少数毁坏，多数严重和/或中等破坏	0.29～0.51	干硬土上亦出现裂缝，饱和砂层绝大多数喷砂冒水；大多数独立砖烟囱严重破坏	2.50 (1.78～3.53)	0.25 (0.19～0.35)
		B	个别毁坏，少数严重破坏，多数中等和/或轻微破坏				
		C	少数严重和/或中等破坏，多数轻微破坏	0.20～0.40			
Ⅸ	行动的人摔倒	A	多数严重破坏或/和毁坏	0.49～0.71	干硬土上多处出现裂缝，可见基岩裂缝、错动，滑坡、塌方常见；独立砖烟囱多数倒塌	5.00 (3.54～7.07)	0.50 (0.36～0.71)
		B	少数毁坏，多数严重和/或中等破坏				
		C	少数毁坏和/或严重破坏，多数中等和/或轻微破坏	0.38～0.60			
Ⅹ	骑自行车的人会摔倒，处不稳状态的人会摔离原地，有抛起感	A	绝大多数毁坏	0.69～0.91	山崩和地震断裂出现，基岩上拱桥破坏；大多数独立砖烟囱从根部破坏或倒毁	10.00 (7.08～14.14)	1.00 (0.72～1.41)
		B	大多数毁坏				
		C	多数毁坏和/或严重破坏	0.58～0.80			

地震烈度	人的感觉	房屋震害			其他震害现象	水平向地震动参数	
		类型	震害程度	平均震害指数		峰值加速度（m/s²）	峰值速度（m/s）
XI	—	A	绝大多数毁坏	0.89～1.00	地震断裂延续很长；大量山崩滑坡	—	—
		B		0.78～1.00			
		C					
XII	—	A	几乎全部毁坏	1.00	地面剧烈变化，山河改观	—	—
		B					
		C					

注：表中给出的"峰值加速度"和"峰值速度"是参考值，括弧内给出的是变动范围。

具体说明如下：

1）评定烈度指标

新的烈度表规定了地震烈度的评定烈度指标，包括人的感觉、房屋震害程度、其他震害现象、水平向地震动参数。

2）数量词的界定

数量词采用个别、少数、多数、大多数和绝大多数，其范围界定如下：

a）"个别"为10%以下；

b）"少数"为10%～45%；

c）"多数"为40%～70%；

d）"大多数"为60%～90%；

e）"绝大多数"为80%以上。

3）评定烈度的房屋类型

用于评定烈度的房屋，包括以下三种类型：

a）A类：木构架和土、石、砖墙建造的旧式房屋；

b）B类：未经抗震设防的单层或多层砖砌体房屋；

c）C类：按照Ⅶ度抗震设防的单层或多层砖砌体房屋。

4）房屋破坏等级及其对应的震害指数

房屋破坏等级分为基本完好、轻微破坏、中等破坏、严重破坏和毁坏五类，其定义和对应的震害指数 d 如下：

a）基本完好：承重和非承重构件完好，或个别非承重构件轻微损坏，不加修理可继续使用。对应的震害指数范围为 $0.00 \leqslant d < 0.10$；

b）轻微破坏：个别承重构件出现可见裂缝，非承重构件有明显裂缝，不需要修理或稍加修理即可继续使用。对应的震害指数范围为 $0.10 \leqslant d < 0.30$；

c）中等破坏：多数承重构件出现轻微裂缝，部分有明显裂缝，个别非承重构件破坏严重，需要一般修理后可使用。对应的震害指数范围为 $0.30 \leqslant d < 0.55$；

d）严重破坏：多数承重构件破坏较严重，非承重构件局部倒塌，房屋修复困难。对应的震害指数范围为 $0.55 \leqslant d < 0.85$；

e）毁坏：多数承重构件严重破坏，房屋结构濒于崩溃或已倒毁，已无修复可能。对应的震害指数范围为 $0.85 \leqslant d < 1.00$；

各类房屋平均震害指数 D 可按式（1）计算：

$$D = \sum_{i=1}^{5} d_i \lambda_i \tag{1.6}$$

式中　d_i—— 房屋破坏等级为 i 的震害指数；

　　　λ_i—— 破坏等级为 i 的房屋破坏比，用破坏面积与总面积之比或破坏栋数与总栋数之比表示。

5）评定地震烈度时，Ⅰ度～Ⅴ度应以地面上以及底层房屋中的人的感觉和其他震害现象为主；Ⅵ度～Ⅹ度应以房屋震害为主，参照其他震害现象，当用房屋震害程度与平均震害指数评定结果不同时，应以震害程度评定结果为主，并综合考虑不同类型房屋的平均震害指数；Ⅺ度和Ⅻ度应综合房屋震害和地表震害现象。

6）以下三种情况的地震烈度评定结果，应作适当调整：

当采用高楼上人的感觉和器物反应评定地震烈度时，适当降低评定值；

当采用低于或高于Ⅶ度抗震设计房屋的震害程度和平均震害指数评定地震烈度时，适当降低或提高评定值；

当采用建筑质量特别差或特别好房屋的震害程度和平均震害指数评定地震烈度时，适当降低或提高评定值。

7）当计算的平均震害指数值位于表 1 中地震烈度对应的平均震害指数重叠搭接区间时，可参照其他判别指标和震害现象综合判定地震烈度。

8）农村可按自然村，城镇可按街区为单位进行地震烈度评定，面积以 $1km^2$ 为宜。

9）当有自由场地强震动记录时，水平向地震动峰值加速度和峰值速度可作为综合评定地震烈度的参考指标。

（3）震级和震中烈度

地震震级与烈度是两个不同的概念，震级表示一次地震释放能量的大小，烈度表示某地区遭受地震影响的强弱程度。两者关系可用炸弹爆炸来解释，震级好比是炸弹的装药量，烈度则是炸弹爆炸后造成的破坏程度。所以一次地震震级只有一个，但烈度可以有很多个。

震级和烈度只在特定条件下存在大致对应关系。对于浅源地震（震源深度在 $10 \sim 30km$）震中烈度 I_0 与震级 M 之间有如下对照关系（表 1.2）。

震中烈度 I_0 与震级 M 之间对照关系　　　　表 1.2

震级 M	2	3	4	5	6	7	8	8以上
震中烈度 I_0	1～2	3	4～5	6～7	7～8	9～10	11	12

1.2.5　常用术语

震源深度：震中到震源的垂直距离，称为震源深度（图 1.9）。

一般把震源深度小于 $60km$ 的地震称为浅源地震；$60 \sim 300km$ 的称为中源地震；大于 $300km$ 的称为深源地震。我国发生的绝大部分地震都属于浅源地震，一般深度为

5～40km。

震中距：建筑物到震中之间的距离叫震中距。

极震区：在震中附近，振动最剧烈、破坏最严重的地区叫极震区。

等震线：一次地震中，在其所波及的地区内，用烈度表可以对每一个地点评估出一个烈度，烈度相同点的外包线叫等震线。

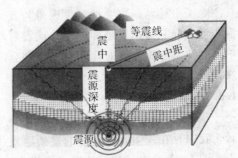

图 1.9　常有地震术语示意图

1.3　地震活动与地震分布

1.3.1　世界地震活动性

由上述可知，地震的发生与地质构造密切相关。一般说来，岩层中原来已有断裂存在，致使岩石的强度较低，容易发生错动或产生新的断裂，也就是容易发生地震。特别是在活动性较大的断裂带的两端和拐角部位，两条活动断层的交汇处，以及现代断裂差异运动变化剧烈的大型隆起或凹陷的转换地带，这些部位的地应力比较集中，构造比较脆弱，往往容易发生地震。

20 世纪初，科学家们在遍访各大洲、进行宏观地震资料调查的基础上，编制了世界地震活动图。随后，又根据各地震台的观测数据编出了较精确的世界地震分布图。从这些图中可以清楚地看到，小地震几乎到处都有，大地震则主要发生在某些地区，即地球上的 2 个主要地震带：

（1）环太平洋地震带　全球约 80％浅源地震和 90％的中深源地震，以及几乎所有的深源地震都集中在这一地带。它沿南北美洲西海岸、阿留申群岛，转向西南到日本列岛，再经我国台湾省，达菲律宾、新几内亚和新西兰。

（2）欧亚地震带　除分布在环太平洋地震活动带的中深源地震以外，几乎所有其他中深源地震和一些大的浅源地震都发生在这一地震活动带，这一活动带内的震中分布大致与山脉的走向一致。它西起大西洋的亚速岛，经意大利、土耳其、伊朗、印度北部、我国西部和西南地区，过缅甸至印度尼西亚与上述环太平洋地震带相衔接。

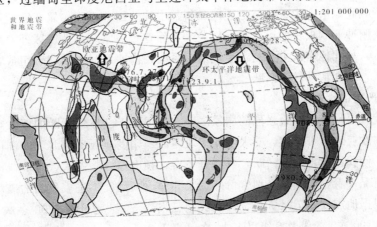

图 1.10　世界地震带分布示意图

除了上述两条主要地震带以外，在大西洋、太平洋、印度洋中也有一些洋脊地震带，沿着洋底隆起的山脉延伸。这些地震带与人类活动关系不大，地震发生的次数在地震总数中占的比例亦不高。对比一下板块划分图（图1.10）可知，上述地震带大多数位于板块边缘，或者邻近板块边缘。

1.3.2　我国地震活动

我国地处环太平洋地震带和欧亚地震带之间，是一个多地震国家。从地震地质背景看，我国存在发生频繁地震的复杂地质条件，因此，我国境内地震活动频度较高，强度较大。图1.11给出了我国历史上震级大于5级的地震活动分布图，由图可见地震活动呈带状分布，从中可以划分10个地震区：台湾地震区、南海地震区、华南地震区、华北地震区、东北地震区、青藏高原南部地震区、青藏高原中部地震区、青藏高原北部地震区、新疆中部地震区和新疆北部地震区。

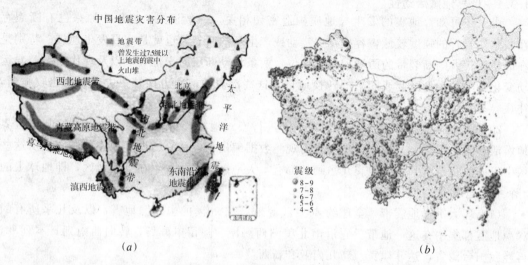

图1.11　我国地震活动分布图
(a)地震带分布；(b)中国地震震中分布

上述地震区中，台湾地震区、南海地震区和华南地震区中的一部分，属环太平洋地震带，是由太平洋板块与亚欧板块挤压引起的。其中台湾东部是我国地震活动最强、频率最高的地区。青藏高原南、中、北部地震区和新疆中、北部地震区，属亚欧地震带，其活动与印度洋板块俯冲亚欧板块的运动有密切关系，除青藏高原北部地震区外，均属地震活动程度强烈地区。华北地震区主要是古生代褶皱系统，由一系列大断裂带组成，是典型的板块内部地震区，近期活动较为活跃。

1.3.3　我国严重的地震灾害

我国是世界上地震活动最强烈的国家之一。中国位于全球最活跃的两大地震带—环太平洋地震带和欧亚地震带之间，受太平洋板块向西、印度洋板块向北、欧洲向东等多向的推动和挤压，使我国地震活动活跃，具有分布广、频度高、强度大、震源浅的特点。从历史上的地震情况来看，全国除个别省份外，大部分地区都发生过较强烈的破坏性地震。20世纪以来，根据地震仪器记录资料统计，我国已发生6级以上地震700多次，其中7.0～7.9级地震近100次，8级及8级以上11次（表1.3）。

二十世纪以来的我国 11 次 8 级以上强震统计表 表 1.3

序号	发震时间	地震名称	震级（M）
1	1902.8.22	新疆阿图什	8.3
2	1906.12.23	新疆玛纳斯	8.0
3	1920.6.5	台湾花莲东南海中	8.0
4	1920.12.16	宁夏海原	8.5
5	1927.5.23	甘肃古浪	8.0
6	1931.8.31	新疆富蕴	8.0
7	1950.8.15	西藏察隅、墨脱间	8.5
8	1951.11.18	西藏当雄西北	8.0
9	1972.1.25	台湾新港东海中	8.0
10	2001.11.14	青新交界	8.2
11	2008.5.12	汶川地震	8.0

强烈的地震活动使我国成为世界上地震灾害最严重的国家之一。1949 年以来，100 多次破坏性地震袭击了 22 个省（自治区、直辖市），造成 34 万余人丧生，占全国各类灾害死亡人数的 54％以上。地震作为中国第一大自然灾害，与其他自然灾害的严重性一起构成中国的最基本国情之一。

新中国成立以来我国发生了两次世界罕见的特大地震灾害：1976 年唐山大地震和 2008 年汶川大地震，这两次地震导致的死亡人数之和占到新中国成立以来地震死亡人数的 85％以上。

北京时间 1976 年 7 月 28 日凌晨 3 时 42 分，在河北省唐山市（北纬 39.6°，东经 118.1°）发生 7.8 级强烈地震，极震区烈度高达Ⅺ度，使唐山这座人口稠密、经济发达的工业城市几乎沦为一片废墟。根据有关方面统计，这次地震毁坏公产房屋 1479 万 m²，倒塌民房 530 万间，造成的直接经济损失高达到 54 亿元，总损失估计超过 100 亿元。另外，地震共导致 24.2 万人死亡，16.4 万人受重伤，仅唐山市区终身残废的就达到 1700 多人，是新中国成立以来人员伤亡最为惨重的一次地震。

北京时间 2008 年 5 月 12 日 14 时 28 分，四川省汶川县（北纬 31.0°，东经 103.4°）发生了 8.0 级特大地震，极震区烈度也高达Ⅺ度。这次地震影响范围极大，超过 40 万 krri²，其中严重受灾地区达到 10 万 kITI²。地震造成大面积的基础设施、建筑工程损坏和垮塌，并且由于四川省特殊的地形地貌和山地特征，导致严重的次生地质灾害，造成巨大的经济损失和人员伤亡。据统计，地震中 69227 人死亡，374643 人受伤，失踪 17933 人，直接经济损失达到 8451 亿元人民币。汶川大地震作为新中国成立以来破坏性最强、涉及范围最广、救灾难度最大的一次地震，将会被历史永远铭记。

北京时间 2010 年 4 月 14 日清晨，青海省玉树县（北纬 33.1°，东经 96.6°）发生两次地震，最高震级 7.1 级，造成了县城结古镇多数民居倒塌或发生严重破坏，导致 2220 人遇难，70 人失踪。玉树地震是汶川大地震以来我国发生的又一次严重的地震灾害，再次给我们敲响了防御地震灾害的警钟，提醒我们当前的抗震防灾形势依然严峻。

1.4 地震的破坏作用

1.4.1 地表的破坏现象

（1）地裂缝

在强烈地震作用下，常常在地面产生裂缝。根据产生的机理不同，地裂缝分为重力地裂缝和构造地裂缝两种。重力地裂缝是由于在强烈地震作用下，地面作剧烈震动而引起的惯性力超过了土的抗剪强度所致。这种裂缝长度可由几米到几十米，其断续总长度可达几公里，但一般都不深，多为1～2m。图1.12为唐山地震中的重力地裂缝情形。构造地裂缝是地壳深部断层错动延伸至地面的裂缝。美国旧金山大地震圣安德烈斯断层的巨大水平位移，就是现代可见断层形成的构造地裂缝。

（2）喷砂冒水

在地下水位较高、砂层埋深较浅的平原地区，地震时地震波的强烈振动使地下水压力急剧增高，地下水经地裂缝或土质松软的地方冒出地面，当地表土层为砂层或粉土层时，则夹带着砂土或粉土一起喷出地表，形成喷砂冒水现象（图1.13）。喷砂冒水现象一般要持续很长时间，严重的地方可造成房屋不均匀下沉或上部结构开裂。

（3）地面下沉（震陷）

在强烈地震作用下，地面往往发生震陷，使建筑物破坏。

（4）河岸、陡坡滑坡

在强烈地震作用下，常引起河岸、陡坡滑坡。有时规模很大，造成公路堵塞、岸边建筑物破坏。（图1.17）

图1.12 唐山大地震地裂缝

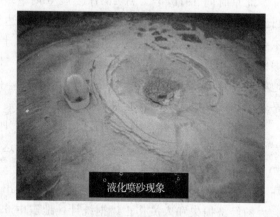

图1.13 台湾集集地震液化喷砂

1.4.2 建筑物的破坏

在强烈地震作用下，各类建筑物发生严重破坏，按其破坏的形态及直接原因，可分以下几类：

（1）结构丧失整体性

房屋建筑或其他构筑物，都是由许多构件组成的，在强烈地震作用下，构件连接不牢，支承长度不够或支撑失效等都会使结构丧失整体性而破坏。图1.14为2005年3月20

日日本福冈县以西海域发生里氏 7 级地震，结构丧失整体性破坏。

（2）承重结构承载力不足引起破坏

任何承重构件都有各自的特定功能，以适用于承受一定的外力作用。对于设计时没有考虑抗震设防或抗震设防不足的结构，在强烈地震作用下，不仅构件内力增大很多，而且其受力性质往往也将改变，致使构件承载力不足而被破坏。图 1.15 所示为某房屋在地震中承重构件材料强度不足破坏。

图 1.14　结构丧失整体性破坏

图 1.15　承重构件材料强度不足破坏

（3）地基失效

当建筑物地基内含饱和砂层、粉土层时，在强烈地面运动影响下，土中孔隙水压力急剧增高，致使地基土发生液化。地基承载力下降，甚至完全丧失，从而导致上部结构破坏（图 1.16）。

图 1.16　日本新潟砂土液化导致地基丧失承载力

图 1.17　汶川县城山体滑坡塌方

1.4.3　次生灾害

地震除直接造成建筑物的破坏外，还可能引起火灾、水灾、污染等严重的次生灾害，有时比地震直接造成的损失还大。在城市，尤其是在大城市这个问题越来越引起人们的关注。例如，发生在 1995 年 1 月 17 日的日本阪神大地震，发生火灾 122 起之多，烈焰熊熊，浓烟遮天蔽日，不少建筑物倒塌后又被烈火包围，火势入夜不减。这给救援工作带来很大困难（图 1.18）。又如 1923 年日本关东大地震，据统计，震倒房屋 13 万栋。由于地震时正值中午做饭时间，故许多地方同时起火，自来水管普遍遭到破坏，而道路又被堵塞,致使大火蔓延,烧毁房屋达45万栋之多。1906年美国旧金山大地震,在震后的三天火灾中,共烧毁521个街区的28000幢建筑物,使已被震坏但仍未倒塌的房屋,又被大火夷为一片废墟。1960年发生在海底的智利大地震,引起海啸灾害,除吞噬了智利中、南部沿海房屋外,海浪还从智利沿大海以每小时640km的速度横扫太平洋,22h之后,高达4m的海浪又袭击了距智利17000km远的日本。在本州和北海道,使海港和码头建筑遭到严重的破坏,甚至连巨船也被抛上陆地。又如,2005年12月26日上午,印度尼西亚苏立门答腊岛附近海域发生了一场近百年来罕见的强烈地震。此次地震的震级高达里氏8.7级。地震引起了高达10m的海啸,向附近的东南亚国家沿海地区呼啸而去。地震和随之而来的海啸造成了极其严重人员伤亡和财产损失(图1.19)。据报道,印度、斯里兰卡等七个国家有近30万人遇难。北京时间2011年3月11日13时46分,在日本东北部海岸(北纬38.1度,东经142.6度)发生里氏9.0级地震,震源深度约32公里。地震引发的巨大海啸袭击了环太平洋沿海大部分国家和地区,造成巨大人员伤亡和财产损失。海啸波于震后15分钟抵达日本沿岸,并在随后数小时内袭击海岸区。据日本警察厅统计,截止2011年4月28日,地震和海啸共造成日本14564人死亡、11356人失踪以及5314人不同程度受伤,接近20万栋建筑物受损,其中绝大部分由海啸造成,为日本二战后伤亡最惨重的自然灾害。海啸冲至陆地的最高点被确定为37.9米。

图1.18 阪神地震火灾

图1.19 日本海啸

1.5 建筑结构的抗震设防

1.5.1 抗震设防依据

1.5.1.1 基本烈度和地震动参数

强烈地震是一种破坏性很大的自然灾害,它的发生具有很大的随机性,采用概率方法预测某地区未来一定时间内可能发生的最大烈度是具有实际意义的。因此,国家有关部门提出了基本烈度的概念。基于上述方法编制的《中国地震烈度区划图(1990)》经国务院批准已由国家地震局和建设部于1992年6月颁布实施,该图用基本烈度表示地震危险性,把全国划分为基本烈度不同的5个地区(图1.20),一个地区的基本烈度是指:50年期限内,一般场地条件下,可能遭受超越概率为10%的烈度值。

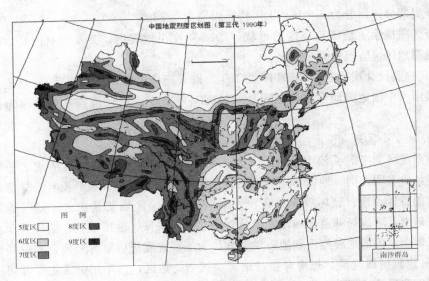

图 1.20 中国地震烈度区划图

1990 年的区划图编制采用地震烈度作为编图参数，而此时的工程结构抗震设计早已进入反应谱阶段，其基本依据是场地相关地震反应谱，用单一的烈度参数难以构成设计反应谱。目前许多国家采用地震动峰值加速度和反应谱特征周期的双参数进行地震区划，可以较容易地形成抗震设计反应谱。

近年来随着我国地震研究的不断深入，对 1990 年的地震烈度区划图进行了修订，已于 2001 年 8 月颁布了《中国地震动参数区划图》（GB18306—2001）。该区划图根据地震危险性分析方法，提供了Ⅱ类场地上，50 年超越概率为 10% 的地震动参数，给出了地震动峰值加速度分区图和地震动反应谱特征周期分区图。加速度分区图分为 7 个区（图 1.21），与中国地震烈度区划图相比，多出了加速度值为 0.15g 和 0.30g 的两个分区。反

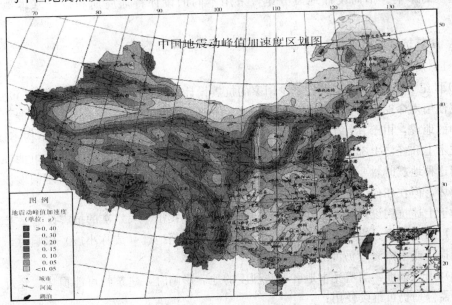

图 1.21 中国地震烈度区划图

应谱特征周期分区图分为 3 个区，1 区特征周期为 0.35s，2 区为 0.40s，3 区为 0.45s，特征周期分区图描绘了地震反应谱的形状。2008 年汶川地震后，又及时对四川、陕西、甘肃三省局部地区设防烈度做了变更。

《建筑抗震设计规范》（GB5011—2010）（以下简称《建筑抗震规范》）规定，一般情况下可采用《中国地震动参数区划图》的地震基本烈度或设计地震动参数作为抗震设防依据。

1.5.1.2 地震小区划

地震烈度区划考虑了较大范围的平均的地质条件，对大区域地震活动水平作出了预测。震害经验表明，同一地区不同场地上的建筑物震害程度有着明显差异，局部场地条件对地震动的特性和地震破坏效应存在较大影响。地震小区划就是在大区划（地震烈度区划）的基础上，考虑局部范围的地震地质背景、土质条件、地形地貌，给出一个城市或一个大的工矿企业内的地震烈度和地震动参数，为工程抗震提供更为经济合理的场地地震特性评价。《建筑抗震规范》规定对做过地震小区划的地区，可采用抗震主管部门批准使用的设防烈度和设计地震动参数。

1.5.1.3 设计地震分组

理论分析和震害表明，在同样烈度下由不同震级和震中距的地震引起的地震动特征是不同的，对不同动力特性的结构造成的破坏程度也是不同的。一般说来，震级较大震中距较远的地震对长周期柔性结构的破坏，比同样烈度下震级较小震中距较近的地震造成的破坏要严重。产生这种差异的主要原因是地震波中的高频分量随传播距离的衰减比低频分量要快，震级大震中距远的地震波其主导频率为低频分量，与长周期的高柔结构自振周期接近，存在"共振效应"。

为了反映同样烈度下，不同震级和震中距的地震对建筑物的影响，补充和完善烈度区划图的烈度划分，《建筑抗震规范》将建筑工程的设计地震划分为三组，以近似反映近、中、远震的影响。不同设计地震分组，采用不同的设计特征周期和设计基本地震加速度值。

1.5.2 建筑抗震设防要求

1.5.2.1 设防目标

20 世纪 70 年代以来，世界不少国家的抗震设计规范都采用了这样一种抗震设计思想：在建筑使用寿命期限内，对不同频度和强度的地震，要求建筑具有不同的抗震能力。即对于较小的地震，由于其发生的可能性大，当遭遇到这种多遇地震时，要求结构不受损坏，这在技术上和经济上都是可以做到的；对于罕遇的强烈地震，由于其发生的可能性小，当遭遇到这种地震时，要求结构不受损坏，这在经济上是不合算的。比较合理的做法是，应允许损坏，但在任何情况下结构不应倒塌。

基于上述抗震设计准则，我国《建筑抗震规范》提出了三水准的抗震设防要求。

（1）第一水准：当遭受低于本地区设防烈度的多遇地震（或称小震）影响时，建筑物一般不损坏或不需修理仍可继续使用；

（2）第二水准：当遭受本地区设防烈度的地震影响时，建筑物可能损坏，经过一般修理或不需修理仍可继续使用；

（3）第三水准：当遭受高于本地区设防烈度的预估罕遇地震（或称大震）影响时，建筑物不倒塌，或不发生危及生命的严重破坏。

概括起来，"三水准"抗震设防目标的通俗说法是："小震不坏，中震可修，大震不倒。"

上述三个烈度水准分别对应于多遇烈度、基本烈度和罕遇烈度，与三个烈度水准相应的抗震设防目标是：遭遇第一水准烈度时，一般情况下建筑物处于正常使用状态，结构处于弹性工作阶段；遭遇第二水准烈度时，建筑物可能发生一定程度的破坏，允许结构进入非弹性工作阶段，但非弹性变形造成的结构损坏应控制在可修复的范围内；遭遇第三水准烈度时，建筑物可以产生严重破坏，结构可以有较大的非弹性变形，但不应发生建筑倒塌和危及人民生命安全的破坏。

1.5.2.2 小震和大震

从概率意义上说，小震应是发生机会较多的地震，大震应是发生机会极小的地震。根据我国华北、西北和西南地区的地震烈度统计分析，认为我国地震烈度的概率分布符合极值Ⅲ型，概率密度曲线上峰值对应的烈度（即发震频率最高的烈度）为众值烈度。当设计基准期为 50 年内众值烈度的超越概率为 63.2%，《建筑抗震规范》取为第一水准的烈度，即小震对应的烈度；50 年内超越概率为 10% 的烈度相当于地震区划图规定的基本烈度，《建筑抗震规范》取为第二水准的烈度；50 年内超概率为 2%～3% 的烈度称为罕遇烈度，《建筑抗震规范》取为第三水准的烈度，即大震对应的烈度。由烈度概率分布图 1.22 可知，基本烈度与众值烈度相差 1.55 度，而基本烈度与罕遇烈度相差约为 1 度。例如，当基本烈度为 8 度时，其众值烈度（小震烈度）为 6.45 度左右，罕遇烈度（大震烈度）为 9 度左右。

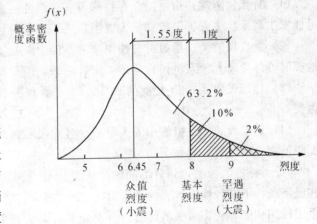

图 1.22 三种烈度关系示意图

1.5.2.3 建筑结构抗震设计方法

《建筑抗震规范》提出了二阶段设计方法以实现上述 3 个烈度水准的抗震设防要求。第一阶段设计是在方案布置符合抗震设计原则的前提下，按与基本烈度相对应的众值烈度（相当于小震）的地震动参数，用弹性反应谱法求得结构在弹性状态下的地震作用标准值和相应的地震作用效应，然后与其他荷载效应按一定的组合系数进行组合，并对结构构件截面进行承载力验算，对于较高的建筑物还要进行变形验算，以控制其侧向变形不要过大。这样，既满足了第一水准下必要的承载力可靠度，又可满足第二水准的设防要求（损坏可修），然后再通过概念设计和构造措施来满足第三水准的设防要求。对于大多数结构，一般可只进行第一阶段的设计，但对于少部分结构，如有特殊要求的建筑和地震时易倒塌的结构，除了应进行第一阶段的设计外，还要进行第二阶段的设计，即按与基本烈度相对应的罕遇烈度（相当于大震）验算结构的弹塑性层间变形是否满足规范要求（不发生倒塌），如果有变形过大的薄弱层（或部位），则应修改设计或采取相应的构造措施，以使其能够满足第三水准的设防要求（大震不倒）。

1.5.3 建筑抗震设防分类及设防标准

1.5.3.1 抗震设防分类

根据新版国家标准《建筑工程抗震设防分类标准》（GB50223—2008）（以下简称《分类标准》）规定，建筑抗震设防类别划分，应根据下列因素综合分析确定：

（1）建筑破坏造成的人员伤亡、直接和间接经济损失及社会影响大小。

（2）城镇的大小、行业的特点、工矿企业的规模。

（3）建筑使用功能失效后，对全局的影响范围大小、抗震救灾影响及恢复的难易程度。

（4）建筑各区段的重要性显著不同时，可按区段划分抗震设防类别。

（5）不同行业的相同建筑，当所处地位及地震破坏所产生的后果和影响不同时，其抗震设防类别可不相同。

《分类标准》规定，建筑工程应根据其使用功能的重要性和地震灾害后果的严重性分为以下四个抗震设防类别：

（1）特殊设防类：指使用上有特殊设施，涉及国家公共安全的重大建筑工程和地震时可能发生严重次生灾害等特别重大灾害后果，须要进行特殊设防的建筑。简称甲类；

（2）重点设防类：指地震时使用功能不能中断或须尽快恢复的生命线相关建筑，以及地震时可能导致大量人员伤亡等重大灾害后果，须要提高设防标准的建筑。简称乙类；

（3）标准设防类：指大量的除1、2、4款以外按标准要求进行设防的建筑。简称丙类；

（4）适度设防类：指使用上人员稀少且震损不致产生次生灾害，允许在一定条件下适度降低要求的建筑。简称丁类。

《分类标准》指出，划分不同的抗震设防分类并采取不同的设计要求，是在现有技术和经济条件下减轻地震灾害的重要对策之一。新的《分类标准》突出了设防类别划分是侧重于使用功能和灾害后果的区分，并更强调对人员安全的保障。

《分类标准》对一些行业的建筑的设防标准作了调整，例如，教育建筑中，幼儿园、小学、中学的教学用房以及学生宿舍和食堂的抗震设防类别不应低于乙类。《分类标准》并列出了主要行业甲、乙、丁类建筑和少数丙建筑的示例，可供查用。

1.5.3.2 抗震设防标准

《分类标准》规定，各抗震设防类别建筑的抗震设防标准，应符合下列要求：

（1）标准设防类，应按本地区抗震设防烈度确定其抗震措施和地震作用。达到在遭遇高于当地抗震设防烈度的预估罕遇地震影响时不致倒塌或发生危及生命安全的严重破坏的抗震设防目标。

（2）重点设防类：应按高于本地区抗震设防烈度一度的要求加强其抗震措施；但抗震设防烈度为9度时应按比9度更高的要求采取抗震措施；地基基础的抗震措施，应符合有关规定。同时，应按本地区抗震设防烈度确定其地震作用。

对于划分为重点设防类而规模很小的工业建筑，当改用抗震性能较好的材料且符合抗震设计规范对结构体系的要求时，允许按标准设防类设防。

（3）特殊设防类：应按高于本地区抗震设防烈度提高一度采取抗震措施；但抗震设防

烈度为 9 度时应按比 9 度更高的要求采取抗震措施。同时，应按批准的地震安全性评价的结果且高于本地区抗震设防烈度确定其地震作用。

（4）适度设防类：允许比本地区抗震设防烈度的要求适当降低其抗震措施，但抗震设防烈度为 6 度时不应降低。一般情况下，仍应按本地区抗震设防烈度确定其地震作用。

抗震设防烈度为 6 度时，除《建筑抗震规范》有具体规定外，对乙、丙、丁类建筑可不进行地震作用计算。

1.6 建筑结构抗震概念设计

由于地震发生的随机性和结构本身的复杂性，建筑物的地震破坏机理目前还不十分清楚，结构抗震设计中尚存在许多不定因素，现行规范提供的地震作用估算和结构抗震计算的方法大都是具有一定概率水准的近似方法。人们在总结历次地震灾害的经验中逐渐认识到，不能单纯依赖数值计算达到结构的抗震能力，必须合理运用概念设计提高建筑的抗震性能。对于结构抗震设计来说，数值计算和概念设计具有同等重要的地位。

所谓概念设计，是指考虑地震及其影响的不确定性，依据历次震害总结出的规律性，既着眼于结构的总体地震反应、合理选择建筑体型和结构体系，又顾及结构关键部位的细节问题、正确处理细部构造和材料选用、灵活运用抗震设计思想，综合解决抗震设计基本问题。

1.6.1 场地、地基和基础的要求

1.6.1.1 选择对抗震有利的场地

选择建筑场地时，应根据工程需要，掌握地震活动情况、工程地质和地震地质的有关资料，对抗震有利、一般、不利和危险地段作出综合评价。对不利地段，应提出避开要求；当无法避开时应采取有效措施。对危险地段，严禁建造甲、乙类的建筑，不应建造丙类的建筑。

对抗震有利地段，一般是指稳定的基岩、坚硬土或开阔、平坦、密实、均匀的中硬土等地段；不利地段，一般是指软弱土，液化土，条状突出的山嘴，高耸孤立的山丘，非岩质的陡坡，河岸和边坡的边缘，平面分布上成因、岩性、状态明显不均匀的土层（含故河道、疏松的断层破碎带、暗埋的塘浜沟谷和半填半挖的地基）高含水量可塑黄土，地表存在结构性裂隙等地段；危险地段，一般是指地震时可能发生滑坡、崩塌、地陷、地裂、泥石流等，及发震断裂带上可能发生地表错位的部位等地段；一般地段，是指不属于有利、不利和危险的地段。

1.6.1.2 不同场地上的抗震构造措施的调整

（1）建筑场地为Ⅰ类时，甲、乙类建筑应允许仍按本地区抗震设防烈度的要求采取抗震构造措施；丙类建筑应允许按本地区抗震设防烈度降低一度的要求采取抗震构造措施。但抗震设防烈度为 6 度时仍应按本地区抗震设防烈度的要求采取抗震构造措施。

（2）建筑场地为Ⅲ、Ⅳ类时，对设计基本地震加速度为 0.15g 和 0.30g 的地区，除《建筑抗震规范》另有规定外，宜分别按抗震设防烈度为 8 度（0.20g）和 9 度（0.40g）时各类建筑的要求采取抗震构造措施。

1.6.1.3 地基和基础设计应符合下列要求

（1）同一结构单元的基础不宜设置在性质截然不同的地基上；

（2）同一结构单元不宜部分采用天然地基部分采用桩基；

（3）地基为软弱黏性土、液化土、新近填土或严重不均匀土时，应估计地震时地基不均匀沉降或其他不利影响，并采取相应的措施。

1.6.1.4　山区建筑场地和地基基础设计应符合下列要求

（1）山区建筑场地应根据地质、地形条件和工程要求，因地制宜设置符合抗震设防要求的边坡工程；边坡应避免深挖高填，对坡高大且稳定性差的边坡应采用后仰放坡或分阶放坡。

（2）建筑基础与土质、强风化岩质边坡的边缘应留有足够的距离，其值应根据抗震设防烈度的高低确定，并采取措施避免地震时地基基础破坏。

1.6.2　建筑结构的规则性

建筑形状关系到结构的体型，结构体型对建筑物的抗震性能有明显影响。震害表明，形状比较简单的建筑在遭遇地震时一般破坏较轻，这是因为形状简单的建筑受力性能明确，传力途径简捷，设计时容易分析建筑的实际地震反应和结构内力分布，结构的构造措施也易于处理。因此，建筑形状应力求简单规则，同时注意遵循下面的要求：

1.6.2.1　建筑平面布置应简单规整

建筑平面的简单和复杂可通过平面形状来区别。地震区房屋的建筑平面以方形、矩形、圆形为好，正六角形、正八边形、椭圆形、扇形次之。三角形平面虽然也属简单形状，但是，由于它沿主轴方向不都是对称的，在地震动作用下容易发生较强的扭转振动，对抗震不利，因而不是抗震结构的理想平面形状。此外，带有较长翼缘的I形、T形、U形、H形、Y形等平面也对抗震结构性能不利。

1.6.2.2　建筑物竖向布置应均匀和连续

建筑体型复杂会导致结构体系沿竖向强度与刚度分布不均匀，在地震作用下容易出现某一层间或某一部位率先屈服而出现较大的弹塑性变形。例如，立面突然收进的建筑或局部突出的建筑，会在凹角处产生应力集中；大底盘建筑，低层裙房与高层主楼相连，体型突变引起刚度突变，在裙房与主楼交接处塑性变形集中；柔性底层建筑，建筑上因底层需要开放大空间，上部的墙、柱不能全部落地，形成柔弱底层。

1.6.2.3　刚度中心和质量中心应一致

房屋中抗侧力构件合力作用点的位置称为质量中心。地震时，如果刚度中心和质量中心不重合，会产生扭转效应使远离刚度中心的构件产生较大应力而严重破坏。例如，前述具有伸出翼缘的复杂平面形状的建筑，伸出端往往破坏较重。又如，刚度偏心的建筑，有的建筑虽然外形规则对称，但抗侧力系统不对称，如将抗侧刚度很大的钢筋混凝土芯筒或钢筋混凝土墙偏设，会造成刚心偏离质心，产生扭转效应。再如，质量偏心的建筑，建筑上将质量较大的特殊设备、高架游泳池偏设，造成质心偏离刚心，同样也会产生扭转效应。

1.6.2.4　复杂体型建筑物的处理

房屋体型常常受到使用功能和建筑美观的限制，不易布置成简单规则的形式。对于体型复杂的建筑物可采取下面两种处理方法：设置建筑防震缝，将建筑物分隔成规则的单元，但设缝会影响建筑立面效果，容易引起相邻单元之间碰撞；不设防震缝，但应对建筑物进行细致的抗震分析，估计其局部应力、变形集中及扭转影响，判明易损部位，采取加强措施提高结构的抗变形能力。

1.6.3 抗震结构体系

抗震结构体系的主要功能为承担侧向地震作用，合理选取抗震结构体系是抗震设计中的关键环节，直接影响着房屋的安全性和经济性。在结构方案决策时，应从以下几方面加以考虑。

1.6.3.1 结构屈服机制

结构屈服机制可以根据地震中构件出现屈服的位置和次序划分为两种基本类型：层间屈服机制和总体屈服机制。层间屈服机制是指结构的竖向构件先于水平构件屈服，塑性铰首先出现在柱上，只要某一层柱上下端出现塑性铰，该楼层就会整体侧向屈服，发生层间破坏，如弱柱型框架、强梁型联肢剪力墙等。总体屈服机制是指结构的水平构件先于竖向构件屈服，塑性铰首先出现在梁上，使大部分梁甚至全部梁上出现塑性铰，结构也不会形成破坏机构，如强柱型框架、弱梁型联肢剪力墙等。总体屈服机制有较强的耗能能力，在水平构件屈服的情况下，仍能维持相对稳定的竖向承载力，可以继续经历变形而不倒塌，其抗震性能优于层间屈服机制。

1.6.3.2 多道抗震防线

结构的抗震能力依赖于组成结构的各部分的吸能和耗能能力，在抗震体系中，吸收和消耗地震输入能量的各部分称为抗震防线。一个良好的抗震结构体系应尽量设置多道防线，当某部分结构出现破坏，降低或丧失抗震能力，其余部分仍能继续抵抗地震作用。具有多道防线的结构，一是要求结构具有良好的延性和耗能能力，二是要求结构具有尽可能多的抗震赘余度。结构的吸能和耗能能力，主要依靠结构或构件在预定部位产生塑性铰，若结构没有足够的超静定次数，一旦某部位形成塑性铰后，会使结构变成可变体系而丧失整体稳定。另外，应控制塑性铰出现在恰当位置，塑性铰的形成不应危及整体结构的安全。

框架－抗震墙结构是具有多道防线的结构体系，它的主要抗侧力构件抗震墙是第一道防线。当抗震墙部分在地震作用下遭到损坏，刚度退化退出工作，框架部分起到第二道防线的作用，此时可以继续承受水平地震作用和竖向荷载。还有些结构本身只有一道防线，若采取某些措施，改善受力状态，可增加抗震防线。如框架结构只有一道防线，若在框架中设置填充墙，可利用填充墙的强度和刚度增设一道防线。在强烈地震作用下，填充墙首先开裂，吸收和消耗部分地震能量，然后退出工作，此为第一道防线；随着地震反复作用，框架经历较大变形，梁柱出现塑性铰，可看作第二道防线。

1.6.4 结构构件

结构体系是由各类构件连接而成的，抗震结构的构件应具备必要的承载力、适当的刚度、良好的延性和可靠的连接，并应注意承载力、刚度和延性之间的合理均衡。

（1）结构构件要有足够的承载力，其抗剪、抗弯、抗压、抗扭等强度均应满足抗震承载力要求。要合理选择截面，合理配筋，在满足承载力要求的同时，还要做到经济可行。在构件承载力计算和构造处理上要防止剪切破坏先于弯曲破坏，混凝土压溃先于钢筋屈服，钢筋的锚固粘结破坏先于钢筋破坏，以便更好地发挥构件的耗能能力。

（2）结构构件的刚度要适当。构件刚度太小，地震作用下，结构变形过大，会导致非结构构件的损坏甚至结构构件的破坏；构件刚度太大，会降低构件延性，增大地震作用，还要多消耗大量材料。抗震结构要在刚柔之间寻找合理的方案。

（3）结构构件应具有良好的延性，即具有良好的变形能力和耗能能力。从某种意义上说，结构抗震的本质就是延性，提高延性可以增加结构抗震潜力，增强结构抗倒塌能力。采取合理构造措施可以提高和改善构件延性，如砌体结构，具有较大的刚度和一定的强度，但延性较差，若在砌体中设置圈梁和构造柱，将墙体横竖相箍，可以大大提高其变形能力。又如钢筋混凝土抗震墙，刚度大、强度高，但延性不足，若在抗震墙中用竖缝把墙体划分成若干并列墙段，可以改善墙体的变形能力，做到强度、刚度和延性的合理匹配。

（4）构件之间要有可靠连接，保证结构空间整体性：构件的连接应具有必备的强度和一定的延性，使之能满足传递地震作用的承载力要求和适应地震对大变形的延性要求。

1.6.5　非结构构件

非结构构件一般指附属于主体结构的构件，如围护墙、内隔墙、女儿墙、装饰贴面、玻璃幕墙、吊顶等。这些构件若构造不当或处理不妥，地震时往往发生局部倒塌或装饰物脱落，砸伤人员，砸坏设备，影响主体结构的安全。非结构构件按其是否参与主体结构工作，大致分成两类：

一类为非结构的墙体，如围护墙、内隔墙、框架填充墙等。在地震作用下，这些构件或多或少地参与了主体结构工作，改变了整个结构的承载力、刚度和延性，直接影响了结构抗震性能。设计时要考虑其对结构抗震的有利和不利影响，采取妥善措施。例如：框架填充墙的设置增大了结构的质量和刚度，从而增大了地震作用，但由于墙体参与抗震，分担了一部分水平地震力，减小整个结构的侧移。因此在构造上应当加强框架与填充墙的联系，使非结构构件的填充墙成为主体抗震结构的一部分。又如，框架结构留窗洞时，常将窗台下墙体嵌砌于两柱之间，由于这部分墙体对框架柱的刚性约束，窗台以上形成短柱，地震时会发生脆性的剪切破坏。为避免这一现象发生，可采取墙体柔性连接方案，以削弱墙柱之间联系，防止嵌固作用出现。

另一类为附属构件或装饰物，这些构件不参与主体结构工作。对于附属构件，如女儿墙、雨篷等，应采取措施加强本身的整体性，并与主体结构加强连接和锚固，避免地震时倒塌伤人。对于装饰物，如建筑贴面、玻璃幕墙、吊顶等，应增强其与主体结构的可靠连接，必要时采用柔性连接，使主体结构变形不会导致贴面和装饰的损坏。

思　考　题

1. 地震按其成因分为哪几种类型？按其震源深浅又分为哪几种类型？
2. 试述构造地震成因的局部机制和宏观背景。
3. 地震波包含了哪几种波，它们各自的传播特点是什么，对地面运动的影响如何？
4. 什么是里氏震级？什么是矩震级？什么是地震烈度？地震烈度与地震震级两者有何关联？
5. 地震基本烈度的含义是什么？
6. 为什么要进行设计地震分组？
7. 什么是建筑抗震三水准设防目标和两阶段设计方法？
8. 我国规范根据建筑物的重要性将抗震类别分为哪几类，不同类别的建筑对应的抗震设防标准是什么？
9. 什么是建筑抗震概念设计，包括哪些方面的内容？

第2章 场地、地基与基础

2.1 概述

场地是指工程群体所在地，其范围相当于厂区、居民小区和自然村或不小于 $1.0km^2$ 的平面面积。在地震作用下，场地下的土层既是地震波传播介质，又是结构物地基。作为传播介质，地震波通过地基传给结构物，引起结构物振动，导致上部结构破坏；作为结构地基，地面振动可使地基土丧失稳定，发生砂土液化或软土震陷，引起结构倾斜倒塌。历史震害资料表明，建筑物震害除与地震强度、结构类型等有关外，还与场地的地质条件有关，因为地震对建筑物的破坏作用是通过场地、地基和基础传给上部结构的。

地震对建筑物的破坏作用是通过场地、地基和基础传递给上部结构的；同时，场地地基在地震时又支承着上部结构，因此具有双重作用。任何一个建筑物，都坐落和嵌入建设场地的岩土地基上。研究工程在地震作用下的震害形态、破坏机理以及抗震设计，都离不开对场地土和地基的研究，而研究场地和地基在地震作用下的反应及其对上部结构的影响，正是场地抗震评价的重要任务。新的抗震设计规范中场地抗震评价，就通过对地震地质、工程地质、地形地貌以及岩土工程环境等场地条件的分析，研究场地对基础和上部结构震害的影响，从而合理地选择有利建筑场地以及地基或采取结构抗震措施，避免和减轻地震对建筑物或工程设施的破坏。

一次强烈地震后，有大量建筑物和构筑物等设施遭受破坏，其破坏形态多种多样，但是我们可以从破坏性质和工程对策的角度大体区分为两种类型，即场地和地基的破坏作用和场地地震动作用。

（1）场地和地基的破坏作用

场地和地基的破坏作用一般是指由于场地和地基稳定性引起的建筑物和构筑物破坏，也就是说地震时首先是场地和地基破坏从而产生建筑物和构筑物破损并引起其损害。场地和地基破坏作用大致有地面破裂、滑坡和坍塌、地基失效等几种类型。这种场地和地基的破坏作用一般是通过场地选择和地基处理来减轻地震灾害的。

（2）场地的地震动作用

场地的地震动作用是指由于强烈地面运动引起地面设施振动而产生的破坏作用。强地震引起的结构破坏和倒塌是造成大量生命财产损失的最普遍和最主要的原因。根据国外破坏性地震的调查资料估计，至少95％以上的人员伤亡和建筑物破坏是直接由于地震动造成的。此外，强烈的地面震动也是其他地震破坏作用如地基失效、滑坡等的外在条件，所以，影响范围广大的强烈地震动是所有地震破坏作用中最重要的。减轻它所产生地震灾害的主要途径是合理地进行抗震、减震设计和采取抗震和减震措施。为此需要确定工程场地的设计地震动参数。

为了有效地减轻两种地震破坏作用，采取场地选择和地基处理来减轻场地破坏效应作用的震害，对于地震动作用则通过场地分类来调整设计反应谱的途径加以区分。

根据目前的一些研究，影响建筑震害和地震动参数的场地因素很多，其中包括地形、地质构造、地基土质等，影响的方式也各不相同。

一般认为，对抗震有利的地段系指地震时地面无残余变形的坚硬或开阔平坦密实的中硬土范围或地区；而不利地段为可能产生明显变形或地基失效的某一范围或地区；危险地段指可能发生严重的地面残余变形的某一范围或地区，具体标准见表 2.1。

各类地段的划分 表 2.1

地段类别	地质、地形、地貌
有利地段	稳定基岩，坚硬土、开阔、平坦、密实、均匀的中硬土等
一般地段	不属于有利、不利和危险的地段
不利地段	软弱土，液化土，条状突出的山嘴，高耸孤立的山丘，陡坡，陡坎，河岸和边坡的边缘，平面分布上成因、岩性、状态明显不均匀的土（含故河道、疏松的断层破碎带、暗埋的塘滨沟谷和半填半挖地基），高含水量的可塑黄土，地表存在结构性裂缝等
危险地段	地震时可能发生滑坡、崩塌、地陷、地裂、泥石流等及发震断裂带上可能发生地表位错的部位

在选择建筑场地时，应根据工程需要，掌握地震活动情况和工程地质的有关资，给出综合评价，宜选择有利的地段、避开不利的地段，当无法避开时应采取适当的措施，严禁在危险地段建造甲、乙类建筑，也不应建造丙类建筑。

2.2 场地分类

2.2.1 场地条件对震害的影响

一般认为，场地条件对建筑物震害影响的主要因素是场地土的刚度和场地覆盖层的厚度。在同一地震和同一震中距时，软弱地基与坚硬地基相比，软弱地基地面的自振周期长，振幅大，振动持续时间长，震害也重。震害调查还表明，在软弱地基上，柔性结构最容易遭到破坏，刚性结构则表现较好，这时建筑物有的破坏是由于结构破坏所产生，而有的破坏则是由于地基失效所产生；在坚硬地基上，柔性结构一般表现较好，而刚性结构表现不一，这时建筑物的破坏通常是因结构破坏所产生。

从震源传来的地震波是由许多频率不同的分量组成，其中在振幅谱中幅值最大的频率分量所对应的周期，称为地震动的卓越周期。在地震波通过覆盖土层传向地表的过程中，与土层固有周期相近的一些频率波群被放大，而另一些频率波群被衰减甚至被完全过滤掉。这样，地震波通过土层后，由于土层的过滤特性与放大作用，地表地震动的卓越周期在很大程度上取决于场地的固有周期。当场地的固有周期与地震动的卓越周期相接近时，由于共振作用，地震动的幅值将被放到最大，土层的这一周期称为土的卓越周期，或自振周期（$T = 4H$，H 为场地覆盖层厚度）。若建筑物的固有周期与场地的卓越周期相近，则共振效应使得地震效应明显增强。因此，坚硬场地土上自振周期短的刚性建筑物和软弱场地土上长周期柔性建筑物的震害均会加重。

不同覆盖层厚度上的建筑物，其震害表现明显不同。例如，1967年委内瑞拉加拉加斯6.5级地震中，在冲积层厚度超过160m的地方，高层建筑破坏率很高；而建造在基岩和浅冲积层上的高层建筑，大多数无震害。在我国1975年海城地震和1976年唐山地震中也出现过类似的现象，即建筑物的震害随覆盖层厚度的增加而加重，见图2.1。

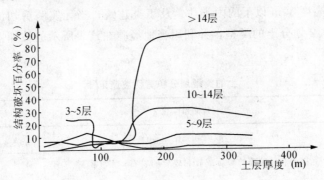

图2.1　房屋破坏率与土层厚度关系

进一步深入的理论分析证明，多层土的地震效应主要取决于三个基本因素：覆盖土层厚度、土层剪切波速、岩土阻抗比。在这三个因素中，岩土阻抗比主要影响共振放大效应，而其他两者则主要影响地震动的频谱特性。

2.2.2　覆盖层厚度

覆盖层厚度的原意是指从地表面至地下基岩面的距离。从地震波传播的观点看，基岩界面是地震波传波途径中的一个强烈的折射与反射面，此界面以下的岩层振动刚度要比上部土层的相应值大很多。根据这一背景，工程上常这样判定：当下部土层的剪切波速达到上部土层剪切波速的2.5倍，且下部土层中没有剪切波速小于400m/s的岩土层时，该下部土层就可以近似看作基岩。由于工程地质勘察手段往往难以取得深部土层的剪切波速数据，为了实用上的方便，我国建筑抗震设计规范进一步采用土层的绝对刚度定义覆盖层厚度，即按下列要求确定建筑场地覆盖层厚度：

（1）一般情况下，应按地面至剪切波速大于500m/s的土层顶面的距离确定。

（2）当地面5m以下存在剪切波速大于相邻上层土剪切波速2.5倍的土层，且其下卧岩土的剪切波速均不小于400m/s时，可按地面至该土层顶面的距离确定。

（3）剪切波速大于500m/s的孤石、透镜体，应视同周围土层。

（4）土层中的火山岩硬夹层应视为刚体，其厚度应从覆盖土层中扣除。

2.2.3　场地土类型

土的类别主要取决于土的刚度。土的刚度可按土的剪切波速划分，取地面下20m深度，且不大于覆盖层厚度范围内土层平均性质分类（表2.2）。场地只有单一性质场地土的情况很少见，一般由各种类别的土层构成，这时应按反映各土层综合刚度的等效剪切波速v_{se}。来确定土的类型。等效剪切波速是以剪切波在地面至计算深度各层土中传播时间不变的原则定义的土层平均剪切波速。

土层等效剪切波速v_{se}应按下式计算：

$$v_{se} = d_0 / \sum_{i=1}^{n} (d_i / v_{si}) \qquad (2.1)$$

式中 d_0——计算深度，取覆盖层厚度和20m两者的较小值；

n——计算深度范围内土层的分层数；

v_{si}——第i层土的剪切波速；

d_i——第i层土的厚度。

对于10层和高度30m以下的丙类建筑及丁类建筑，当无实测剪切波速时，也可以根据岩土性状按表2.2划分土的类型，并利用当地经验在该表所示的波速范围内估计各土层的剪切波速。

土的类型划分和剪切波速范围　　　　　　　　　　　表 2.2

土的类型	岩土名称和性状	土层剪切波速范围（m/s）
岩石	坚硬、较硬且完整的岩石	$v_s > 800$
坚硬土或软质岩石	破碎和较破碎的岩石或软和较软的岩石，密实的碎石土	$800 \geqslant v_s > 500$
中硬土	中密、稍密的碎石土，密实、中密的砾、粗、中砂，$f_{ak} > 150$ 的黏性土和粉土，坚硬黄土	$500 \geqslant v_s > 250$
中软土	稍密的砾、粗、中砂，除松散外的细、粉砂，$f_{ak} \leqslant 150$ 的黏性土和粉土，$f_{ak} > 130$ 的填土，可塑新黄土	$250 \geqslant v_s > 150$
软弱土	淤泥和淤泥质土，松散的砂，新近沉积的黏性土和粉土，$f_{ak} \leqslant 130$ 的填土，流塑黄土	$v_s \leqslant 150$

表2.2中，f_{ak} 为由荷载试验等方法得到的地基土静承载力特征值，单位为 kPa。

2.2.4 场地类别划分

建筑场地类别是场地条件的基本表征，而场地条件对地震的影响已被多次大地震的震害现象、理论分析结果和强震观测资料所证实。划分场地类别的目的是在地震作用计算中定量考虑场地条件对设计参数的影响，确定不同场地上的设计反应谱，以便采取合理的设计参数和有关的抗震构造措施。《建筑抗震规范》根据土层等效剪切波速和场地覆盖层厚度将建筑的场地按表2.3进行划分，当有可靠的剪切波速和覆盖层厚度且其值处于表中所列场地类别的分界线附近时，应允许按插值方法确定地震作用计算所用的设计特征周期。

各类建筑场地的覆盖层厚度（m）　　　　　　　　　　　表 2.3

岩石的剪切波速或土的等效剪切波速（m/s）	场地类别				
	I_0	I_1	II	III	IV
$v_s > 800$	0				
$800 \geqslant v_s > 500$		0			
$500 \geqslant v_s > 250$		<5	$\geqslant 5$		
$250 \geqslant v_s > 150$		<3	$3\sim 50$	>50	
$v_s \leqslant 150$		<3	$3\sim 15$	$15\sim 50$	>80

2.3 天然地基与基础

2.3.1 地基抗震设计原则

地基是指建筑物基础下面受力层范围内的土层。对历史震害资料的统计分析表明,一般土地基在地震时很少发生问题。造成上部建筑物破坏的主要是松软土地基和不均匀地基。因此,设计地震区的建筑物,应根据土质的不同情况采用不同的处理方案。

(1) 松软土地基

在地震区,对饱和的淤泥和淤泥质土、冲填土和杂填土、不均匀地基土,不能不加处理地直接用作建筑物的天然地基。工程实践已经证明,尽管这些地基土在静力条件下具有一定的承载能力,但在地震时,由于地面运动的影响,会全部或部分地丧失承载能力,或者产生不均匀沉陷和过量沉陷,造成建筑物的破坏或影响其正常使用。松软土地基的失效不能用加宽基础、加强上部结构等措施克服,而应采用地基处理措施(如置换、加密、强夯等)消除土的动力不稳定性,或者采用桩基等深基础避开可能失效的地基对上部建筑的不利影响。

(2) 一般土地基

房屋震害调查统计资料表明,建造于一般土质天然地基上的房屋,遭遇地震时,极少有因地基土强度不足或较大沉陷导致的上部结构破坏。因此,我国建筑抗震设计规范规定,下述建筑可不进行天然地基及基础的抗震承载力验算:

1) 砌体房屋;

2) 地基主要受力层范围内不存在软弱黏性土层的一般厂房、单层空旷房屋、不超过8层且高度在 24m 以下的一般民用框架房屋及与其基础荷载相当的多层框架厂房。这里,软弱黏性土层是指设防烈度为 7 度、8 度和 9 度时,地基土静承载能力特征值分别小于80、100 和 120kpa 的土层;

3) 规范中规定可不进行上部结构抗震验算的建筑。

(3) 地裂危害的防治

当地震烈度为 7 度以上时,在软弱场地土及中软场地土地区,地面裂隙比较发育,建筑物特别是砖结构建筑物常因地裂通过面被撕裂。因此,对位于软弱场地土上的建筑物,当基本烈度为 7 度以上时,应采取防地裂措施。例如,对于砖结构房屋,可在承重砖墙的基础内设置现浇钢筋混凝土圈梁;对于单层钢筋混凝土柱厂房,可沿外墙一圈设置现浇整体基础墙梁或有现浇接头的装配整体式基础墙梁。位于中软场地土上的建筑物,当基本烈度为 9 度时,也应采取上述的防地裂措施。

2.3.2 地基土抗震承载力

地基土抗震承载力的计算采取在地基土静承载力的基础上乘以提高系数的方法。我国建筑抗震设计规范规定,在进行天然地基抗震验算时,地基土的抗震承载力按下式计算:

$$f_{aE} = \xi_s \cdot f_a \tag{2.2}$$

式中　f_{aE}——调整后的地基土抗震承载力;

　　　ξ_s——地基土抗震承载力调整系数,按表 2.4 采用;

f_a——深宽修正后的地基土静承载力特征值，按现行《建筑地基基础设计规范》采用。

地基土抗震承载力调整系数　　　　　　　　表 2.4

岩土名称和性状	ξ_s
岩石，密实的碎石土，密实的砾、粗、中砂，$f_{ak} \geqslant 300$kpa 的黏性土和粉土	1.5
中密、稍密的碎石土，中密和稍密的砾、粗、中砂，密实和中密的细、粉砂，150kpa $\leqslant f_{ak} < 300$kpa 的黏性土和粉土，坚硬黄土	1.3
稍密的细、粉砂，100kpa $\leqslant f_{ak} < 150$kpa 的黏性土和粉土，新近沉积的黏性土和粉土，可塑黄土	1.1
淤泥、淤泥质土，松散的砂、填土，新近堆积黄土及流塑黄土	1.0

2.3.3　地基抗震验算

地震区的建筑物，首先必须根据静力设计的要求确定基础尺寸，并对地基进行强度和沉降量的核算，然后，根据需要进行进一步的地基抗震强度验算。

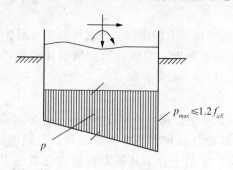

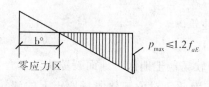

零应力区

图 2.2　基底压力验算

当需要验算地基抗震承载力时，应将建筑物上各类荷载效应和地震作用效应加以组合，并取基础底面的压力为直线分布（图 2.2）。具体验算要求是：

$$p \leqslant f_{aE} \qquad (2.3)$$

$$p_{max} \leqslant 1.2 f_{aE} \qquad (2.4)$$

式中　　p——基础底面地震作用效应标准组合的平均压力值；

p_{max}——基础边缘地震作用效应标准组合的最大压力值。

同时，对于高宽比大于 4 的高层建筑，在地震作用下基础底面不宜出现拉应力；对于其他建筑，则要求基础底面零应力面积不超过基础底面的 15%。

2.4　液化土地基

2.4.1　地基土液化及其影响因素

饱和松散的砂土或粉土（不含黄土），地震时易发生液化现象，使地基承载力丧失或减弱，甚至喷水冒砂，这种现象一般称为砂土液化或地基土液化。其产生的机理是：地震时，饱和砂土和粉土颗粒在强烈振动下发生相对位移，颗粒结构趋于压密，颗粒间孔隙水来不及排泄而受到挤压，因之使孔隙水压力急剧增加。当孔隙水压力上升到与土颗粒所受到的总的正压应力接近或相等时，土粒之间因摩擦产生的抗剪能力消失，土颗粒便形同"液体"一样处于悬浮状态，形成所谓液化现象。

液化使土体的抗震强度丧失，引起地基不均匀沉陷并引发建筑物的破坏甚至倒塌。发生于 1964 年的美国阿拉斯加地震和日本新潟地震，都出现了因大面积砂土液化而造成的建筑物的严重破坏，从而，引起了人们对地基土液化及其防治问题的关切。在我国，1975年海城地震和 1976 年唐山地震也都发生了大面积的地基液化震害。我国学者在总结了国内外大量震害资料的基础上，经过长期研究，并经大量实践工作的校正，提出了较为系统而实用的液化判别及液化防治措施。

震害调查表明，影响场地土液化的因素主要有以下几个方面：

（1）土层的地质年代

地质年代的新老表示土层沉积时间的长短。较老的沉积土，经过长时间的固结作用和水化学作用，除了密实程度增大外，还往往具有一定的胶结紧密结构。因此，地质年代越古老的土层，其固结度、密实度和结构性就越好，抵抗液化的能力就越强。宏观震害调查表明，国内外历次大地震中，尚未发现地质年代属于第四纪晚更新世（Q_3）及其以前的饱和土层发生液化。

（2）土的组成

就饱和砂土而言，由于细砂、粉砂的渗透性比粗砂、中砂低，所以细砂、粉砂更容易液化；就粉土而言，随着粘粒（粒径小于 0.005mm 的颗粒）含量的增加，土的黏聚力增大，从而增强了抵抗液化的能力，理论分析和实践表明，当粉土中黏粒含量超过某一限值时，粉土就不会液化。此外，颗粒均匀的砂土较颗粒级配良好的砂土容易液化。

（3）土层的相对密实度

相对密实程度较小的松砂，由于其天然空隙一般比较大，故容易液化。如 1964 年的新潟地震中，相对密实度小于 50％的砂土，普遍发生液化，而相对密实度大于 70％的土层，则没有发生液化。

（4）土层的埋深

砂土层埋深越大，其上有效覆盖层压力就越大，则土的侧限压力也越大，就越不容易液化。现场调查资料表明，土层液化深度很少超过 20m，多数浅于 15m，更多的浅于 10m。

（5）地下水位的深度

地下水位越深，越不容易液化。对于砂土，一般地下水位小于 4m 时易液化，超过此值后一般就不会液化；对于粉土来说，7、8、9 度时，地下水位分别小于 1.5m、2.5m 和6.0m 时容易液化，超过此深度后几乎不发生液化。

（6）地震烈度和地震持续时间

地震烈度越高，越容易发生液化，一般液化主要发生在烈度为 7 度及以上地区，而 6度以下的地区，很少看到液化现象；地震持续时间越长，越容易发生液化，由于大震级远震中距的地方比同等烈度情况下中、小震级近震中距的地方地震持续时间要长，所以，前者更容易液化。

2.4.2 液化的判别

液化判别和处理的一般原则：

（1）对存在饱和砂土和粉土（不含黄土）的地基，应进行液化判别。对 6 度区一般情况下可不进行判别和处理，但对液化沉陷敏感的乙类建筑可按 7 度的要求进行判别和处理。

(2) 存在液化土层的地基，除 6 度外，应根据建筑的抗震设防类别、地基的液化等级，结合具体情况采取相应的措施。

对于一般工程项目砂土或粉土液化判别及危害程度估计可按以下步骤进行。

(一) 初判

初判是以地质年代、黏粒含量、地下水位及上覆非液化土层厚度等作为判断条件。具体规定为：

(1) 地质年代为第四纪晚更新世 (Q_3) 及以前的，7、8 度可判为不液化；

(2) 当粉土的黏粒 (粒径小于 0.005mm 的颗粒) 含量百分率在 7、8 和 9 度时分别大于 10、13 和 16 可判为不液化；

(3) 浅埋天然地基的建筑，当上覆非液化土层厚度和地下水位深度符合下列条件之一时，可不考虑液化影响。

$$d_w > d_0 + d_b - 3 \qquad (2.5)$$

$$d_u > d_0 + d_b - 2 \qquad (2.6)$$

$$d_u + d_w > 1.5 d_0 + 2 d_b - 4.5 \qquad (2.7)$$

式中　d_w——地下水位深度 (m)，按建筑设计基准期内年平均最高水位采用，也可按近期内年最高水位采用；

d_b——基础埋置深度 (m)，小于 2m 时应采用 2m；

d_0——液化土特征深度，按表 2.5 采用；

d_u——上覆盖非液化土层厚度 (m)，计算时应注意将淤泥和淤泥质土层扣除。

液化土特征深度 (m)　　　　　　　　　　　表 2.5

饱和土类别	烈度		
	7	8	9
粉土	6	7	8
砂土	7	8	9

(二) 标准贯入试验判别

当上述所有条件均不能满足时，地基土存在液化可能。此时，应采用标准贯入试验进一步判别其是否液化。

标准贯入试验设备由穿心锤 (标准重量 63.5Kg)、触探杆、贯入器等组成 (图 2.3)。试验时，先用钻具钻至试验土层标高以上 15cm，再将标准贯入器打至试验土层标高位置，然后，在锤的落距为 76cm 的条件下，连续打入土层 30cm，记录所得锤击数为 $N_{63.5}$。

当地面下 20m 深度范围土的实测标准贯入锤击数 $N_{63.5}$ 小于按式 (2.8) 确定的临界值 N_{cr} 时，则应判为液化土，否则为不液化土。对 2.3.1 节中可不进行天然地基及基础的抗震承载力验算的各类建筑，可只判别地面下 15m 范围内土的液化。

$$N_{cr} = N_0 \beta [\ln(0.6 d_s + 1.5) - 0.1 d_w] \sqrt{3/\rho_c} \quad (d_s \leqslant 20) \qquad (2.8)$$

式中　N_{cr}——液化判别标准贯入锤击数下限值；

N_0——液化判别标准锤击数基准值，按表 2.6 采用；

d_s——饱和土标准贯入点深度（m）；

ρ_c——土体黏粒含量百分率，当 ρ_c（%）小于 3 或为砂土时，取 $\rho_c = 3$；

β——调整系数，设计地震第一组取 0.8，第二组取 0.95，第三组取 1.05。

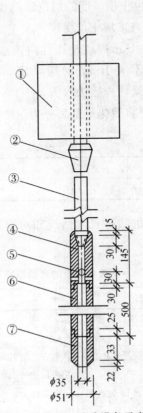

图 2.3 标准贯入试验设备示意图

①穿心锤；②锤垫；③触探杆；④贯入器头；⑤出水孔；⑥贯入器身；⑦贯入器靴

标准贯入锤击数基准值 表 2.6

设计基本地震加速度（g）	0.10	0.15	0.20	0.30	0.40
液化判别标准贯入锤击数基准值	7	10	12	16	19

2.4.3 液化地基的评价

当经过上述两步判别证实地基土确实存在液化趋势后，应进一步定量分析、评价液化土可能造成的危害程度。这一工作，通常是通过计算地基液化指数来实现的。

地基土的液化指数可按下式确定：

$$I_{lE} = \sum_{i=1}^{n} \left(1 - \frac{N_i}{N_{cri}} \right) d_i W_i \tag{2.9}$$

式中 I_{lE}——液化指数；

n——在判别深度范围内每一个钻孔标准贯入试验点的总数；

N_i，N_{cri}——分别为第 i 点标准贯入锤击数的实测值和临界值，当实测值大于临界

33

值时应取临界值的数值；

d_i——第 i 点所代表的土层厚度（m），可采用与该标准贯入试验点相邻的上、下两标准贯入试验点深度差的一半，但上界不高于地下水位深度，下界不深于液化深度；

W_i——第 i 土层单位土层厚度的层位影响权函数值（单位为 m^{-1}）。若判别深度为 15m，当该层中点深度不大于 5m 时应采用 10，等于 15m 时应采用零值，5～15m 时应按线性内插法取值；若判别深度为 20m，当该层中点深度不大于 5m 时应采用 10，等于 20m 时应采用零值，5～20m 时应按线性内插法取值。

根据液化指数 I_{lE} 的大小，可将液化地基划分为三个等级，见表 2.7。

液化等级　　　　　　　　　　　　　　　　　　　　　　　　　　　表 2.7

液化等级	轻微	中等	严重
液化指数 I_{lE}	$0 < I_{lE} \leqslant 6$	$5 < I_{lE} \leqslant 18$	$I_{lE} > 18$

不同等级的液化地基，地面的喷砂冒水情况和对建筑物造成的危害有着显著的不同，见表 2.8。

不同液化等级的可能震害　　　　　　　　　　　　　　　　　　表 2.8

液化等级	地面喷水冒砂情况	对建筑的危害情况
轻微	地面无喷水冒砂，或仅在洼地、河边有零星的喷水冒砂点	危害性小，一般不至引起明显的震害
中等	喷水冒砂可能性大，从轻微到严重均有，多数属中等	危害性较大，可造成不均匀沉陷和开裂，有时不均匀沉陷可能达到 200mm
严重	一般喷水冒砂都很严重，地面变形很明显	危害性大，不均匀沉陷可能大于 200mm，高重心结构可能产生不容许的倾斜

2.4.4　液化地基的抗震措施

对于液化地基，要根据建筑物的重要性、地基液化等级的大小，针对不同情况采取不同层次的措施。当液化土层比较平坦、均匀时，可依据表 2.9 选取适当的抗液化措施。

抗液化措施　　　　　　　　　　　　　　　　　　　　　　　　表 2.9

建筑类别	地基的液化等级		
	轻微	中等	严重
乙类	部分消除液化沉陷，或对基础和上部结构进行处理	全部消除液化沉陷，或部分消除液化沉陷且对基础和上部结构进行处理	全部消除液化沉陷
丙类	对基础和上部结构进行处理，亦可不采取措施	对基础和上部结构进行处理，或采用更高要求的措施	全部消除液化沉陷，或部分消除液化沉陷且对基础和上部结构进行处理
丁类	可不采取措施	可不采取措施	对基础和上部结构进行处理，或采用其他经济的措施

表 2.9 中全部消除地基液化沉陷、部分消除地基液化沉陷、已进行基础和上部结构处理等措施的具体要求如下：

（一）全部消除地基液化沉陷

（1）此时，可采用桩基、深基础、土层加密法或挖除全部液化土层等措施。采用桩基时，桩基伸入液化深度以下稳定土层中的长度（不包括桩尖部分）应按计算确定，对碎石土、砾、粗、中砂，坚硬黏性土不应小于 0.5m，其他非岩石不宜小于 1.5m；

（2）采用深基础时，基础底面埋入深度以下稳定土层中的深度，不应小于 0.5m；

（3）采用加密法（如振冲、振动加密、砂桩挤密、强夯等）加固时，应处理至液化深度下界，且处理后土层的标准贯入锤击数的实测值，不宜大于相应的临界值；

（4）用非液化土替换全部液化土层，或增加上覆非液化土层的厚度；

（5）采用加密法或换土法处理时，在基础边缘以外的处理宽度，应超过基础底面下处理深度的 1/2 且不小于基础宽度的 1/5。

（二）部分消除液化地基沉陷

此时，应符合下列要求：

（1）处理深度应使处理后的地基液化指数减少，其值不宜大于 5；大面积筏基、箱基的中心区域，处理后的液化指数可比上述规定降低 1；对独立基础和条形基础，尚不应小于基础底面下液化土特征深度和基础宽度的较大值；

注：中心区域指位于基础外边界以内沿长宽方向距外边界大于相应方向 1/4 长度的区域。

（2）处理深度范围内，应挖除其液化土层或采用加密法加固，使处理后土层的标准贯入锤击数实测值不宜小于相应的临界值；

（3）基础边缘以外的处理宽度与全部清除地基液化沉陷时的要求相同；

（4）采取减小液化震陷的其他方法，如增厚上覆非液化土层的厚度和改善周边的排水条件等。

（三）基础和上部结构处理

对基础和上部结构，可综合考虑采取如下措施：

（1）选择合适的基础埋置深度；

（2）调整基础底面积，减少基础偏心；

（3）加强基础的整体性和刚性，如采用箱基、筏基或钢筋混凝土十字形基础，加设基础圈梁、基础系梁等；

（4）减轻荷载，增强上部结构的整体刚度和均匀对称性，合理设置沉降缝，避免采用对不均匀沉降敏感的结构形式等；

（5）管道穿过建筑处应预留足够尺寸或采用柔性接头等。

2.5 桩基的抗震验算

2.5.1 非液化土中桩基抗震验算

震害调查表明，承受竖向荷载为主的低承台桩基，当地面下无液化土层，且桩承台周围无淤泥、淤泥质土和地基承载力特征值不大于 100kpa 的填土时，在下列建筑中很少发生桩基失效，下列建筑可不进行桩基抗震承载力验算：

（1）砌体房屋和可不进行上部结构抗震验算的建筑；

（2）7度和8度时，一般单层厂房、单层空旷房屋和不超过8层且高度在24m以下的一般民用框架房屋及与其基础荷载相当的多层框架厂房。

桩基如果不符合上述条件应进行抗震承载力验算，对于非液化土中的低承台桩基，其抗震验算应符合下列规定：

（1）单桩的竖向和水平向抗震承载力特征值，可均比非抗震设计时提高25%。

（2）当承台周围的回填土夯实至干密度不小于《建筑地基基础设计规范》对填土的要求时，可由承台正面填土与桩共同承担水平地震作用，但不应计入承台底面与地基土间的摩擦力。

之所以不计入桩基承台与土的摩阻力为抗震水平力的组成部分，主要是因为这部分摩阻力不可靠：软弱黏性土有震陷问题，一般黏性土也可能因桩身摩擦力产生的桩间土在附加应力下的压缩使土与承台脱空；欠固结土有固结下沉问题；非液化的砂砾则有震密问题等。所以，为了安全不考虑承台与土的摩擦抗阻。但对于目前大力推广应用的疏桩基础，如果桩的设计承载力按极限荷载取用，则因此时承台与土不会脱空，且桩、土的竖向荷载分担比也比较明确，可以考虑承台与土间的摩阻力。

2.5.2 液化土中桩基抗震验算

采用桩基是消除和减轻地基液化危害的有效措施之一。然而，液化土层中的桩基承载力计算与非液化土层有很大的不同，需要考虑地层液化后对桩支撑作用减少的因素。

对于液化土中的低承台桩基，其抗震验算应符合下列规定：

（1）对一般浅基础，不宜计入承台周围土的抗力或刚性地坪对水平地震作用的分担作用，这一点是出于安全考虑，用来作为安全储备的。

（2）当桩承台底面上、下分别有厚度不小于1.5m、1.0m的非液化土层或非软弱土层时，可按下列二种情况进行桩的抗震验算，并按不利情况设计：

①主震时桩承受全部地震作用，桩承载力按非液化土层中的桩基取用，此时土尚未充分液化，只是刚度下降很多，所以，液化土的桩周摩阻力及桩水平抗力均应乘以表2.10的折减系数。

土层液化影响折减系数　　　　　　　　　　　　表2.10

实际标贯锤击数/临界标贯锤击数	深度 d_0(m)	折减系数
≤0.6	$d_0 \leq 10$	0
	$10 < d_0 \leq 20$	1/3
>0.6~0.8	$d_0 \leq 10$	1/3
	$10 < d_0 \leq 20$	2/3
>0.8~1-0	$d_0 \leq 10$	2/3
	$10 < d_0 \leq 20$	1

②余震时地震作用按水平地震影响系数最大值的10%采用，桩承载力仍按按非抗震设计时提高25%取用，但由于土层液化使得对桩基摩擦力大大减少甚至丧失殆尽，应扣除液化土层的全部摩阻力及桩承台下2m深度范围内非液化土的桩周摩阻力。

（3）打入式预制桩及其他挤土桩当平均桩距为2.5~4倍桩径且桩数不少于5×5时，

可计入打桩对土的加密作用及桩身对液化土变形限制的有利影响。当打桩后桩间土的标准贯入锤击数值达到不液化的要求时，单桩承载力可不折减，但对桩尖持力层作强度校核时，桩群外侧的应力扩散角应取为零。打桩后桩间土的标准贯入锤击数宜由试验确定，也可按下式计算：

$$N_i = N_p + 100\rho(1 - e^{-0.3n\rho}) \tag{2.10}$$

式中　N_i——打桩后的标准贯入锤击数；

　　　　ρ——打入式预制桩的面积置换率；

　　　　N_p——打桩前的标准贯入锤击数。

另外，处于液化土中的桩基承台周围，宜用非液化土填筑夯实，若用砂土或粉土则应使土层的标准贯入锤击数不小于液化判别标准贯入锤击数临界值。液化土中桩的配筋范围，应自桩顶至液化深度以下符合全部消除液化沉陷所要求的深度，其纵向钢筋应与桩顶部相同，箍筋应加密。在有液化侧向扩展的地段，距常时水线100m范围内的桩基除应满足本节中的其他规定外尚应考虑土流动时的侧向作用力，且承受侧向推力的面积应按边桩外缘间的宽度计算。

思　考　题

1. 什么是场地，怎样划分场地土类型和场地类别？
2. 如何确定地基抗震承载力？简述天然地基抗震承载力的验算方法。
3. 什么是砂土液化？液化会造成哪些危害？影响液化的主要因素有哪些？
4. 怎样判别地基土的液化，如何确定地基土液化的危害程度？
5. 简述可液化地基的抗液化措施。

第3章 结构地震反应分析与抗震验算

3.1 概述

建筑结构抗震设计首先要计算结构的地震作用，然后再求出结构和构件的地震作用效应、结构的地震作用效应就是指地震作用在结构中所产生的内力变形，主要有弯矩、剪力、轴向力和位移等，最后将地震作用效应与其他荷载效应进行组合，并验算结构和构件的抗震承载力及变形，以满足"小震不坏，中震可修，大震不倒"的抗震设计要求。

结构的地震反应是指地震引起的结构振动，它包括地震在结构中引起的速度、加速度、位移和内力等。结构的地震反应分析属于结构动力学的范畴，比结构的静力分析要复杂得多。因为结构的地震反应不仅与地震作用的大小及其随时间的变化特性有关，而且还取决于结构本身的动力特性，即结构的自振周期和阻尼等。然而，地震时地面的运动是一种很难确定的随机过程，运动既不规则而建筑结构又是一个由各种不同构件组成的空间体系，其动力特性也十分复杂。因此，地震引起的结构振动实际上是一种很复杂的空间振动。这样，在进行建筑结构的地震反应分析时，为了便于计算，常需做出一系列简化的假定。

目前，工程中求解结构地震反应的方法大致可分为两类：一类是拟静力方法，也称为等效荷载法，即通过反应谱理论将地震对建筑物的作用以等效荷载的方法来表示，然后根据这一等效荷载的方法来表示，然后根据这一等效荷载用静力分析的方法对结构进行内力和位移计算，以验算结构的抗震承载力和变形；另一类为直接动力分析法，即通过对结构动力方程的直接积分，以求出结构的地震反应与时间变化的关系，得出所谓的时程曲线，故此法也称时程分析法。本章对这两类方法都作一介绍。

3.2 单自由度弹性体系的地震反应分析

3.2.1 计算简图

某些工程结构，例如等高单层厂房［图 3.1(a)］和公路高架桥等，因其质量大部分都集中在屋盖或桥面处，故在进行结构的动力计算时，可将该结构中参与振动的所有质量全部折算至屋盖或桥面处，而将墙、柱视为一个无重量的弹性杆，这样就形成了一个单质点体系。当该体系只做单向振动时，就形成了一个单自由度体系。又如水塔［图 3.1(b)］，因其质量也大部分集中于塔顶水箱，故亦可按单质点体系来分析其振动。

3.2.2 运动方程

为了研究单质点弹性体系的地震反应，首先需要建立体系在地震作用下的运动方程。由于结构的地震作用比较复杂，故在计算弹性体系的地震反应时，一般假定地基不产生转

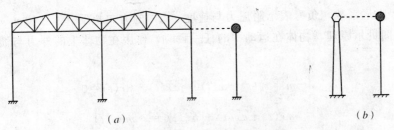

图 3.1　单质点弹性体系计算简图

(a) 单层厂房及简化体系；(b) 水塔及简化体系

动，而把地基的运动分解为一个竖向和两个水平方向的分量，然后分别计算这些分量对结构的影响。

图 3.2 (a) 表示地震时，单质点弹性体系在地面水平运动分量作用下的运动状态。其中 $x_0(t)$ 表示地面的水平位移，它是时间 t 的函数，其变化规律可由地震时地面运动的实测记录中求得；$x(t)$ 表示质点 m 对于地面的相对弹性位移或相对位移反应，它也是时间 t 的函数，是待求的未知量；$x_0(t) + x(t)$ 表示质点的总位移；$\ddot{x}_0(t) + \ddot{x}(t)$ 是质点的绝对加速度。

从图 3.2(b) 中可以看出，若取质点 m 为隔离体，则由结构动力学原理可知，作用在质点 m 上面的力有 3 种，即惯性力、弹性恢复力和阻尼力。

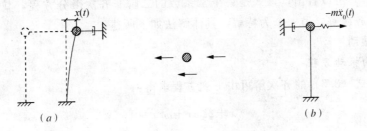

图 3.2　地震时单质点体系的运动状态

惯性力 I 为质点的质量 m 与绝对加速度的乘积，即：

$$I = -m[\ddot{x}_0(t) + \ddot{x}(t)] \tag{3.1}$$

式中的负号表示惯性力与绝对加速度的方向相反。

弹性恢复力 S 是使质点从振动位置恢复到平衡位置的一种力，它的大小与质点离开平衡位置的位移成正比，即：

$$S = -kx(t) \tag{3.2}$$

式中　k——支持质点弹性直杆的刚度，即质点发生单位位移时，在质点上所而施加的力；

　　　　负号表示 S 的指向总是与质点位移的方向相反。

阻尼力 D 是一种使结构振动不断定减的力，即结构在振动过程宁，由于材料的内摩擦、构件连按处的摩擦、地基土的内摩擦以及周围介质对振动的阻力等，使得结构的振动能量受到损耗而导致其振幅逐渐衰减的一种力。阻尼力有几种不同的理论，目前应用最广泛的是所谓的粘滞阻尼理论，它假定阻尼力的大小与质点的速度成正比，即：

$$D = -c\dot{x}(t) \tag{3.3}$$

式中 c——阻尼系数，负号表示阻尼力与速度 $\dot{x}(t)$ 的方向相反。

根据达朗贝尔原理，物体在运动中的任一瞬时，作用在物体上的外力与惯性力相互平衡，故

$$-m\left[\ddot{x}_0(t)+\ddot{x}(t)\right]-c\dot{x}(t)-kx(t)=0 \tag{3.4a}$$

或

$$m\ddot{x}(t)+c\dot{x}(t)+kx(t)=-m\ddot{x}_0(t) \tag{3.4b}$$

上述方程就是单质点弹性体系在地震作用下的运动方程，其形式与动力学中单质点弹性体系在动力荷载 $-m\ddot{x}_0(t)$ 作用下的运动方程相同。由此可知，地震时地面运动加速度 $\ddot{x}_0(t)$ 对单自由度弹性体系引起的动力效应，与在质点上作用一动力荷载 $-m\ddot{x}_0(t)$ 时所产生的动力效应相同 [图 3.2(c)]。

式 (3.4) 还可简化为：

$$\ddot{x}+2\zeta\omega\dot{x}+\omega^2 x=-\ddot{x}_0 \tag{3.5}$$

式中

$$\omega=\sqrt{k/m} \tag{3.6}$$

$$\zeta=\frac{c}{2\omega m}=\frac{C}{2\sqrt{km}} \tag{3.7}$$

从式 (3.5) 可以看出，该式是一个常系数的二阶非齐次微分方程，其通解由两部分组成，一个是齐次解，另一个为特解，具体解法如下所述。

3.2.3 自由振动

3.2.3.1 自由振动方程

运动方程式 (3.5) 的齐次解可由下列方程求得：

$$\ddot{x}+2\zeta\omega\dot{x}+\omega^2 x=0 \tag{3.8}$$

此式是从式 (3.5) 中得来的，只是取式 (3.5) 等号右边的荷载项等于零即可。它表示质点在振动过程中外部干扰，也就是说，式 (3.8) 即为单自由度体系弹性体系的自由振动运动方程。

对于一般结构，由于其阻尼较小 ($\zeta<1$)，因此上式的解可写为：

$$x(t)=e^{-\zeta\omega t}(A\cos\omega't+B\sin\omega't) \tag{3.9}$$

式中 A、B——任意常数，由初始条件确定。

$$\omega'=\omega\sqrt{1-\zeta^2} \tag{3.10}$$

若 $t=0$ 时体系的初始位移和初始速度分别为 $x(0)$ 和 $\dot{x}(0)$，则代入式 (3.9) 后可得：

$$A=x(0)$$

$$B=\frac{\dot{x}(0)+\zeta\omega x(0)}{\omega}$$

将 A、B 代入式 (3.9) 后可得：

$$x(t)=e^{-\zeta\omega t}\left(x(0)\cos\omega't+\frac{\dot{x}(0)+\zeta\omega x(0)}{\omega}\sin\omega't\right) \tag{3.11}$$

图 3.3 中的虚线是根据式 (3.11) 给出的有阻尼单自由度体系自由振动时的位移时程曲线。当体系无阻尼，即式 (3.11) 中的 $\zeta=0$ 时，无阻尼单自由度体系的自由振动曲线方程为：

$$x(t) = x(0)\cos\omega t + \frac{\dot{x}(0)}{\omega}\sin\omega t \tag{3.12}$$

其位移时程曲线如图 3.3 中的实线所示。

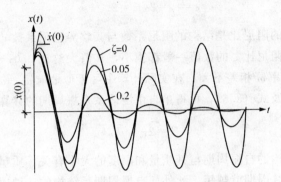

图 3.3　单自由度体系自由振动曲线

比较图 3.3 中的各条曲线可知，无阻尼体系自由振动时的振幅始终不变，而有阻尼体系自由振动的曲线则是一条逐渐衰减的波动曲线，即振幅随时间的增加而减小，并且体系的阻尼越大，其振幅的衰减就越快。

3.2.3.2　自由周期与自振频率

由式 (3.12) 可知，无阻尼单自由度体系的自由振动方程是一个周期函数。如果给时间 t 一个增量：

$$T=2\pi/\omega \tag{3.13}$$

则位移 $x(t)$ 的数值不变，同时速度 $\dot{x}(t)$ 的数值也不变。也就是说，每隔一个 T 时间，质点就又回到了原来的运动状态。这样，就把时间 T 称为体系的自振周期，而把自振周期 T 的因数：

$$f=1/T \tag{3.14}$$

即单位时间内质点振动的次数 f 称为体系的频率。若 T 的单位为秒 (s)，则 f 的单位为 1/秒 (1/s)，或称为赫兹 (Hz)。

根据式 (3.13) 和式 (3.14)，可得：

$$\omega=2\pi/T=2\pi f \tag{3.15}$$

则 ω 表示的是质点在时间 2π 秒内的振动次数，一般也称为体系的圆频率。

严格来说，有阻尼单自由度体系的自由振动不具有周期性，因为体系在自由振动过程中其振幅不断衰减。但由于体系的运动是往复的，质点每振动一个循环所需要的时间间隔是相等的，因此就把这个时间间隔称为有阻尼体系的周期 T'，即：

$$T'=2\pi/\omega' \tag{3.16}$$

式中　ω'——有阻尼时的自振频率。

由式（3.10）可知，体系有阻尼时的自振频率 ω' 将小于无阻尼时的自振频率 ω，这说明由于阻尼的存在，将使结构的自振频率减小，亦即使结构的周期增大。

式（3.10）中的 ζ 称为阻尼比。由该式可见，当 $\zeta = 1$ 时，$\omega' = 0$，这表示结构将不产生振动，故此时的阻尼比称为临界阻尼比，而此时的阻尼系数 c 称为临界阻尼系数 c_r，即：

$$c = c_r = 2\omega m = 2\sqrt{km} \tag{3.17}$$

也就是说，结构的阻尼比是结构的阻尼系数与其临界阻尼系数 c_r 之比。

在实际结构中，阻尼比 ζ 的数值一般都很小，其值大约在 0.01~0.1 之间。因此有阻尼频率 ω' 与无阻尼频率 ω 相差不大，在实际计算中可近似地取 $\omega' = \omega$。

根据式（3.13）及式（3.6），可得单自由度体系自振周期的计算公式为：

$$T = 2\pi\sqrt{m/k} \tag{3.18}$$

由上式可见，结构的自振周期与其质量和刚度的大小有关。质量越大，则其周期就越长，而刚度越大，则其周期就越短。此外，自振周期是结构的一种固有属性，也是结构本身一个很重要的动力特性。

3.2.4 强迫振动

3.2.4.1 瞬时冲量及其引起的自由振动

设一荷载作用于单质点体系，且荷载随时间的变化关系如图 3.4(a) 所示，则把荷载 P 与作用时间 Δt 的乘积即 $P \cdot \Delta t$ 称为冲量。当作用时间为瞬时 dt 时，则称 Pdt 为瞬时冲量。根据动量定律，冲量等于动量的增量，故有：

$$Pdt = mv - mv_0 \tag{3.19}$$

若体系原先处于静止状态，则初速度 $v_0 = 0$，故体系在瞬时冲量作用下获得的速度为：

$$v = Pdt/m \tag{3.20}$$

又因体系原先处于静止状态，故体系的初位移也等于零。这样就可认为在瞬时荷载作用后的瞬间，体系的位移仍为零。也就是说，原来静止的体系在瞬时冲量的影响下将以初速度 Pdt/m 作自由振动。根据自由振动的方程式（3.11），并令其中的 $x(0) = 0$ 和 $\dot{x}(0) = Pdt/m$，则可得：

$$x(t) = e^{-\zeta\omega t}\frac{Pdt}{m\omega'}\sin\omega't \tag{3.21}$$

其位移时程曲线如图 3.4(b) 所示。

3.2.4.2 杜哈梅积分

运动方程（3.5）的特解就是质点由外荷载引起的强迫振动，它可以从上述瞬时冲量的概念出发来进行推导。仔细考察该方程式。其等号右边项 $-\ddot{x}_0(t)$ 可以视为作用于单位质量上的动力荷载。设该荷载随时间的变化关系如图 3.5(a) 所示，并将其化成无数多个连续作用的瞬时荷载，则在 $t = \tau$ 时，其瞬时荷载为 $-\ddot{x}_0(\tau)$，瞬时冲量为 $-\dot{x}_0(\tau)d\tau$，如图 3.5(a) 中的斜线面积所示。在这一瞬时冲量 $-\ddot{x}_0(\tau)d\tau$ 的作用下，质点的自由振动方程可由式（3.21）求得，只需将式中的 Pdt 改为 $-\ddot{x}_0(\tau)d\tau$，并取 $m=1$，同时将 t 改为 $t-\tau$。这是因为上述瞬时冲量不在 $t=0$ 时刻作用，而是作用在 $t=\tau$ 时刻，如图 3.5(b) 所示。于是有：

$$dx(t) = -e^{-\zeta\omega(t-\tau)}\frac{x_0(\tau)}{\omega'}\sin\omega'(t-\tau)d\tau \qquad (3.22)$$

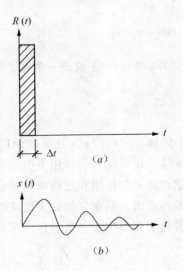

图 3.4　瞬时冲量及其引起的自由振动

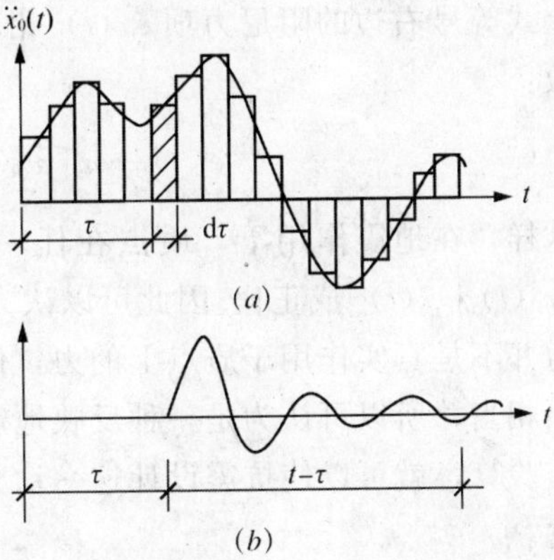

图 3.5　地震作用下的质点位移分析

而体系在整个受荷过程中所产生的总位移反应即可由所有瞬时冲量引起的微分位移叠加得之。也就是说，通过对上式积分即可得到体系的总位移反应 $x(t)$ 为：

$$x(t) = \int_0^t dx(t) = -\frac{1}{\omega'}\int_0^t \ddot{x}_0(\tau)e^{-\zeta\omega(t-\tau)}\sin\omega'(t-\tau)d\tau \qquad (3.23)$$

如前所述，一般有阻尼频率 ω' 与无阻尼频率 ω 相差不大，即 $\omega'\approx\omega$，故上述公式也可近似地写成：

$$x(t) = \frac{1}{\omega}\int_0^t \ddot{x}_0(\tau)e^{-\zeta\omega(t-\tau)}\sin\omega(t-\tau)d\tau \qquad (3.24)$$

式（3.23）即为杜哈梅（Duhamel）积分，它与式（3.11）之和就是微分方程（3.5）的通解，即：

$$x(t) = e^{-\zeta\omega t}\left(x(0)\cos\omega't + \frac{\dot{x}(0)+\zeta\omega x(0)}{\omega}\sin\omega't\right)$$

$$-\frac{1}{\omega}\int_0^t \ddot{x}_0(\tau)e^{-\zeta\omega(t-\tau)}\sin\omega'(t-\tau)d\tau \qquad (3.25)$$

当体系的初始状态为静止时，其初位移 $x(0)$ 和初速度 $\ddot{x}(0)$ 均等于零，则上式中的第一项为零，故杜哈梅积分也就是初始处于静止状态的单自由度体系地震位移反应的计算公式。

3.3 单自由度弹性体系的水平地震作用及其反应谱

3.3.1 水平地震作用的基本公式

当基础做水平运动时，根据式（3.4a）可求得作用于单自由度弹性体系质点上的惯性力 $-m[\ddot{x}_0(t)+\ddot{x}(t)]$ 为：

$$-m[\ddot{x}_0(t)+\ddot{x}(t)]=kx(t)+c\dot{x}(t) \tag{3.26}$$

上式等号右边的阻尼力项 $c\dot{x}(t)$ 相对于弹性恢复力项 $kx(t)$ 来说是一个可以略去的微量，故：

$$-m[\ddot{x}_0(t)+\ddot{x}(t)]\approx kx(t) \tag{3.27}$$

这样，在地震作用下，质点在任一时刻的相对位移 $x(t)$ 将与该时刻的瞬时惯性力 $-m[\ddot{x}_0(t)+\ddot{x}(t)]$ 成正比。因此可以认为这一相对位移是在惯性力的作用下引起的，虽然惯性力并不是真实作用于质点上的力，但惯性力对结构体系的作用和地震对结构体系的作用效果相当，所以可认为是一种反映地震影响效果的等效力，利用它的最大值来对结构进行抗震验算，就可以使抗震设计这一动力计算问题转化为相当于静力荷载作用下的静力计算问题。

质点的绝对加速度可由式（3.27）确定，即：

$$a(t)=\ddot{x}_0(t)+\ddot{x}(t)=-\frac{k}{m}x(t)=-\omega^2 x(t) \tag{3.28}$$

将地层位移反应 $x(t)$ 的表达式即式（3.24）代入上式，可得：

$$a(t)=\omega\int_0^t \ddot{x}_0(\tau)e^{-\zeta\omega(t-\tau)}\sin\omega(t-\tau)\mathrm{d}\tau \tag{3.29}$$

由于地面运动的加速度 $\ddot{x}_0(\tau)$ 是随时间而变化的，故为了求得结构在地震持续过程中所经受的最大地震作用，以便用以进行抗震设计，必须计算出质点的最大绝对加速度，即：

$$\begin{aligned}
S_a &= |a(t)|_{\max} = \omega\left|\int_0^t \ddot{x}_0(\tau)e^{-\zeta\omega(t-\tau)}\sin\omega(t-\tau)\mathrm{d}\tau\right|_{\max}\\
&= \frac{2\pi}{T}\left|\int_0^t \ddot{x}_0(\tau)e^{-\zeta\omega(t-\tau)}\sin\frac{2\pi}{t}(t-\tau)\mathrm{d}\tau\right|_{\max}
\end{aligned} \tag{3.30}$$

由上式可知，质点的绝对最大加速度 S_a 取决于地震时的地面运动加速度 $\ddot{x}_0(\tau)$、结构的自振频率 ω 或自振周期 T 以及结构的阻尼比 ζ。然而，由于地面水平运动的加速度 $\ddot{x}_0(\tau)$ 极不规则，无法用简单的解析式来表达，故在计算 S_a 时，一般都采用数值积分法，详见后述。

3.3.2 地震反应谱

根据式（3.30），若给定地震时地面运动的加速度记录 $\ddot{x}_0(\tau)$ 和体系的阻尼比 ζ，则可计算出质点的最大加速度反应 S_a 与体系自振周期 T 的一条关系曲线，并且对于不同的 ζ 值就

可得到不同的 $S_a - T$ 曲线，其计算流程见图 3.6。这类 $S_a - T$ 曲线被称为加速度反应谱。

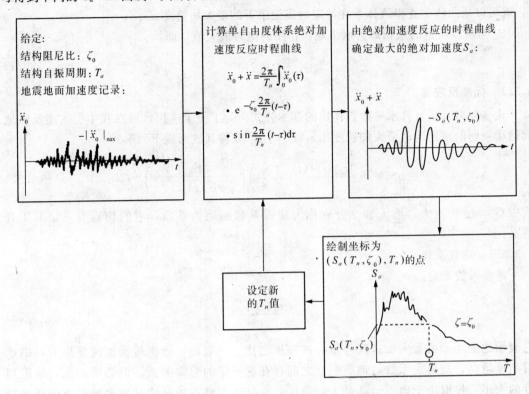

图 3.6 $S_a - T$ 反应谱曲线计算流程

图 3.7 是根据 1940 年埃尔森特罗地震时地面运动加速度记录绘出的加速度反应谱曲线。由图可见：① 加速度反应谱曲线为一多峰点曲线。当阻尼比等于零时，加速度反应谱的谱值最大，峰点突出。但是，不大的阻尼比也能使峰点下降很多，并且谱值随着阻尼比的增大而减小；② 当结构的自振周期较小时，随着周期的增大其谱值急剧增加，但至峰值点后，则随着周期的增大其反应逐渐衰减，而且渐趋平缓。

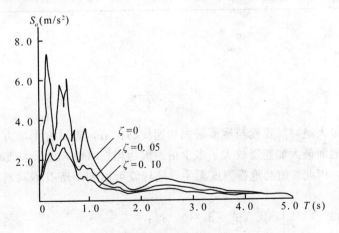

图 3.7 1940 年埃尔森特罗地震 S_a 谱曲线

根据反应谱曲线，对于任何于个单自由度弹性体系，如果已知其自振周期 T 和阻尼比 ζ，就可以从曲线中查得该体系在特定地震记录下的最大加速度 S_a。

S_a 与质点质量的乘积即为水平地震作用的绝对最大值，即：

$$F = mS_a \tag{3.31}$$

3.3.3 标准反应谱

式（3.31）是计算水平地震作用的基本公式。为了便于应用，可在式中引入能反映地面运动强弱的地面运动最大加速度 $|\ddot{x}_0(t)|_{max}$，并将其改写成下列形式：

$$F = mS_a = mg\left(\frac{|\ddot{x}_0(t)|_{max}}{g}\right)\left(\frac{S_a}{|\ddot{x}_0(t)|_{max}}\right) = Gk\beta \tag{3.32}$$

式中 $G = mg$ 为重力，而 k 和 β 分别称为地震系数和动力系数，它们均具有一定的工程意义。

3.3.3.1 地震系数

地震系数 k 为：

$$k = \frac{|\ddot{x}_0(t)|_{max}}{g} \tag{3.33}$$

它表示地面运动的最大加速度与重力加速度之比。一般地，地面运动加速度越大，则地震烈度越高，故地震系数与地震烈度之间存在着一定的对应关系。但必须注意，地震烈度的大小不仅取决于地面运动最大加速度，而且还与地震的持续时间和地震波的频谱特性等有关。

根据统计分析，烈度每增加一度，地震系数 k 值将大致增加一倍。我国《抗震规范》规定的对应于各地震基本烈度（即抗震设防烈度）的 k 值如表 3.1 所示。

地震系数 k 与地震烈度的关系　　　　　　　　　　　　　　　　　　表 3.1

抗震设防烈度	6 度	7 度	8 度	9 度
地震系数	0.05	0.10（0.15）	0.20（0.30）	0.40

3.3.3.2 动力系数

动力系数 β 为：

$$\beta = \frac{S_a}{|\ddot{x}_0(t)|_{max}} \tag{3.34}$$

它是单质点最大绝对加速度与地面最大加速度的比值，表示由于动力效应，质点的最大绝对加速度比地面最大加速度放大了多少倍。因为当 $|\ddot{x}_0(t)|_{max}$ 增大或减小时，S_a 相应随之增大或减小，因此 β 值与地震烈度无关，这样就可以利用所有不同烈度的地震记录进行计算和统计。

将 S_a 的表达式（3.30）代入式（3.34），得：

$$\beta = \frac{2\pi}{T}\frac{1}{|\ddot{x}_0(t)|_{max}}\left|\int_0^t \ddot{x}_0(\tau)e^{-\zeta\frac{2\pi}{T}(t-\tau)}\sin\frac{2\pi}{T}(t-\tau)\mathrm{d}\tau\right|_{max} \tag{3.35}$$

β 与 T 的关系曲线称为 β 谱曲线，它实际上就是相对于地面最大加速度的加速度反应谱，两者在形状上完全一样。

3.3.3.3 标准反应谱

由于地震的随机性，即使在同一地点、同一烈度，每次地震的地面加速度记录也很不一致，因此需要根据大量的强震记录算出对应于每一条强震记录的反应谱曲线，然后统计出最有代表性的平均曲线作为设计依据，这种曲线称为标准反应谱曲线。

由不同地面运动记录的统计分析可以看出，场地土的特性、震级以及震中距等都对反应谱曲线有比较明显的影响。经过分析，在平均反应谱曲线中，β 的最大值 β_{max} 当阻尼比 $\zeta=0.05$ 时，平均为 2.25。此峰值在曲线中所对应的结构自振周期，大致与该结构所在地点场地的自振周期（也称卓越周期）相一致。也就是说，结构的自振周期与场地的自振周期接近时，结构的地震反应最大。这个结论与结构在动荷载作用下的共振现象相类似。因此，在进行结构的抗震设计时，应使结构的自振周期远离场地的卓越周期，以免发生上述的类共振现象。此外，对于土质松软的场地，β 谱曲线的主要峰点偏于较长的周期，而土质坚硬时则一般偏于较短的周期〔图 3.8(a)〕。同时，场地土越松软，并且该松软土层越厚时，β 谱的值就越大。

图 3.8(b) 即为在同等烈度下当震中距不同时的加速度反应谱曲线，从图 3.8(b) 中可以看出，震级和震中距对 β 谱的特性也有一定影响。一般地，当烈度基本相同时，震中距远时加速度反应谱的峰点偏于较长的周期，近时则偏于较短的周期。因此，在离大地震震中较远的地方，高柔结构因其周期较长所受到的地震破坏将比在同等烈度下较小或中等地震的震中区所受到的破坏更严重，而刚性结构的地震破坏情况则相反。

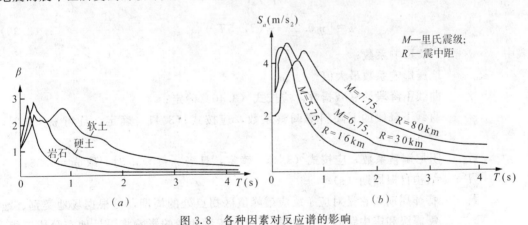

图 3.8 各种因素对反应谱的影响

(a) 场地条件对 β 谱曲线的影响；(b) 同等烈度下震中距对加速度谱曲线的影响

3.3.4 设计反应谱

为了便于计算，《抗震规范》采用相对于重力加速度的单质点绝对最大加速度，即 S_a/g 与体系自振周期 T 之间的关系作为设计用反应谱，并将 S_a/g 用 α 表示，称 α 为地震影响系数。实际上，由式（3.32）可知：

$$\alpha = \frac{S_a}{g} = k\beta \tag{3.36}$$

则式（3.32）还可写成：

$$F = \alpha G \qquad\qquad (3.37)$$

因此，α 实际上就是作用于单质点弹性体系上的水平地震力与结构重力之比。

建筑结构的地震影响系数 α 应根据地震烈度、场地类别、设计地震分组和结构自振周期以及阻尼比按图 3.9 确定。由图 3.9 可见，α 反应谱曲线由 4 部分组成：在 $T < 0.1s$ 范围内，采用一条向上倾斜的直线，即采用线性上升段；在 $0.1s \leqslant T \leqslant T_g$ 范围内，采用一水平线，即取最大值 $\eta_2 \alpha_{\max}$；在 $T_g < T \leqslant 5T_g$ 范围内，采用式（3.38）所示的曲线下降段；在 $5T_g < T \leqslant 6.0s$ 范围内，采用式（3.39）所示的直线下降段。但应注意，当 $T > 6.0s$ 时，此设计反应谱已超出其适用范围，此时结构的地震影响系数应专门研究。

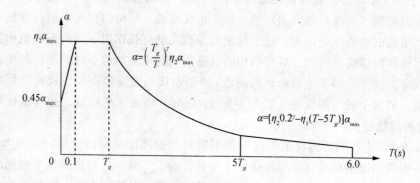

图 3.9　地震影响系数 α 曲线

$$\alpha = \left(\frac{T_g}{T} \right)^r \eta_2 \alpha_{\max} \qquad\qquad (3.38)$$

$$\alpha = \left[\eta_2 0.2^r - \eta_1 (T - 5T_g) \right] \alpha_{\max} \qquad\qquad (3.39)$$

式中　　α——地震影响系数；

$\alpha_{\max}$——地震影响系数最大值；

γ——曲线下降段的衰减指数，应按式（3.40）确定；

η_1——直线下降段的下降斜率调整系数，应按式（3.41）确定，且当 $\eta_1 < 0$ 时，取 $\eta_1 = 0$；

η_2——阻尼调整系数，应按式（3.42）确定，且当 $\eta_2 < 0.55$ 时，取 $\eta_2 = 0.55$；

T——结构自振周期（s）；

T_g——特征周期，它是对应于反应谱峰值区拐点处的周期，可根据场地类别、地震震级和震中距确定。《抗震规范》按后两者的影响将设计地震分成三组，特征周期即可根据场地类别及设计地震分组按表 3.2 采用，但在计算 8 度、9 度罕遇地震作用时，其特征周期应增加 0.05s。

$$\gamma = 0.9 + \frac{0.05 - \zeta}{0.3 + 6\zeta} \qquad\qquad (3.40)$$

$$\eta_1 = 0.02 + \frac{0.05 - \zeta}{4 + 32\zeta} \qquad\qquad (3.41)$$

$$\eta_2 = 1 + \frac{0.05 - \zeta}{0.08 + 1.6\zeta} \qquad\qquad (3.42)$$

其中 ζ 为结构的阻尼比，一般结构可取 0.05，相应的 γ、η_1、η_2 分别为 0.9、0.02 和 1.0。

特征周期（s） 表 3.2

设计地震分组	场 地 类 别				
	I_0	I_1	II	III	IV
第一组	0.20	0.25	0.35	0.45	0.65
第二组	0.25	0.30	0.40	0.55	0.75
第三组	0.30	0.35	0.45	0.65	0.90

图 3.9 中水平地震影响系数的最大值 α_{max} 为：

$$\alpha_{max} = k\beta_{max} \tag{3.43}$$

《抗震规范》取动力系数的最大值 $\beta_{max} = 2.25$，相应的地震系数 k 对多遇地震取基本烈度时（表 3.1）的 0.35 倍，对罕遇地震取基本烈度时的 2 倍左右，故 α_{max} 值如表 3.3 所示。

水平地震影响系数最大值 表 3.3

地震影响	场 地 类 别			
	6 度	7 度	8 度	9 度
多遇地震	0.04	0.08（0.12）	0.16（0.24）	0.32
罕遇地震	—	0.50（0.72）	0.90（1.20）	1.40

注：括号中数值分别用于设计基本地震加速度为 0.15g 和 0.30g 的地区

此外，在图 3.9 中，当结构的自振周期 $T=0$ 时，结构为一刚体，其加速度将与地面加速度相等，即 $\beta=1$，故此时 α 为：

$$\alpha = k = \frac{k\beta_{max}}{\beta_{max}} = \frac{\alpha_{max}}{2.25} = 0.45\alpha_{max} \tag{3.44}$$

3.4 多自由度弹性体系的地震反应分析的振型分解法

3.4.1 计算简图

在进行建筑结构的动力分析时，为了简化计算，对于质量比较集中的结构，一般可将其视为单质点体系，并按单质点体系进行结构的地震反应分析。然而，对于质量比较分散的结构，为了能够比较真实地反映其动力性能，可将其简化为多质点体系，并按多质点体系进行结构的地震反应分析。例如，对于楼盖为刚性的多层房屋，可将其质量集中在每一层楼面处［图 3.10(a)］；对于多跨不等高的单层厂房可将其质量集中到各个屋盖处［图 3.10(b)］；对于烟囱等结构，则可根据计算要求将其分为若干段，然后将各段折算成质点进行分析［图 3.10(c)］。对于一个多质点体系，当体系只作单向振动时，则有多少个质点就有多少个自由度。

49

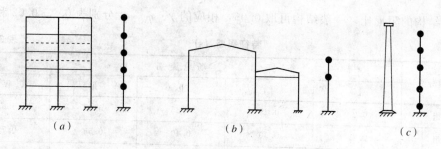

图 3.10 多质点体系

3.4.2 运动方程

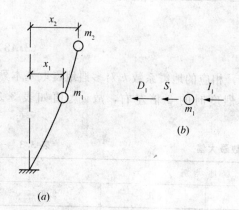

图 3.11 两个自由度体系的瞬时动力平衡

为了简单起见,先考虑两个自由度体系的情况,然后再将其推广到两个以上自由度的体系。图 3.11(a) 为一简化成两质点体系的建筑结构在单向地震作用下,结构在某一瞬间的变形情况。与前述单自由度体系相似,若取质点 1 作为隔离体,如图 3.11(b) 所示,则作用其上的惯性力为:

$$I_1 = -m_1(\ddot{x}_0 + \ddot{x}_1)$$

弹性恢复力为:

$$S_1 = -(k_{11}x_1 + k_{12}x_2)$$

而阻尼力为:

$$D_1 = -(c_{11}\dot{x}_1 + c_{12}\dot{x}_2)$$

式中　k_{11}——使质点 1 产生单位位移而质点 2 保持不动时,在质点 1 处所需要施加的水平力;

　　　k_{12}——使质点 2 产生单位位移而质点 1 保持不动时,在质点 1 处引起的弹性反力;

　　　c_{11}——质点 1 产生单位速度而质点 2 保持不动时,在质点 1 处产生的阻尼力;

　　　c_{12}——质点 2 产生单位速度而质点 1 保持不动时,在质点 1 处产生的阻尼力。

根据达朗贝尔原理,考虑质点 1 的动力平衡,即可得到下列运动方程:

$$m_1\ddot{x}_1 + c_{11}\dot{x}_1 + c_{12}\dot{x}_2 + k_{11}x_1 + k_{12}x_2 = -m_1\ddot{x}_0 \qquad (3.45a)$$

同理,对于质点 2,可得:

$$m_2\ddot{x}_2 + c_{21}\dot{x}_1 + c_{22}\dot{x}_2 + k_{21}x_1 + k_{22}x_2 = -m_2\ddot{x}_0 \qquad (3.45b)$$

式中的系数 k_{ij} 反映了结构刚度的大小,称为刚度系数。对于变形曲线为剪切型的结构,即在振动过程中质点只有平移而无转动的结构,例如横梁刚度为无限大的框架[图 3.12(a)],设其底层与第 2 层的层间剪切刚度(即产生单位层间位移时需要作用的层间剪力)分别为 k_1 和 k_2,如图 3.12(b)、(c) 所示,则由各质点上作用力的平衡即可求得各刚度系数如下:

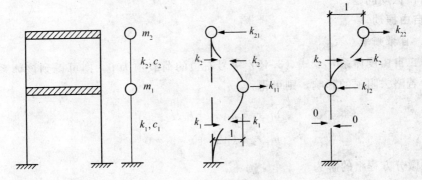

图 3.12 刚度系数

$$\left.\begin{array}{l}k_{11}=k_1+k_2 \\ k_{12}=k_{21}=-k_2 \\ k_{22}=k_2\end{array}\right\} \qquad (3.46a)$$

同理，阻尼系数为：

$$\left.\begin{array}{l}c_{11}=c_1+c_2 \\ c_{12}=c_{21}=-c_2 \\ c_{22}=c_2\end{array}\right\} \qquad (3.46b)$$

若将式（3.45）用矩阵形式表示，则为：

$$m\ddot{x}+c\dot{x}+kx=-mI\ddot{x}_0 \qquad (3.47)$$

式中 $m=\begin{bmatrix}m_1 & 0 \\ 0 & m_2\end{bmatrix}$; $c=\begin{bmatrix}c_{11} & c_{12} \\ c_{21} & c_{22}\end{bmatrix}$; $k=\begin{bmatrix}k_{11} & k_{12} \\ k_{21} & k_{22}\end{bmatrix}$;

$$\ddot{x}=\left\{\begin{array}{l}\ddot{x}_1 \\ \ddot{x}_2\end{array}\right\}; \quad \dot{x}=\left\{\begin{array}{l}\dot{x}_1 \\ \dot{x}_2\end{array}\right\}; \quad x=\left\{\begin{array}{l}x_1 \\ x_2\end{array}\right\}$$

当为一般的多自由度体系时，式（3.47）中的各项为：

$$m=\begin{bmatrix}m_1 & & & 0 \\ & m_2 & & \\ & & \ddots & \\ 0 & & & m_n\end{bmatrix}; \quad c=\begin{bmatrix}c_{11} & c_{12} & \cdots & c_{1n} \\ c_{21} & c_{22} & \cdots & c_{2n} \\ \vdots & \vdots & & \vdots \\ c_{n1} & c_{n2} & \cdots & c_{nn}\end{bmatrix}; \quad k=\begin{bmatrix}k_{11} & k_{12} & \cdots & k_{1n} \\ k_{21} & k_{22} & \cdots & k_{2n} \\ \vdots & \vdots & & \vdots \\ k_{n1} & k_{n2} & \cdots & k_{nn}\end{bmatrix}$$

$$\ddot{x}=\left\{\begin{array}{l}\ddot{x}_1 \\ \ddot{x}_2 \\ \vdots \\ \ddot{x}_n\end{array}\right\}; \quad \dot{x}=\left\{\begin{array}{l}\dot{x}_1 \\ \dot{x}_2 \\ \vdots \\ \dot{x}_n\end{array}\right\}; \quad x=\left\{\begin{array}{l}x_1 \\ x_2 \\ \vdots \\ x_n\end{array}\right\}$$

对于上述运动方程，一般常采用振型分解法求解，而用振型分解法求解时需要利用多自由度弹性体系的振型，它们是由分析体系的自由振动得来的。为此，需先讨论多自由度体系的自由振动问题。

3.4.3 自由振动

3.4.3.1 自振频率

考虑二自由度体系，令式（3.45）等号右边的荷载项为 0，即可得到该体系的自由振动方程。若略去阻尼的影响，则可得：

$$\left.\begin{array}{l} m_1\ddot{x}_1 + k_{11}x_1 + k_{12}x_2 = 0 \\ m_2\ddot{x}_2 + k_{21}x_1 + k_{22}x_2 = 0 \end{array}\right\} \tag{3.48}$$

上述微分方程组的解为：

$$\left.\begin{array}{l} x_1 = X_1\sin(\omega t + \varphi) \\ x_2 = X_2\sin(\omega t + \varphi) \end{array}\right\} \tag{3.49}$$

式中　　　　ω——频率；

φ——初相角；

X_1、X_2——质点 1 和质点 2 的位移幅值。

将式（3.49）代入式（3.48），得：

$$\left.\begin{array}{l} (k_{11} - \omega^2 m_1)X_1 + k_{12}X_2 = 0 \\ k_{21}X_1 + (k_{22} - \omega^2 m_2)X_2 = 0 \end{array}\right\} \tag{3.50}$$

上式为 X_1 和 X_2 的齐次方程组。显然，$X_1 = 0$ 和 $X_2 = 0$ 是一组解，但由式（3.49）可知，当 $X_1 = X_2 = 0$ 时，位移 x_1 和 x_2 将同时为 0，即体系无振动，因此它不是自由振动的解。为使式（3.50）有非零解，其系数行列式必须等于零，即：

$$\begin{vmatrix} (k_1 + k_2) - \omega^2 m_1 & -k_2 \\ -k_2 & k_2 - \omega^2 m_2 \end{vmatrix} = 0 \tag{3.51}$$

上式称为频率方程。将其展开可得 ω^2 的二次方程如下：

$$(\omega^2)^2 - \left(\frac{k_{11}}{m_1} + \frac{k_{22}}{m_2}\right)\omega^2 + \frac{k_{11}k_{22} - k_{12}k_{21}}{m_1 m_2} = 0$$

解之得：

$$\omega^2 = \frac{1}{2}\left(\frac{k_{11}}{m_1} + \frac{k_{22}}{m_2}\right) \pm \sqrt{\left[\frac{1}{2}\left(\frac{k_{11}}{m_1} + \frac{k_{22}}{m_2}\right)\right]^2 - \frac{k_{11}k_{22} - k_{12}k_{21}}{m_1 m_2}} \tag{3.52}$$

由此可求得 ω 的两个正实根，它们就是体系的两个自振圆频率。其中较小的一个 ω_1 称为第一自振圆频率或基本自振圆频率，较大的一个 ω_2 称为第二自振圆频率。

对于一般的多自由度体系，式（3.50）可写为：

$$\left.\begin{array}{l} (k_{11} - \omega^2 m_1)X_1 + k_{12}X_2 + \cdots + k_{1n}X_n = 0 \\ k_{21}X_1 + (k_{22} - \omega^2 m_2)X_2 + \cdots + k_{2n}X_n = 0 \\ \cdots \\ k_{n1}X_1 + k_{n2}X_2 + \cdots + (k_{nn} - \omega^2 m_n)X_n = 0 \end{array}\right\} \tag{3.53a}$$

或写成矩阵形式：

$$(k - \omega^2 M)X = 0 \qquad (3.53b)$$

式中

$$k = \begin{bmatrix} k_{11} & k_{12} & \cdots & k_{1n} \\ k_{21} & k_{22} & \cdots & k_{2n} \\ \vdots & \vdots & & \vdots \\ k_{n1} & k_{n2} & \cdots & k_{m} \end{bmatrix}; \quad M = \begin{bmatrix} m_1 & & & 0 \\ & m_2 & & \\ & & \ddots & \\ 0 & & & m_n \end{bmatrix}; \quad X = \begin{Bmatrix} X_1 \\ X_2 \\ \vdots \\ X_n \end{Bmatrix}$$

频率方程为：

$$|k - \omega^2 M| = 0 \qquad (3.54)$$

3.4.3.2 主振型

将 ω_1，ω_2 分别代入式（3.50），即可求得质点 1、2 的位移幅值。其中对应于 ω_1 者，用 X_{11} 和 X_{12} 表示，对应于 ω_2 者，用 X_{21} 和 X_{22} 表示。由于式（3.50）的系数行列式等于零，所以它们不是独立的，只能由该两式中的任一式求出其他值。例如，由式（3.50）中的第一式可得：

对应于 ω_1

$$\frac{X_{12}}{X_{11}} = \frac{m_1 \omega_1^2 - k_{11}}{k_{12}} \qquad (3.55a)$$

对应于 ω_2

$$\frac{X_{22}}{X_{21}} = \frac{m_1 \omega_2^2 - k_{11}}{k_{12}} \qquad (3.55b)$$

由式（3.49）得质点的位移：

对应于 ω_1

$$\left. \begin{aligned} x_{11} &= X_{11} \sin(\omega_1 t + \varphi_1) \\ x_{12} &= X_{12} \sin(\omega_1 t + \varphi_1) \end{aligned} \right\} \qquad (3.56a)$$

对应于 ω_2

$$\left. \begin{aligned} x_{21} &= X_{21} \sin(\omega_2 t + \varphi_2) \\ x_{22} &= X_{22} \sin(\omega_2 t + \varphi_2) \end{aligned} \right\} \qquad (3.56b)$$

则在振动过程中两质点的位移比值为：

对应于 ω_1

$$\frac{x_{12}}{x_{11}} = \frac{X_{12}}{X_{11}} = \frac{m_1 \omega_1^2 - k_{11}}{k_{12}} \qquad (3.57a)$$

对应于 ω_2

$$\frac{x_{22}}{x_{21}} = \frac{X_{22}}{X_{21}} = \frac{m_1 \omega_2^2 - k_{11}}{k_{12}} \qquad (3.57b)$$

由此可见，这一比值不仅与时间无关，而且为常数。也就是说，在结构振动过程中的任意时刻，这两个质点的位移比值始终保持不变。这种振动形式通常称为主振型，或简称振型。当体系按 ω_1 振动时称为第一振型或基本振型，按 ω_2 振动时称为第二振型。此外由于主振型只取决于质点位移之间的相对值，故为了简单起见，通常将其中某一个质点的位移值定为 1。

一般地，体系有多少个自由度就有多少个频率，相应的就有多少个主振型，它们是体系的固有特性。

由于某一主振型在振动过程中各质点的位移保持一定比值，且由式（3.56）得知各质点的速度也保持此同一比值，因此，只有各质点初始位移的比值和初速度的比值与该主振型的这些比值相同时，也就是在这个初始条件下，才能出现这种振动的振动形式。

在一般的初始条件下，体系的振动曲线将包含全部振型。这可由自由振动方程式（3.48）的通解中看出。该方程的特解见式（3.56），其通解为这些特解的线性组合，即：

$$x_1(t) = X_{11}\sin(\omega_1 t + \varphi_1) + X_{21}\sin(\omega_2 t + \varphi_2)$$

$$x_2(t) = X_{12}\sin(\omega_1 t + \varphi_1) + X_{22}\sin(\omega_2 t + \varphi_2)$$

由上式可见，在一般初始条件下，任一质点的振动都是由各主振型的简谐振动叠加而成的复合振动，它不再是简谐振动，而且质点之间位移的比值也不再是常数，其值将随时间而发生变化。

3.4.3.3，主振型的正交性

由式（3.27）可知，结构在任一瞬时的位移等于惯性力所产生的静位移。因此，上述的主振型变形曲线，就可看做是体系按某一频率振动时，其上相应的惯性荷载所引起的静力变形曲线。

对于上述的二自由度体系，其两个振型的变形曲线及其相应的惯性力如图 3.13 所示。根据式（3.28），惯性力也可表示为 $m_i\omega_j^2 X_{ji}$，其中 i 为质点号，j 为振型号。

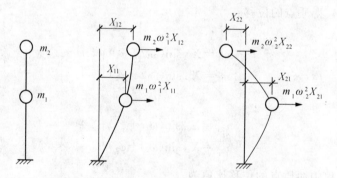

图 3.13　振型曲线及其相应的惯性荷载

根据功的互等定理，即第一状态的力在第二状态的位移上所做的功等于第二状态的力在第一状态的位移上所做的功，得：

$$m_1\omega_1^2 X_{11}X_{21} + m_2\omega_1^2 X_{12}X_{22} = m_1\omega_2^2 X_{21}X_{11} + m_2\omega_2^2 X_{22}X_{12}$$

整理后得：

$$(\omega_1^2 - \omega^2)(m_1 X_{11}X_{21} + m_2 X_{12}X_{22}) = 0$$

一般地，$\omega_1 \neq \omega_2$，故：

$$m_1 X_{11} X_{21} + m_2 X_{12} X_{22} = 0 \qquad\qquad (3.58)$$

式（3.58）所示的关系，通常称为振型的正交性。

对于两个以上的多自由度体系，任意两个振型 j 与 k 之间也都有着上述的正交特性，它们可以表示为：

$$m_1 X_{j1} X_{k1} + m_2 X_{j2} X_{k2} + \cdots + m_n X_{jn} X_{kn} = 0$$

或

$$\sum_{i=1}^{n} m_i X_{ji} X_{ki} = 0$$

用矩阵表达时为：

$$X_j^T m X_k = 0 \qquad\qquad (3.59)$$

式中

$$X_j^T = \{ X_{j1} \quad X_{j2} \cdots X_{jn} \};$$

$$X_k = \begin{Bmatrix} X_{k1} \\ X_{k2} \\ \vdots \\ X_{kn} \end{Bmatrix}; \quad M = \begin{bmatrix} m_1 & & & 0 \\ & m_2 & & \\ & & \ddots & \\ 0 & & & m_n \end{bmatrix}$$

式（3.59）表示多自由度体系任意两个振型对质量矩阵的正交性。事实上，多自由度体系任意两个振型对刚度矩阵也有正交性，这可以通过以下推导来说明。

根据式（3.53b），对于第 k 振型，有：

$$k X_k = \omega_k^2 m X_k$$

给等式两边各前乘以 X_j^T，得：

$$X_j^T k X_k = \omega_k^2 X_j^T m X_k$$

由式（3.59）可知，$X_j^T m X_k = 0$，故：

$$X_j^T k X_k = 0 \qquad\qquad (3.60)$$

【例 3.1】 计算图 3.14(a) 所示两层框架结构的自振频率和振型，并验证其主振型的正交性。各层质量分别为 $m_1 = 60\text{t}$，$m_2 = 50\text{t}$。第一层层间侧移刚度为 $k_1 = 5 \times 10^4 \text{kN/m}$，第二层层间侧移刚度 $k_2 = 3 \times 10^4 \text{kN/m}$。

由式（3.51），可得频率方程如下：

【解】 根据式（3.46a），可求得框架各层的层间刚度系数分别为：

$$k_{11} = k_1 + k_2 = 5 \times 10^4 + 3 \times 10^4 = 8 \times 10^4 \text{kN/m}$$

$$k_{12} = k_{21} = -k_2 = -3 \times 10^4 \text{kN/m}$$

由式（3.51）可得频率方程如下：

$$\begin{vmatrix} 8 \times 10^4 - 60\omega^2 & -3 \times 10^4 \\ -3 \times 10^4 & 3 \times 10^4 - 50\omega^2 \end{vmatrix} = 0$$

将上式展开，得：

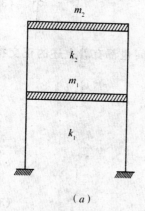  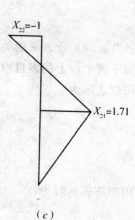

(a) (b) (c)

图 3.14 例 3.1 示意图

(a) 框架；(b) 第一振型；(c) 第二振型

$$0.00003\omega^4 - 0.058\omega^2 + 15 = 0$$

解上式可得：

$$\omega_1^2 = 307.6$$

$$\omega_2^2 = 1625.8$$

即：

$$\omega_1 = 17.54 \text{rad/s}$$

$$\omega_2 = 40.32 \text{rad/s}$$

上述 ω 值也可由式（3.52）直接求得。这时，相应的周期分别为：

$$T_1 = \frac{2\pi}{\omega_1} = \frac{2\pi}{17.54} = 0.358\text{s}$$

$$T_1 = \frac{2\pi}{\omega_1} = \frac{2\pi}{17.54} = 0.358\text{s}$$

由式（3.57）得：

第一振型 $\quad \dfrac{X_{12}}{X_{11}} = \dfrac{m_1\omega_1^2 - k_{11}}{k_{12}} = \dfrac{60 \times 307.6 - 8 \times 10^4}{-3 \times 10^4} = \dfrac{1}{0.488}$

第二振型 $\quad \dfrac{X_{22}}{X_{21}} = \dfrac{m_1\omega_2^2 - k_{11}}{k_{12}} = \dfrac{60 \times 1625.8 - 8 \times 10^4}{-3 \times 10^4} = -\dfrac{1}{1.71}$

上述振型分解分别示于图 3.14(b) 和（c）。

现在来验算主振型的正交性。对于质量矩阵，由式（3.59）可得：

$$X_1^T m X_2 = \begin{Bmatrix} 0.488 \\ 1 \end{Bmatrix}^T \begin{bmatrix} 60 & 0 \\ 0 & 50 \end{bmatrix} \begin{Bmatrix} 1.71 \\ -1 \end{Bmatrix} = 0$$

对于刚度矩阵，由式（3.60）可得：

56

$$X_1^T k X_2 = 10^4 \times \begin{Bmatrix} 0.488 \\ 1 \end{Bmatrix}^T \begin{bmatrix} 8 & -3 \\ -3 & 3 \end{bmatrix} \begin{Bmatrix} 1.71 \\ -1 \end{Bmatrix} = 0$$

自振频率和振型的实用计算方法

结构的自振频率及其相应的振型可直接由式（3.52）及方程式（3.53）求得，但当结构的自由度多于 2 或 3 时，若用手算的方法进行求解就显得过于复杂。因此，工程中为了计算方便，常采用一些近似方法来求解结构的自振频率和振型。具体方法如下所述：

（1）矩阵迭代法

矩阵迭代法又称 Stodola 法，它是采用逐步逼近的计算方法来确定结构的频率和振型。

前面已经提到，主振型的变形曲线可看做是结构按某一频率振动时，其上相应惯性力所引起的静力变形曲线，如图 3.13 所示。因此，体系按频率 ω 振动时，其上各质点的位移幅值将分别为：

$$\left. \begin{aligned} X_1 &= m_1 \omega^2 \delta_{11} X_1 + m_2 \omega^2 \delta_{12} X_2 + \cdots + m_n \omega^2 \delta_{1n} X_n \\ X_2 &= m_1 \omega^2 \delta_{21} X_1 + m_2 \omega^2 \delta_{22} X_2 + \cdots + m_n \omega^2 \delta_{2n} X_n \\ &\vdots \\ X_n &= m_1 \omega^2 \delta_{n1} X_1 + m_2 \omega^2 \delta_{n2} X_2 + \cdots + m_n \omega^2 \delta_{nn} X_n \end{aligned} \right\} \tag{3.61a}$$

式中　δ_{ij}——单位荷载作用于 j 点时在 i 点所引起的位移，称为柔度系数。

将上式写成矩阵形式，即为：

$$\begin{Bmatrix} X_1 \\ X_2 \\ \vdots \\ X_n \end{Bmatrix} = \omega^2 \begin{bmatrix} \delta_{11} & \delta_{12} & \cdots & \delta_{1n} \\ \delta_{21} & \delta_{22} & \cdots & \delta_{2n} \\ \vdots & \vdots & & \vdots \\ \delta_{n1} & \delta_{n2} & \cdots & \delta_{nn} \end{bmatrix} \begin{bmatrix} m_1 & & & 0 \\ & m_2 & & \\ & & \ddots & \\ 0 & & & m_n \end{bmatrix} \begin{Bmatrix} X_1 \\ X_2 \\ \vdots \\ X_n \end{Bmatrix} \tag{3.61b}$$

或
$$X = \omega^2 \delta M X \tag{3.61c}$$

实际上，式（3.61c）也可直接从式（3.53b）导出。即由式（3.53b）可得：

$$X = \omega^2 k^{-1} M X$$

由结构力学的知识可知，柔度矩阵与刚度矩阵互逆，即 $\delta = k^{-1}$，代入上式后就可得到式（3.61c）。

为了求得结构的频率和振型，就得要对式（3.61）进行迭代，其步骤如下：先假定一个振型并代入上式等号的右边。进行求解后即可得到 ω^2 及其主振型的第一次近似值，再以第一次近似值代入上式进行计算，则可得到 ω^2 和其主振型的第二次近似值，如此下去，直至前后两次的计算结果接近为止。当一个振型求得后，则可利用振型的正交性，求出较高次的频率和振型，具体方法见下例。

【例 3.2】　图 3.15 为 3 层框架结构，假定其横梁刚度为无限大。各层质量分别为 $m_1 = 2561\text{t}$，$m_2 = 2545\text{t}$，$m_3 = 559\text{t}$。各层刚度分别为 $k_1 = 5.43 \times 10^5 \text{kN/m}$，$k_2 = 9.03 \times 10^5 \text{kN/m}$，$k_3 = 8.23 \times 10^5 \text{kN/m}$。试用矩阵迭代法求解结构的频率和振型。

【解】　柔度系数为：

$$\delta_{11} = \delta_{12} = \delta_{13} = 1/k_1 = 1.84 \times 10^{-6} \text{m/kN}$$

57

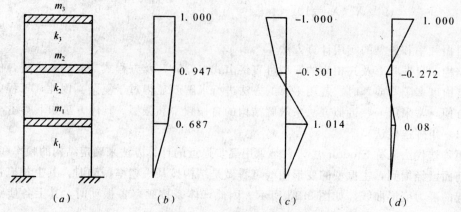

图 3.15 例 3.2 示意图

(*a*) 结构体系;(*b*) 第一振型;(*c*) 第二振型;(*d*) 第三振型

$$\delta_{22} = \delta_{23} = \delta_{32} = 1/k_1 + 1/k_2 = 1.84 \times 10^{-6} + 1.11 \times 10^{-6} = 2.95 \times 10^{-6}\ \mathrm{m/kN}$$

$$\delta_{33} = 1/k_1 + 1/k_2 + 1/k_3 = 2.95 \times 10^{-6} + 1.21 \times 10^{-6} = 4.16 \times 10^{-6}\ \mathrm{m/kN}$$

第一振型:设第一振型的第一次近似值为 $\begin{Bmatrix} X_{11} \\ X_{12} \\ X_{13} \end{Bmatrix} = \begin{Bmatrix} 1 \\ 1 \\ 1 \end{Bmatrix}$,代入式(3.61*b*),得:

$$\begin{Bmatrix} X_{11} \\ X_{12} \\ X_{13} \end{Bmatrix} = \omega_1^2 \times 10^{-6} \begin{bmatrix} 1.84 & 1.84 & 1.84 \\ 1.84 & 2.95 & 2.95 \\ 1.84 & 2.95 & 4.16 \end{bmatrix} \begin{bmatrix} 2561 & & 0 \\ & 2545 & \\ 0 & & 559 \end{bmatrix} \begin{Bmatrix} 1 \\ 1 \\ 1 \end{Bmatrix}$$

$$= \omega_1^2 \times 10^{-5} \begin{Bmatrix} 1024 \\ 1387 \\ 1455 \end{Bmatrix} = \omega_1^2 \times 1455 \times 10^{-5} \begin{Bmatrix} 0.716 \\ 0.953 \\ 1.000 \end{Bmatrix}$$

这样,第一振型的第二次近似值即为 $\begin{Bmatrix} X_{11} \\ X_{12} \\ X_{13} \end{Bmatrix} = \begin{Bmatrix} 0.716 \\ 0.953 \\ 1.000 \end{Bmatrix}$,再将此值代入式

(3.61*b*),得:

$$\begin{Bmatrix} X_{11} \\ X_{12} \\ X_{13} \end{Bmatrix} = \omega_1^2 \times 10^{-6} \begin{bmatrix} 1.84 & 1.84 & 1.84 \\ 1.84 & 2.95 & 2.95 \\ 1.84 & 2.95 & 4.16 \end{bmatrix} \begin{bmatrix} 2561 & & 0 \\ & 2545 & \\ 0 & & 559 \end{bmatrix} \begin{Bmatrix} 0.716 \\ 0.953 \\ 1.000 \end{Bmatrix}$$

$$= \omega_1^2 \times 10^{-5} \begin{Bmatrix} 887 \\ 1218 \\ 1285 \end{Bmatrix} = \omega_1^2 \times 1285 \times 10^{-5} \begin{Bmatrix} 0.690 \\ 0.948 \\ 1.000 \end{Bmatrix}$$

将此值第三次的近似值再代入式(3.61*b*),得:

$$\begin{Bmatrix} X_{11} \\ X_{12} \\ X_{13} \end{Bmatrix} = \omega_1^2 \times 10^{-5} \begin{Bmatrix} 872 \\ 1202 \\ 1269 \end{Bmatrix} = \omega_1^2 \times 1269 \times 10^{-5} \begin{Bmatrix} 0.687 \\ 0.947 \\ 1.000 \end{Bmatrix} \qquad (a)$$

从式（a）可以看出，最后一次的振型与上一次的振型已经十分接近，因此结构的基本振型即可确定为 $X_{11} = 0.687$，$X_{12} = 0.947$，$X_{13} = 1.000$，如图 3.15(b) 所示。结构的基本频率 ω_1 也可按式（a）中的任一式求得，例如根据 $X_{13} = 1.000$ 可得：

$$1.000 = \omega_1^2 \times 1269 \times 10^{-5} \times 1.000$$

故

$$\omega_1 = \sqrt{\frac{1}{1269 \times 10^{-5}}} = 8.88 \text{rad/s}$$

第二振型：对于第二振型，由式（3.61b）得：

$$\begin{Bmatrix} X_{21} \\ X_{22} \\ X_{23} \end{Bmatrix} = \omega_2^2 \times 10^{-6} \begin{bmatrix} 1.84 & 1.84 & 1.84 \\ 1.84 & 2.95 & 2.95 \\ 1.84 & 2.95 & 4.16 \end{bmatrix} \begin{bmatrix} 2561 & & 0 \\ & 2545 & \\ 0 & & 559 \end{bmatrix} \begin{Bmatrix} X_{21} \\ X_{22} \\ X_{23} \end{Bmatrix} \qquad (b)$$

利用主振型的正交性，将上面求得的第一振型位移代入式（3.59），得：

$$\begin{Bmatrix} 0.687 \\ 0.947 \\ 1.000 \end{Bmatrix}^T \begin{bmatrix} 2561 & & 0 \\ & 2545 & \\ 0 & & 559 \end{bmatrix} \begin{Bmatrix} X_{21} \\ X_{22} \\ X_{23} \end{Bmatrix} = 0$$

将上式展开，得：

$$1759 X_{21} + 2410 X_{22} + 559 X_{23} = 0 \qquad (c)$$

或

$$X_{23} = -3.147 X_{21} - 4.311 X_{22}$$

将式（c）代入式（b）中的第一和第二式得：

$$\begin{Bmatrix} X_{21} \\ X_{22} \end{Bmatrix} = \omega_2^2 \times 10^{-6} \begin{bmatrix} 1475 & 249 \\ -477 & 399 \end{bmatrix} \begin{Bmatrix} X_{21} \\ X_{22} \end{Bmatrix} \qquad (d)$$

对式（d）进行迭代，先假设一个近似于第二振型的位移，令 $\begin{Bmatrix} X_{21} \\ X_{22} \end{Bmatrix} = \begin{Bmatrix} 2 \\ 1 \end{Bmatrix}$，经两轮迭代后得：

$$\begin{Bmatrix} X_{21} \\ X_{22} \end{Bmatrix} = \omega_2^2 \times 1351 \times 10^{-6} \begin{Bmatrix} 1.995 \\ -1.000 \end{Bmatrix}$$

故第二频率为：

$$\omega_2 = \sqrt{\frac{1}{1351 \times 10^{-6}}} = 27.2 \text{rad/s}$$

再由式（c）得：

$$X_{23} = -3.147 \times 1.995 - 4.311 \times (-1.000) = -1.967$$

这样就可求得第二主振型为 $X_{21} = 1.014$，$X_{22} = -0.501$，$X_{23} = -1.0$，如图 3.15 (c) 所示。

第三振型：根据主振型的正交性，由上面得到的第一和第二主振型即可写出：

$$\begin{Bmatrix} 0.687 \\ 0.947 \\ 1.000 \end{Bmatrix}^T \begin{bmatrix} 2561 & & 0 \\ & 2545 & \\ 0 & & 559 \end{bmatrix} \begin{Bmatrix} X_{31} \\ X_{32} \\ X_{33} \end{Bmatrix} = 0$$

$$\begin{Bmatrix} 1.014 \\ -0.501 \\ -1.000 \end{Bmatrix}^T \begin{bmatrix} 2561 & & 0 \\ & 2545 & \\ 0 & & 559 \end{bmatrix} \begin{Bmatrix} X_{31} \\ X_{32} \\ X_{33} \end{Bmatrix} = 0$$

将上面两式展开，得：

$$1759 X_{31} + 2410 X_{32} + 559 X_{33} = 0$$

$$2597 X_{31} - 1275 X_{32} - 559 X_{33} = 0$$

解上述联立方程组，得：

$$X_{31} = 0.0746 X_{33} ; \quad X_{32} = -0.2864 X_{33}$$

令 $X_{33} = 1.000$，则 $X_{31} = 0.075$，$X_{32} = -0.286$

求第三频率，由式（3.61b）得：

$$\begin{Bmatrix} X_{31} \\ X_{32} \\ X_{33} \end{Bmatrix} = \omega_3^2 \times 10^{-6} \begin{bmatrix} 1.84 & 1.84 & 1.84 \\ 1.84 & 2.95 & 2.95 \\ 1.84 & 2.95 & 4.16 \end{bmatrix} \begin{bmatrix} 2561 & & 0 \\ & 2545 & \\ 0 & & 559 \end{bmatrix} \begin{Bmatrix} 0.075 \\ -0.286 \\ 1.000 \end{Bmatrix}$$

$$= \omega_3^2 \times 10^{-6} \begin{Bmatrix} 42.70 \\ -144.70 \\ 531.60 \end{Bmatrix} = \omega_3^2 \times 531.6 \times 10^{-6} \begin{Bmatrix} 0.080 \\ 0.272 \\ 1.000 \end{Bmatrix}$$

故 $$\omega_3 = \sqrt{\frac{1}{351.6 \times 10^{-6}}} = 43.4 \text{rad/s}$$

而相应的阵型为 $X_{31} = 0.08$，$X_{32} = -0.272$，$X_{33} = 1.000$，如图 3.15(d) 所示。

应当注意，采用上述矩阵迭代法求解频率和振型时，由于在求解高频率及其主振型时需要利用已经被求得的较低的振型，故计算的误差则随着振型的提高而增加。但在实际结构分析中，一般只需采用前几个振型，所以这种积累误差对结构的地震反应分析影响不大。

（2）能量法

在采用矩阵迭代法求解多自由度体系的频率和振型时，需要列出每一质点的运动方程，并对方程组进行运算。因此，质点较多时这种方法计算太繁。如果所求的是结构的基本频率，则可采用能量法，或称瑞雷（Rayleigh）法。能量法是根据体系在振动过程中的能量守恒原理导出的，即一个无阻尼的弹性体系在自由振动时，其在任一时刻的动能与变形位能之和保持不变。当体系在振动过程中位移达到最大时，其变形位能将达到最大值 U_{max}，而此时体系的动能为零；在经过静平衡位置时，体系的动能有最值 T_{max}，而变形位能则等于零，故有：

$$U_{max} = T_{max} \tag{3.62}$$

考虑一多质点体系（图 3.16），在自由振动时期中任一质点 i 的位移为：

$$x_i(t) = X_i \sin(\omega t + \varphi)$$

则其速度为：

$$\dot{x}_i(t) = X_i \omega \cos(\omega t + \varphi)$$

因其动能为：

$$T = \frac{1}{2}\sum_{i=1}^{n} m_i \dot{x}_i^2(t) = \frac{1}{2}\omega^2 \cos^2(\omega t + \varphi)\sum_{i=1}^{n} m_i X_i^2$$

最大动能为：

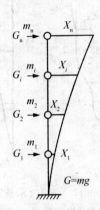

图 3.16 结构近似基本振型

$$T_{max} = \frac{1}{2}\omega^2 \sum_{i=1}^{n} m_i X_i^2 \tag{3.63}$$

式中　X_i ——质点 i 的振型位移幅值。

一般地，结构的基本振型可以近似取为当重力荷载作用于质点上时的结构弹性曲线。因此，体系的最大变形位能为：

$$U_{max} = \frac{1}{2}\sum_{i=1}^{n} m_i g X_i \tag{3.64}$$

将式（3.64）与式（3.63）代入式（3.62），即可得到体系的基本频率为：

$$\omega_1^2 = \sum_{i=1}^{n} m_i g X_i \Big/ \sum_{i=1}^{n}(m_i X_i^2)$$

或

$$\omega_1 = \sqrt{g\sum_{i=1}^{n} m_i X_i \Big/ \sum_{i=1}^{n}(m_i X_i^2)} \tag{3.65}$$

而结构的基本周期为：

$$T = \frac{2\pi}{\omega_1} = 2\pi \sqrt{\frac{\sum_{i=1}^{n} m_i X_i^2}{g\sum_{i=1}^{n} m_i X_i}} = 2\sqrt{\frac{\sum_{i=1}^{n} g X_i^2}{\sum_{i=1}^{n} G_i X_i}} \tag{3.66}$$

式中　$G_i = m_i g$。

61

在上述能量法中，采用了近似的振型曲线来计算结构的频率，因此求得的频率也是近似的。若要提高频率的精度，则必须提高振型的精度，为此可采用迭代方法进行计算。即先按已求得的频率算出各质点相应的惯性力，然后按此惯性力计算结构的位移，这时所得的曲线即为体系修正后的新的振型，再以此振型去计算新的频率。如此连续下去，直至达到需要的精度为止。

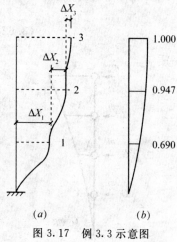

图 3.17 例 3.3 示意图
(a) 结构弹性曲线；(b) 基本振型

【例 3.3】 按能量法计算例 3.2 结构的基本频率及振型。

【解】 ①结构在重力荷载水平作用的弹性曲线 [图 3.17 (a)] 结构的层间相对位移为：

$$\Delta X_3 = \frac{m_3 g}{k_3} = \frac{559g}{8.23 \times 10^5 g/m} = 6.792g \times 10^{-4} \text{m}$$

$$\Delta X_2 = \frac{(m_2+m_3)g}{k_2} = \frac{(559+2545)g}{9.03 \times 10^5 g/m} = 34.37g \times 10^{-4} \text{m}$$

$$\Delta X_1 = \frac{(m_1+m_2+m_3)g}{k_1} = \frac{(559+2545+2561)g}{5.43 \times 10^5 g/m} = 104.33g \times 10^{-4} \text{m}$$

各层位移为：

$$X_1 = \Delta X_1 = 104.33g \times 10^{-4} \text{m}$$

$$X_2 = X_1 + \Delta X_2 = (104.33 + 34.37)g \times 10^{-4} = 138.70g \times 10^{-4} \text{m}$$

$$X_3 = X_2 + \Delta X_3 = (138.70 + 6.792)g \times 10^{-4} = 145.49g \times 10^{-4} \text{m}$$

②结构基本频率及振型

由式（3.65）得：

$$\omega = \sqrt{\frac{(2561 \times 104.33 + 2545 \times 138.70 + 559 \times 145.49)g \times 10^{-4}}{(2561 \times 104.33^2 + 2545 \times 138.70^2 + 559 \times 145.49^2)(g \times 10^{-4})^2}} = 8.89 \text{rad/s}$$

相应的基本振型为：

$$\begin{Bmatrix} X_{11} \\ X_{12} \\ X_{13} \end{Bmatrix} = \begin{Bmatrix} 104.33 \\ 138.70 \\ 145.49 \end{Bmatrix} g \times 10^{-4} = \begin{Bmatrix} 0.717 \\ 0.953 \\ 1.000 \end{Bmatrix}$$

为了提高精度，还可进行以下迭代。各质点的惯性力为：

$$I_1 = \omega_1^2 m_1 X_{11} = 2561 \times 0.717\omega_1^2 = 1836\omega_1^2$$

$$I_2 = \omega_1^2 m_2 X_{12} = 2545 \times 0.953\omega_1^2 = 2425\omega_1^2$$

$$I_3 = \omega_1^2 m_3 X_{13} = 559 + \times 1.000\omega_1^2 = 559\omega_1^2$$

由上述惯性力引起的层间位移为：

$$\Delta X_3 = \frac{559\omega_1^2}{8.23 \times 10^5} = 6.792\omega_1^2 \times 10^{-4}$$

$$\Delta X_2 == \frac{(559+2425)\omega_1^2}{9.03 \times 10^5} = 33.05\omega_1^2 \times 10^{-4}$$

$$\Delta X_1 == \frac{(559+2425+1836)\omega_1^2}{5.43 \times 10^5} = 88.77\omega_1^2 \times 10^{-4}$$

各层位移为:

$$X_1 = \Delta X_1 = 88.77\omega_1^2 \times 10^{-4}$$

$$X_2 = X_1 + \Delta X_2 = (88.77 + 33.05)g \times 10^{-4} = 138.70g \times 10^{-4}$$

$$X_3 = x_2 + \Delta x_3 = (121.82 + 6.792)\omega_1^2 \times 10^{-4} = 128.61\omega_1^2 \times 10^{-4}$$

故频率为:

$$\omega_1 = \sqrt{\sum_{i=1}^{n} I_i X_i \Big/ \sum_{i=1}^{n} (m_i X_i^2)}$$

$$= \sqrt{\frac{(1836 \times 88.77 + 2425 \times 121.82 + 559 \times 128.61)\omega_1^4 \times 10^{-4}}{(2561 \times 88.77^2 + 2425 \times 121.82^2 + 559 \times 128.61^2)(\omega_1^2 \times 10^{-4})^2}} = 8.88 \text{rad/s}$$

而相应的基本振型为 [图 3.17 (b)]:

$$\begin{Bmatrix} X_{11} \\ X_{12} \\ X_{13} \end{Bmatrix} = \begin{Bmatrix} 88.77 \\ 121.82 \\ 128.61 \end{Bmatrix} \omega_1^2 \times 10^{-4} = \begin{Bmatrix} 0.690 \\ 0.947 \\ 1.000 \end{Bmatrix}$$

上述计算结果与例 3.2 中的基本相同,如精度已满足要求,计算即可终止。

(3) 等效质量法

在求多自由度体系或无限自由度体系的基本频率时,为了简化计算,可根据频率相等的原则,将全部质量集中在一点或几个点上,此集中所得的质量称为等效质量。

考虑图 3.18 所示的悬臂体系,当其上 i 点有一集中质量 m_i 时 [图 3.18(a)],若需将该质量转移到体系的顶端 j 点 [图 3.18 (b)],并要求体系的频率保持不变,试求 j 点的等效质量 m_e。

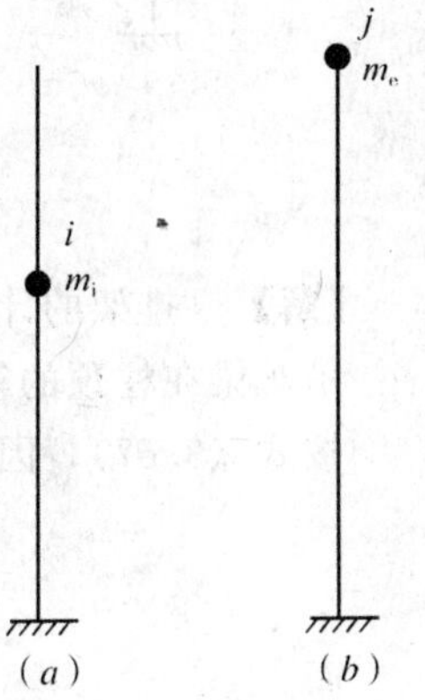

由于这两个单自由度体系的频率相等,故有:

$$\sqrt{\frac{k_{ii}}{m_i}} = \sqrt{\frac{k_{jj}}{m_e}}$$

图 3.18 等效质量法

式中 k_{ii}、k_{jj}——二者的刚度系数。

由上式可得等效质量为:

$$m_e = \frac{k_{ii}}{k_{jj}} m_i \tag{3.67}$$

设体系原有 n 个集中质量,则可将每个质量都按上式所示的转换关系转换到 j 点,而 j 点总的等效质量为各等效质量之和,即:

$$m_e = k_{jj} \sum_{i=1}^{n} \frac{m_i}{k_{ii}} \tag{3.68}$$

故体系的基本频率为:

$$\frac{1}{\omega^2} = \frac{m_e}{k_{jj}} = \sum_{i=1}^{n} \frac{m_i}{k_{ii}} = \sum_{i=1}^{n} \frac{1}{\omega_i^2} \tag{3.69}$$

式 (3.69) 称为邓克莱 (Dunkeley) 公式, 它是计算多自由度体系基本频率的近似公式。可以证明, 它是真实频率的下限。因此按式 (3.68) 计算所得的等效质量也是一个近似值。

【例 3.4】 用等效质量法计算图 3.19(a) 所示单层厂房排架结构的基本频率。已知屋盖质量为 m_2, 两边吊车梁质量 m_1 作用于柱高的 4/5 处, 设柱为等截面柱, 两柱沿单位长度的质量为 $\overline{m}$, 弯曲刚度为 EI。

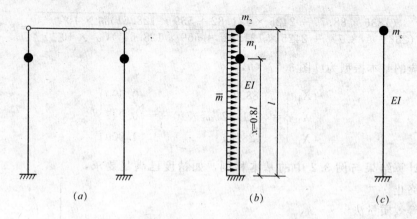

图 3.19 例 3.4 示意图

【解】 排架的计算简图如图 3.19(b) 所示。
吊车梁在柱顶的等效质量
按式 (3.67), 因排架柱为截面柱, 故:

$$k_{ii} = \frac{3EI}{x^3}, \quad k_{jj} = \frac{3EI}{l^3},$$

而

$$\frac{k_{jj}}{k_{ii}} = \left(\frac{x}{l}\right)^3,$$

则:

$$m_e = \left(\frac{x}{l}\right)^3 m_i$$

故吊车梁在柱顶的等效质量为:

$$m_{e1} = \left(\frac{0.8l}{l}\right)^3 m_1 = 0.512 m_1 \approx 0.5 m_1 \tag{3.70}$$

求柱均布质量在柱顶的等效质量

由式（3.68），对于均布质量，$m_i = \overline{m} dx$，故柱在柱顶的等效质量为：

$$m_{e2} = \int_0^l \left(\frac{x}{l}\right)^3 \overline{m} dx = 0.25\overline{m}l \tag{3.71}$$

m_{e2} 的精确值为 $0.2422\overline{m}l$，上述误差为 $+3.2\%$。

求排架基本频率

作用于排架顶部的总等效质量为：

$$m_e = m_2 + m_{e1} + m_{e2} = m_2 + 0.5m_1 + 0.25\overline{m}l$$

故排架的基本频率为：

$$\omega = \sqrt{\frac{k}{m_e}} = \sqrt{\frac{3EI}{(m_2 + 0.5m_1 + 0.25\overline{m}l)l^3}} = \frac{1.732}{l}\sqrt{\frac{EI}{(m_2 + 0.5m_1 + 0.25\overline{m}l)l}}$$

（4）顶点位移法

顶点位移法是根据结构在重力荷载水平作用时算得的顶点位移来推求其基本频率或基本周期的一种方法。

考虑一质量均匀的悬臂直杆 [图 3.20(a)]，若杆按弯曲振动，则其基本周期可按下式计算：

$$T_b = 1.79l^2\sqrt{\frac{\overline{m}}{EI}} \tag{3.72}$$

若杆按剪切振动，则：

$$T_s = 4l\sqrt{\frac{\xi\overline{m}}{GA}} \tag{3.73}$$

式中　EI、GA——杆的弯曲刚度和剪切刚度；

　　　　ξ——剪应力分布不均匀系数。

上述悬臂直杆在均布荷载 $q = \overline{m}g$ 作用下，由弯曲和剪切引起的顶点位移分别为 [图 3.20(b)、(c)]：

$$\Delta_b = \frac{ql^4}{8EI} = \frac{\overline{m}gl^4}{8EI} \tag{3.74}$$

$$\Delta_s = \frac{\xi ql^2}{2GA} = \frac{\xi\overline{m}gl^2}{2GA} \tag{3.75}$$

将式（3.74）及式（3.75）分别代入式（3.72）及式（3.73），得：

$$T_b = 1.6\sqrt{\Delta_b} \tag{3.76}$$

$$T_s = 1.8\sqrt{\Delta_s} \tag{3.77}$$

若体系按弯剪振动 [图 3.20(d)]，则其基本周期可按下式计算：

$$T = 1.7\sqrt{\Delta_{bs}} \tag{3.78}$$

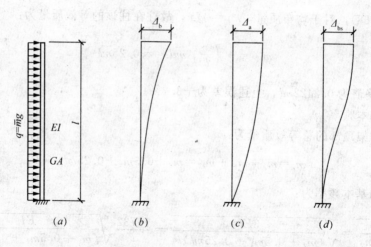

图 3.20 结构的顶点位移

上述公式中的 Δ 的单位为 m，T 的单位为 s。这一公式亦可用以计算多层框架结构的基本周期，只是在计算时需求得框架在重力荷载水平作用时的顶点位移。

3.4.4 振型分解法

运动方程式（3.45）是以质点位移 $x_i(t)$ 作为坐标，在每一方程中包含所有未知的质点位移，因此必须联立求解。如果用体系的振型作为基底，而用另一函数 $q(t)$ 作为坐标，就可以把联立方程组变为几个独立的方程，每个方程中只包含一个未知项。这样就可分别独立求解，从而使计算简化。这一方法称为振型分解法，它是求解多自由度弹性体系地震反应的重要方法。以下将对这一方法加以说明。

为简单起见，先考虑二自由度体系，如图 3.21 所示。将质点 m_1 和 m_2 在地震作用下任一时刻的位移 $x_1(t)$ 和 $x_2(t)$ 用其两个振型的线性组合来表示，即：

$$\left. \begin{array}{l} x_1(t) = q_1(t)X_{11} + q_2(t)X_{21} \\ x_2(t) = q_1(t)X_{12} + q_2(t)X_{22} \end{array} \right\} \tag{3.79}$$

图 3.21 结构变形按振型分解

这里用新坐标 $q_1(t)$ 和 $q_2(t)$ 代替原有的两个几何坐标 $x_1(t)$ 和 $x_2(t)$。只要 $q_1(t)$ 与 $q_2(t)$ 确定，$x_1(t)$ 与 $x_2(t)$ 也就可以确定，而 $q_1(t)$ 与 $q_2(t)$ 实际上表示在质点

任一时刻的变位中第一振型与第二振型所占的分量。由于 $x_1(t)$ 和 $x_2(t)$ 为时间的函数，故 $q_1(t)$ 和 $q_2(t)$ 亦为时间的函数，一般称为广义坐标。

当为多自由度体系时，式（3.79）可写成：

$$x_i(t) = \sum_{j=1}^{n} q_j(t) X_{ji} \tag{3.80}$$

亦可写成下述矩阵的形式：

$$x = Xq \tag{3.81}$$

式中：

$$X = \begin{bmatrix} X_1 & X_2 & \cdots & X_j & \cdots & X_n \end{bmatrix}$$

$$x = \begin{Bmatrix} x_1 \\ x_2 \\ \vdots \\ x_j \\ \vdots \\ x_n \end{Bmatrix}; \quad X = \begin{bmatrix} X_{11} & X_{21} & \cdots & X_{j1} \cdots & X_{n1} \\ X_{12} & X_{22} & \cdots & X_{jn} \cdots & X_{n2} \\ \vdots & \vdots & & \vdots & \vdots \\ X_{1n} & X_{2n} & \cdots & X_{jn} \cdots & X_{m} \end{bmatrix}; \quad q = \begin{Bmatrix} q_1 \\ q_2 \\ \vdots \\ q_j \\ \vdots \\ q_n \end{Bmatrix}$$

将式（3.81）代入运动方程式（3.47），并假定阻尼矩阵 c 是质量矩阵 m 和刚度矩阵 k 的线性组合，从而使阻尼矩阵亦能满足正交条件，以消除振型之间的耦合，即令：

$$c = \alpha_1 m + \alpha_2 k$$

式中　α_1、α_2——比例常数。

故得：

$$mX\ddot{q} + (\alpha_1 m + \alpha_2 k)X\dot{q} + kXq = -mI\ddot{x}_0$$

将上式等号两边各项都乘以 X_j^T，得：

$$X_j^T mX\ddot{q} + X_j^T(\alpha_1 m + \alpha_2 k)X\dot{q} + X_j^T kXq = -X_j^T mI\ddot{x}_0 \tag{3.82}$$

式（3.82）等号左边的第一项为：

$$X_j^T mX\ddot{q} = -X_j^T m \begin{bmatrix} X_1 & X_2 & \cdots & X_j & \cdots & X_n \end{bmatrix} \begin{Bmatrix} \ddot{q}_1 \\ \ddot{q}_2 \\ \vdots \\ \ddot{q}_j \\ \vdots \\ \ddot{q}_n \end{Bmatrix}$$

$$= X_j^T mX_1\ddot{q}_1 + X_j^T mX_2\ddot{q}_2 + \cdots + X_j^T mX_j\ddot{q}_j + \cdots + X_j^T mX_n\ddot{q}_n$$

根据振型对质量矩阵的正交性［式（3.59）］，上式中除了 $X_j^T mX_j\ddot{q}_j$ 一项以外，其余各项均等于零，故有：

$$X_j^T MX\ddot{q} = X_j^T MX_j\ddot{q}_j \tag{3.83}$$

同理，利用振型对刚度矩阵的正交性［式（3.50）］，式（3.82）等号左边的第三项亦可写成：

$$X_j^T kXq = X_j^T kX_j q_j$$

根据式（3.53b），对于第 j 振型有 $kX_j = \omega_j^2 mX_j$，故上式亦可写成：

$$X_j^T kXq = \omega_j^2 X_j^T MX_j q_j \tag{3.84}$$

对于式（3.82）等号左边的第二项，同理可写成：

$$(\alpha_1 m + \alpha_2 k)X\dot{q} = (\alpha_1 + \alpha_2\omega_j^2)X_j^T mX_j q_j \tag{3.85}$$

将式（3.83）、式（3.84）、式（3.85）代入式（3.82）并简化，得：

$$\dot{q}_j + 2\zeta\omega_j\dot{q}_j + \omega_j^2 q_j = -\gamma_j\ddot{x}_0 \quad (j=1, 2, \cdots, n) \tag{3.86}$$

式中

$$\gamma_j = \frac{X_j^T mI}{X_j^T mX_j} = \frac{\sum\limits_{i=1}^{n} m_i X_{ji}}{\sum\limits_{i=1}^{n} m_i X_{ji}^2} \tag{3.87}$$

在式（3.86）中，令：

$$\alpha_1 + \alpha_2\omega_j^2 = 2\zeta_j\omega_j \tag{3.88}$$

则式（3.86）可写成：

$$\ddot{q}_j + 2\zeta_j\omega_j\dot{q}_j + \omega_j^2 q_j = -\gamma_j\ddot{x}_0 \quad (j=1, 2, \cdots, n) \tag{3.89}$$

在式（3.88）中，ζ_j 为对应于 j 振型的阻尼比，系数 α_1 和 α_2 通常根据第一、第二振型的频率和阻尼比确定，即由式（3.88）得：

$$\begin{cases} \alpha_1 + \alpha_2\omega_1^2 = 2\zeta_1\omega_1 \\ \alpha_1 + \alpha_2\omega_2^2 = 2\zeta_2\omega_2 \end{cases}$$

解之，得：

$$\alpha_1 = \frac{2\omega_1\omega_2(\zeta_1\omega_2 - \zeta_2\omega_1)}{\omega_2^2 - \omega_1^2} \tag{3.90a}$$

$$\alpha_2 = \frac{2(\zeta_2\omega_2 - \zeta_1\omega_1)}{\omega_2^2 - \omega_1^2} \tag{3.90b}$$

在式（3.89）中，依次取 $j=1, 2, \cdots, n$，可得 n 个独立微分方程，即在每一个方程中仅含有一个未知量 q_j，由此可分别解得 $q_1, q_2, \cdots, q_n$。可以看出，式（3.89）与单自由度体系在地震作用下的运动微分方程式（3.5）在形式上基本相同，只是方程式（3.89）的等号右边多了一个系数 γ_j，所以方程式（3.89）的解就可以参照方程式（3.5）的解即式（3.24）写出：

$$q_j(t) = -\frac{\gamma_j}{\omega_j}\int_0^t \ddot{x}_0(\tau)e^{-\zeta_j\omega_j(t-\tau)}\sin\omega_j(t-\tau)d\tau \tag{3.91}$$

或：

$$q_j(t) = \gamma_j \Delta_j(t) \tag{3.92}$$

式中：

$$\Delta_j(t) = -\frac{1}{\omega_j} \int_0^t \ddot{x}_0(\tau) e^{-\zeta_j \omega_j(t-\tau)} \sin \omega_j(t-\tau) d\tau \tag{3.93}$$

式（3.93）即相当于阻尼比为 ζ_j、自振频率为 ω_j 的单自由度弹性体系在地震作用下的位移反应，这个单自由度体系称作与振型 j 相应的振子（图 3.21）。

将式（3.92）代入式（3.80），得：

$$x_i(t) = \sum_{j=1}^n q_j(t) X_{ji} = \sum_{j=1}^n \gamma_j \Delta_j(t) X_{ji} \tag{3.94}$$

上式就是用振型分解法分析时，多自由度体系在地震作用下其中任一质点 m_i 位移的计算公式。对于二自由度体系，达一分析方法可用图 3.21 来表示。

式（3.94）中 γ_j 的表达式见式（3.87），称 γ_j 为体系在地震反应中第 j 振型的振型参与系数。实际上，γ_j 就是当各质点位移 $x_1 = x_2 = \cdots = x_j = \cdots = x_n = 1$ 时的 q_j 值。证明如下：

考虑两质点体系，令式（3.79）中的 $x_1(t) = x_2(t) = 1$，得：

$$\left.\begin{array}{l} 1 = q_1(t) X_{11} + q_2(t) X_{21} \\ 1 = q_1(t) X_{12} + q_2(t) X_{22} \end{array}\right\} \tag{3.95}$$

以 $m_1 X_{11}$ 及 $m_2 X_{22}$ 分别乘以式（3.95）中的第一式和第二式，得：

$$\left.\begin{array}{l} m_1 X_{11} = m_1 X_{11}^2 q_1(t) + m_1 X_{11} X_{21} q_2(t) \\ m_2 X_{22} = m_2 X_{12}^2 q_1(t) + m_2 X 12 X_{22} q_2(t) \end{array}\right\}$$

将上述两式相加，并利用振型的正交性，可得：

$$q_1(t) = \frac{m_1 X_{11} + m_2 X_{12}}{m_1 X_{11}^2 + m_2 X_{12}^2} = \gamma_1$$

同理，将 $m_1 X_{21}$ 及 $m_2 X_{22}$ 分别乘以式（3.95）中的第一式和第二式，可得：

$$q_2(t) = \frac{m_1 X_{21} + m_2 X_{22}}{m_1 X_{21}^2 + m_2 X_{22}^2} = \gamma_2$$

故式（3.95）即可写成：

$$1 = \gamma_1 X_{11} + \gamma_2 X_{21}$$
$$1 = \gamma_1 X_{12} + \gamma_2 X_{22}$$

对于两个以上的自由度体系，还可写成一般关系式：

$$\sum_{j=1}^n \gamma_j X_{ji} = 1 \quad (j = 1, 2, \cdots, n) \tag{3.96}$$

3.5 多自由度体系的水平地震作用

多自由度弹性体系的水平地震作用可采用振型分解反应谱法求得，在一定的条件下还可以采用比较简单的底部剪力法。现将这两种方法分别介绍如下。

3.5.1 振型分解反应谱法

多自由度弹性体系在地震时质点所受到的惯性力就是质点的地震作用。因此，若不考虑扭转耦联，则质点 i 上的地震作用为：

$$F_i(t) = -m_i[\ddot{x}_0(t) + \ddot{x}_i(t)] \qquad (3.97)$$

式中 m_i——质点 i 的质量；

     $\ddot{x}_0(t)$ ——地面运动加速度；

     $\ddot{x}_i(t)$ ——质点 i 的相对加速度。

根据式（3.96），$\ddot{x}_0(t)$ 还可以写成：

$$\ddot{x}_0(t) = \sum_{j=1}^{n} \gamma_j = \ddot{x}_0(t) X_{ji} \qquad (3.98)$$

又由式（3.94）得：

$$\ddot{x}_i(t) = \sum_{j=1}^{n} \gamma_j \Delta_j(t) X_{ji} \qquad (3.99)$$

将式（3.98）及式（3.99）代入式（3.97），得：

$$F_i(t) = -m_i \sum_{j=1}^{n} \gamma_j X_{ji}[\ddot{x}_0(t) + \ddot{\Delta}_j(t)] \qquad (3.100)$$

式中 $[\ddot{x}_0(t) + \ddot{\Delta}_j(t)]$——第 j 振型相应振子的绝对加速度。

根据式（3.100）可以作出 $F_i(t)$ 随时间变化的曲线，即时程曲线。曲线上 $F_i(t)$ 的最大值就是设计用的最大地震作用。但上述计算过程太一般采用的方法是先求出对应于每一振型的最大地震作用（同一振型中各质点地震作用将同时达到最大值）及其相应的地震作用效应，然后将这些效应进行组合，以求得结构的最大地震作用效应。具体计算方法如下。

3.5.1.1 振型的最大地震作用

由式（3.100）可知，作用在第 j 振型第 i 质点上的水平地震作用绝对最大标准值为：

$$F_{ji} = -m_i \gamma_j X_{ji}[\ddot{x}_0(t) + \ddot{\Delta}_j(t)]_{\max} \qquad (3.101)$$

令：

$$\alpha_j = \frac{[\ddot{x}_0(t) + \ddot{\Delta}_j(t)]_{\max}}{g}$$

$$G_j = m_i g$$

即：

$$F_{ji} = \alpha_j \gamma_j X_{ji} G_j \quad (i = 1, 2, \cdots, m; j = 1, 2, \cdots, n) \tag{3.102}$$

式中　α_j——相应于第 j 振型自振周期 T_j 的地震影响系数，按图 3.9 确定；

　　　γ_j——j 振型的振型参与系数，可按式（3.87）计算；

　　　X_{ji}——j 振型 i 质点的水平相对位移，即振型位移；

　　　G_j——集中于 i 质点的重力荷载代表值，见第 3.10 节。

3.5.1.2　振型组合

求出 j 振型 i 质点上的地震作用 F_{ji} 后，就可按一般力学方法计算结构的地震作用效应 S_j（弯矩、剪力、轴向力和变形等）。根据振型分解法，结构在任一时刻所受的地震作用为该时刻各振型地震作用之和，并且所求得的相应于各振型的地震作用 F_{ji} 均为最大值。这样，按 F_{ji} 求得的地震作用效应 S_j，也是最大值。但是，在任一时刻当某一振型的地震作用（从而使其相应的效应）达到最大值时，其他各振型的地震作用（从而使其相应的效应）并不一定也达到了最大值。这就出现了如何利用各振型的最大地震作用效应来求得结构总的地震作用效应，即将产生振型如何组合，以确定合理地震作用效应的问题。

根据分析，如假定地震时地面运动为平稳随机过程，则对于各平动振型产生的地震作用效应可近似地采用下列"平方和开方"的方法来确定，即：

$$S = \sqrt{\sum S_j^2} \tag{3.103}$$

式中　S——水平地震作用效应；

　　　S_j——j 振型水平地震作用产生的作用效应，包括内力和变形。

必须注意，将各振型的地震作用效应以平方和开方法求得的结构地震作用效应，与将各振型的地震作用先以平方和开方法进行组合，随后计算其作用效应，两者的结果是不同的。因为在高振型中地震作用有正有负，经平方后则全为正值，故采用后一方法计算时，将会夸大结构所受到的地震作用效应。

一般地，各个振型在地震总反应中的贡献将随着其频率的增加而迅速减小，故频率最低的几个振型往往控制着结构的最大地震反应。因此在实际计算中，一般采用前 2~3 个振型即可。但考虑到周期较长结构的各个自振频率比较接近，故《抗震规范》规定，当基本自振周期大于 1.5s 或房屋高宽比大于 5 时，可适当增加参与组合的振型个数。

此外，由于地震影响系数在长周期段下降较快，对于基本周期大于 3.5s 的结构，根据上述振型分解反应谱法计算所得的水平地震作用下的结构效应可能太小，特别是对于长周期结构，地震动态作用中的地面运动速度和位移可能对结构的破坏具有更大影响，而上述方法无法对此作出估计。因此，《抗震规范》出于结构安全的考虑，提出了对各楼层水平地震剪力最小值的要求，即在进行结构抗震验算时，结构任一楼层的水平地震剪力应符合下式要求：

$$V_{Eki} > \lambda \sum_{j=i}^{n} G_j \tag{3.104}$$

式中　V_{Eki}——第 j 层对应于水平地震作用标准值的楼层剪力；

　　　λ——剪力系数，不应小于表 3.4 规定的楼层最小地震剪力系数值，对竖向不规则结构的薄弱层，尚应乘以 1.15 的增大系数；

G_j——第 j 层的重力荷载代表值。

楼层最小地震剪力系数值 表 3.4

类别	烈度		
	7 度	8 度	9 度
扭转效应明显或基本周期小于 3.5s 的结构	0.016（0.024）	0.032（0.048）	0.064
基本周期大于 5.0s 的结构	0.012（0.018）	0.024（0.032）	0.040

注：1. 基本周期介于 3.5s 和 5s 之间的结构，可插入取值；
2. 括号内数值分别用于设计基本地震加速度为 0.15g 和 0.30g 的地区。

3.5.2 底部剪力法

多自由度体系按振型分解法求解结构的地震反应时，需要计算结构的各个自振频率和振型，运算较繁。为了简化计算，对于高度不超过 40m、以剪切变形为主且质量和刚度沿高度分布比较均匀的结构，以及近似于单质点体系的结构，可以采用底部剪力法。此法是先计算出作用于结构的总水平地震作用，也就是作用于结构底部的剪力，然后将此总水平地震作用按照一定的规律再分配给各个质点。

3.5.2.1 结构底部剪力

多质点体系在水平地震作用下任一时刻的底部剪力为：

$$F(t) = \sum_{i=1}^{n} m_i [\ddot{x}_0(t) + \ddot{x}_i(t)] \tag{3.105}$$

在设计时应取用其时程曲线的峰值，即：

$$F_E = \left\{ \sum_{i=1}^{n} m_i [\ddot{x}_0(t) + \ddot{x}_i(t)] \right\}_{max} \tag{3.106}$$

但上式的计算过程太繁，为了简化，可根据底部剪力相等的原则，把多质点体系用一个与其基本周期相同的单质点体系来等代。这样底部剪力就可以简单地用单自由度体系的公式，即式（3.37）进行计算：

$$F_{Ek} = \alpha_1 G_{eq} \tag{3.107}$$

式中 α_1——相应于结构基本自振周期的水平地震影响系数值，按图 3.9 确定，对于多层砌体房屋、底部框架和多层内框架砖房，可取水平地震影响系数最大值；

G_{eq}——结构等效总重力荷载。

$$G_{eq} = c \sum_{i=1}^{n} G_i$$

式中 G_i——集中于质点 i 的重力荷载代表值；

c——等效系数。

根据对大量结构采用直接动力法分析结果的统计，c 的大小与结构的基本周期及场地条件有关。当结构基本周期小于 0.75s 时，此系数可近似取为 0.85；显然，对于单质点体系，此系数等于 1。由于适用于用底部剪力法计算地震作用的结构的基本周期一般都小于 0.75s，所以《抗震规范》即规定取 $c=0.85$。这样，结构（多质点体系）等效总重力荷载就可用下式表示：

$$G_{eq} = 0.85 \sum_{i=1}^{n} G_i \qquad (3.108)$$

由于 G_i 为标准值，故在式（3.107）中，结构底部剪力即结构总水平地震作用 F_{Ek} 亦为标准值。

3.5.2.2 质点的地震作用

在求得结构的总水平地震作用后，就可将它分配于各个质点，以求得各质点上的地震作用。分析表明，对于质量和刚度沿高度分布比较均匀、高度不大并以剪切变形为主的结构物，其地震反应将以基本振型为主，而其基本振型接近于倒三角形，如图 3.22(b) 所示。若按此假定将总水平地震作用进行分配，则根据式（3.102）质点 i 的水平地震作用 [图 3.22(a)] 为：

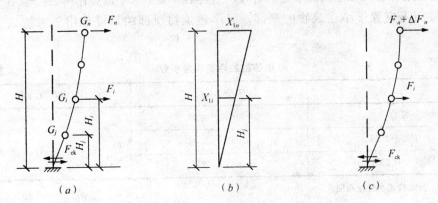

图 3.22 底部剪力法

(a) 底部剪力及质点 i 的水平地震作用；(b) 倒三角形基本振型；(c) 顶点附加水平地震作用

$$F_i = \alpha_1 \gamma_1 X_{1i} G_i$$

$$F_i \propto G_i X_{1i}$$

故当振型为倒三角形时：

$$X_{1i} \propto H_i$$

故

$$F_i \propto G_i H_i$$

由此可得：

$$F_i = \frac{G_i H_i}{\sum_{j=1}^{n} G_j H_j} F_{Ek} \qquad (3.109)$$

上述公式适用于基本周期 $T_1 \leqslant 1.4 T_g$ 的结构，其中 T_g 为特征周期，可根据场地类别及设计地震分组按表 3.2 采用。当 $T_1 > 1.4 T_g$ 时，由于高振型的影响，并通过对大量结构地震反应直接动力分析的结果可以看出，若按式（3.109）计算，则结构顶部的地震剪力偏小，故需进行调整。调整的方法是将结构总地震作用的一部分作为集中力作用于结构顶部，再将余下的部分按倒三角形分配给各质点。根据对分析结果的统计，这个附加的集中水平地震作用可表示为 [图 3.22(c)]：

$$\Delta F_n = \delta_n F_{Ek}$$

式中　　δ_n——顶部附加地震作用系数；

　　　　ΔF_n——顶部附加水平地震作用。

对于多层钢筋混凝土和钢结构房屋，δ_n 可按特征周期 T_g 及结构基本周期 T_1 由表 3.5 确定；对于多层内框架砖房，δ_n 可取 0.2；对于其他房屋则可以不考虑 δ_n，即 $\delta_n = 0$。这样，采用底部剪力法计算时，各楼层可只考虑一个自由度，质点 i 的水平地震作用标准值就可写成：

$$F_i = \frac{G_i H_i}{\sum\limits_{j=1}^{n} G_j H_j} F_{Ek}(1-\delta_n) \quad (i = 1,2,\cdots,n) \tag{3.110}$$

当房屋顶部有突出屋面的小建筑物时，上述附加集中水平地震作用 ΔF_n 应置于主体房屋的顶层而不应置于小建筑物的顶部，但小建筑物顶部的地震作用仍可按式（3.110）计算。

顶部附加地震作用系数

表 3.5

T_g（s）	$T_1 > 1.4 T_g$	$T_1 \leq 1.4 T_g$
≤ 0.35	$0.08 T_1 + 0.07$	
$0.35 \sim 0.55$	$0.08 T_1 + 0.01$	0.0
> 0.55	$0.08 T_1 - 0.02$	

注：T_1 为结构基本自振周期。

前面已经提到，底部剪力法适用于质量和刚度沿高度分布比较均匀的结构。当建筑物有突出民面的小建筑如屋顶间、女儿墙和烟囱等时，由于该部分的质量和刚度突然变小，地震时将产生鞭端效应，使得突出屋面小建筑的地震反应特别强烈，其程度取决于突出物与建筑物的质量比与刚度比以及场地条件等。

为了简化计算，《抗震规范》规定，当采用底部剪力法计算这类小建筑的地震作用效应时，宜乘以增大系数 3，但此增大部分不应往下传递，但与该突出部分相连的构件应予计入；当采用振型分解法计算时，突出屋面部分可作为一个质点；单层厂房突出屋面天窗架地震作用效应的增大系数，应按第 8 章的有关规定采用。

【例 3.5】　　图 3.14 所示框架结构，每层的层高为 4m，建造在设防烈度为 8 度的 I 类场地上，该地区设计基本地震加速度值为 0.20g，设计地震分组为第一组，结构的阻尼比 $\zeta = 0.05$；试分别用振型分解反应谱法和底部剪力法计算该框架的层间地震剪力。

【解】　　（1）用振型分解反应谱法计算

① 主振型及相应的自振周期

由例 3.1 可知，结构的主振型及相应的自振周期分别如下：

$$\begin{Bmatrix} X_{11} \\ X_{12} \end{Bmatrix} = \begin{Bmatrix} 0.488 \\ 1.000 \end{Bmatrix} ; \quad \begin{Bmatrix} X_{21} \\ X_{22} \end{Bmatrix} = \begin{Bmatrix} 1.710 \\ -1.000 \end{Bmatrix}$$

$$T_1 = 0.385s \qquad T_2 = 0.156s$$

② 水平地震作用

相应于第一振型的质点水平地震作用为：

$$F_{1i} = \alpha_1 \gamma_1 X_{1i} G_i = \alpha_1 \gamma_1 X_{1i} m_i g$$

因 $T_g = 0.25s < T_1 = 0.358s < 5T_g$，由图 3.9、表 3.2、表 3.3 及式（3.38），可算得地震影响系数为：

$$\alpha_1 = \left(\frac{T_g}{T_1}\right)^\gamma \eta_2 \alpha_{max} = \left(\frac{0.25}{0.358}\right)^{0.9} \times 1.0 \times 0.16 = 0.1158$$

按式（3.87）可算得振型参与系数为：

$$\gamma_1 = \frac{\sum\limits_{i=1}^{n} m_i X_{1i}}{\sum\limits_{i=1}^{n} m_i X_{1i}^2} = \frac{60 \times 0.488 + 50 \times 1}{60 \times 0.488^2 + 50 \times 1^2} = 1.23$$

故：

$$F_{11} = 0.1158 \times 1.23 \times 0.488 \times 60 \times 9.8 = 40.9kN$$

$$F_{12} = 0.1158 \times 1.23 \times 1 \times 50 \times 9.8 = 69.8kN$$

相应于第二振型的质点水平地震作用为：

$$F_{2i} = \alpha_2 \gamma_2 X_{2i} m_i g$$

因 $0.1s < T_2 = 0.156s < T_g = 0.25s$，故由图 3.9 可知：

$$\alpha_2 = \eta_2 \alpha_{max} = 1.0 \times 0.16 = 0.16$$

又：

$$\gamma_2 = \frac{\sum\limits_{i=1}^{n} m_i X_{2i}}{\sum\limits_{i=1}^{n} m_i X_{2i}^2} = \frac{60 \times 1.71 + 50 \times (-1)}{60 \times 1.71^2 + 50 \times (-1)^2} = 0.233$$

故：

$$F_{21} = 0.16 \times 0.233 \times 1.71 \times 60 \times 9.8 = 37.5kN$$

$$F_{22} = 0.16 \times 0.233 \times (-1) \times 50 \times 9.8 = -18.3kN$$

③层间地震剪力

根据以上计算，对应于第一、第二振型的地震作用及剪力图如图 3.23(a)、(b) 所示。

按平方和开方法则［式（3.103）］，可求得底层及 2 层的层间地震剪力如下：

$$V_1 = \sqrt{110.7^2 + 19.2^2} = 112.4kN$$

$$V_2 = \sqrt{69.8^2 + (-18.3)^2} = 72.2kN$$

框架的层间剪力图如图 3.23(c) 所示。

（2）用底部剪力法计算

① 结构总水平地震作用

根据式（3.107），结构总水平地震作用为：

$$F_{Ek} = \alpha_1 G_{eq}$$

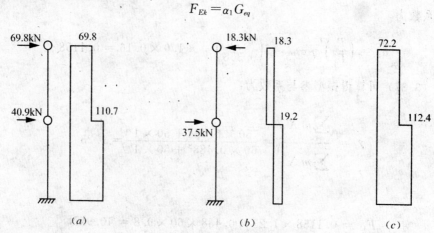

图 3.23　例 3.5 用振型分解反应谱法计算

（a）相应于第一振型的水平地震作用及剪力图；（b）相应于第二振型的水平地震作用及剪力图；

（c）框架层间剪力图

上式中的 α_1 已经算出，其值为 $\alpha_1 = 0.1158$；G_{eq} 由式（3.108）计算，其值为：

$$G_{eq} = 0.85 \sum_{i=1}^{n} m_i g = 0.85 \times (60 + 50) \times 9.8 = 916 \text{kN}$$

故：

$$F_{Ek} = 0.1158 \times 916 = 106.1 \text{kN}$$

②各质点的地展作用

按式（3.110），质点 i 的水平地震作用为：

$$F_i = \frac{G_i H_i}{\sum\limits_{j=1}^{n} G_j H_j} F_{Ek}(1 - \delta_n)$$

因 $T_1 = 0.358 \text{s} > 1.4 T_g = 1.4 \times 0.25 \text{s} = 0.35 \text{s}$，按表 3.5，

$$\delta_n = 0.08 T_1 + 0.07 = 0.08 \times 0.358 + 0.07 = 0.0986$$

故：

$$F_1 = \frac{G_1 H_1}{\sum\limits_{j=1}^{2} G_j H_j} F_{Ek}(1 - \delta_n)$$

$$= \frac{60 \times 9.8 \times 4}{60 \times 9.8 \times 4 + 50 \times 9.8 \times (4 + 4)} \times 106.1 \times (1 - 0.0986) = 35.9 \text{kN}$$

$$F_2 = \frac{G_2 H_2}{\sum\limits_{j=1}^{2} G_j H_j} F_{Ek}(1-\delta_n)$$

$$= \frac{50 \times 9.8 \times (4+4)}{60 \times 9.8 \times 4 + 50 \times 9.8 \times (4+4)} \times 106.1 \times (1-0.0986) = 59.8 \text{kN}$$

顶部附加的集中水平地震作用为:

$$\Delta F_N = \delta_n F_{Ek} = 0.0986 \times 106.1 = 10.5 \text{kN}$$

框架水平地震作用及层间剪力图如图 3.24 所示。

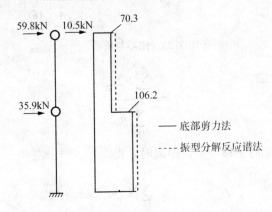

图 3.24　用底部剪力法计算的水平地震作用和剪力图

3.6　结构的地震扭转效应

结构在地震作用下除了发生平移振动外,有时还会发生扭转振动。引起扭转振动的原因主要有两个:一是地面运动存在着扭转分量,或地震时地面各点的运动存在着相位差,这些都属于外因;二是结构本身不对称,即结构的质量中心与刚度中心不重合。震害调查表明,扭转作用会加重结构的破坏,并且在某些情况下还将成为导致结构破坏的主要因素。然而,由于技术上的原因,目前尚未取得有关地面运动转动分量的强震记录,这样由前一原因引起的结构扭转效应就难以确定。因此,《抗震规范》规定,对于质量和刚度明显不均匀、不对称的结构,应考虑双向水平地震作用下的扭转影响;其他情况下宜采用调整地震作用效应的方法来考虑结构扭转作用的影响。下面主要讨论在水平地震作用下由于结构偏心而产生的地震扭转作用。

3.6.1　刚心与质心

图 3.25(a) 为一单层砖房的平面图,称其中的纵墙和横墙分别为两个方向的抗侧力构件。对于框架结构,则其纵、横向平面框架为结构的抗侧力构件。图 3.25(b) 为该砖房的计算简图。假定该砖房的屋盖为刚性屋盖,则当屋盖沿 y 方向平移一单位距离时,在每个横向(y 向)抗侧力构件中都将引起恢复力,其大小与该抗侧力构件的抗侧移刚度成正比。这样,这些恢复力的合力离坐标原点 O 的距离为:

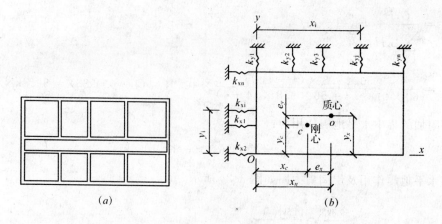

图 3.25 刚心与质心

$$x_c = \frac{\sum\limits_{j=1}^{n} k_{yj} x_j}{\sum\limits_{j=1}^{n} k_{yj}} \tag{3.111a}$$

同理,当屋盖沿 x 方向平移一单位距离时,得:

$$y_c = \frac{\sum\limits_{i=1}^{n} k_{xi} y_i}{\sum\limits_{i=1}^{n} k_{xi}} \tag{3.111b}$$

式中 k_{yj}——平行于 y 轴的第 j 片抗侧力构件的抗侧移刚度;

        k_{xi}——平行于 x 轴的第 i 片抗侧力构件的抗侧移刚度;

    x_j、y_i——坐标原点至第 j 片、第 i 片抗侧力构件的垂直距离。

根据上述 x_c 及 y_c,即可确定一个点,这个点就是结构抗侧力构件恢复力合力的作用点,称为该结构的刚度中心。

结构的质心就是结构的重心。设重心的坐标为 x_m 和 y_m,则结构在 x 和 y 方向上刚心和质心的距离,即偏心距的大小分别为:

$$e_x = x_m - x_c \tag{3.112a}$$

$$e_y = y_m - y_c \tag{3.112b}$$

3.6.2 单层偏心结构的振动

3.6.2.1 运动方程

当结构的质心与刚心不重合时,在水平地震作用下由于惯性力的合力是通过结构的质心,而相应的各抗侧力构件恢复力的合力则通过结构的刚心,因而使结构除产生平移振动外,尚有围绕刚心的扭转振动,从而形成平扭耦联的振动。

对于图 3.25 所示的单层刚性屋盖结构,若在 x 及 y 方向上均受地震作用,且地面加速度分别为 $\ddot{u}_{0x}$ 及 $\ddot{u}_{0y}$,如图 3.26 所示。这时取质心 m 为坐标原点,令质心在 x 方向的位移为 u_x,在 y 方向的位移为 u_y,屋盖绕通过质心 m 的竖轴的转角为 ϕ(以逆时针转动为

78

正），则第 i 个纵向抗侧力构件沿 x 方向的位移为：

$$u_{xi} = u_x - y_i \phi \qquad\qquad (3.113a)$$

式中　　$y_i\phi$——由于屋盖转动而在 x 方向引起的位移。

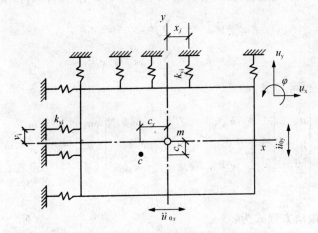

图 3.26　受双向地震作用的单层偏心结构

同理，第 j 个横向抗侧力构件沿 y 方向的位移为：

$$u_{yj} = u_x + x_j \phi \qquad\qquad (3.113b)$$

上述结构为三自由度体系。将刚性屋盖作为隔离体，其上作用有恢复力、恢复扭矩、惯性力和惯性扭矩，根据达朗贝尔原理建立动力平衡方程式，如不考虑阻尼作用，得下列运动方程：

$$\left.\begin{aligned}
m\ddot{u}_x + \sum_i k_{xi}(u_x - y_i\phi) &= -m\ddot{u}_{ox} \\
m\ddot{u}_y + \sum_i k_{yj}(u_y - x_j\phi) &= -m\ddot{u}_{oy} \\
J\ddot{\phi} - \sum_i k_{xi}(u_x - y_i\phi)y_i + \sum_j k_{yj}(u_y - x_j\phi)x_j &= 0
\end{aligned}\right\} \qquad (3.114)$$

将上式整理，得：

$$\begin{bmatrix} m & & 0 \\ & m & \\ 0 & & J \end{bmatrix}\begin{Bmatrix} \ddot{u}_x \\ \ddot{u}_y \\ \ddot{\phi} \end{Bmatrix} + \begin{bmatrix} k_{xx} & 0 & k_{x\phi} \\ 0 & k_{yy} & k_{y\phi} \\ k_{\phi x} & k_{\phi y} & k_{\phi\phi} \end{bmatrix}\begin{Bmatrix} u_x \\ u_y \\ \phi \end{Bmatrix} = -\begin{bmatrix} m & & 0 \\ & m & \\ 0 & & J \end{bmatrix}\begin{Bmatrix} \ddot{u}_{0x} \\ \ddot{u}_{0y} \\ 0 \end{Bmatrix} \qquad (3.115)$$

式中　　　　　　　　　　m——集中于屋盖的总质量；

　　　　　　　　　　　　J——屋盖绕 z 轴的转动惯量；

$$k_{xx} = \sum_i k_{xi}$$——屋盖在 x 方向的平动刚度；

$$k_{yy} = \sum_j k_{yj}$$——屋盖在 y 方向的平动刚度；

$$k_{\phi\phi} = \sum_i k_{xi}y_i^2 + \sum_j k_{yj}x_j^2$$——屋盖的抗扭刚度；

$$k_{x\phi} = k_{\phi x} = -\sum_i k_{xi} y_i;$$

$$k_{y\phi} = k_{\phi y} = \sum_j k_{yj} x_j.$$

由式（3.112），因此处原点在质心，故式中 $x_c = e_x$，$y_c = e_y$，则：

$$k_{x\phi} = k_{\phi x} = -\sum_i k_{xi} y_i = -e_y k_{xx}$$

$$k_{y\phi} = k_{\phi y} = \sum_j k_{yj} x_j = e_x k_{yy}$$

故式（3.115）也可写成：

$$\begin{bmatrix} m & & 0 \\ & m & \\ 0 & & J \end{bmatrix} \begin{Bmatrix} \ddot{u}_x \\ \ddot{u}_y \\ \ddot{\phi} \end{Bmatrix} + \begin{bmatrix} k_{xx} & 0 & -e_y k_{xx} \\ 0 & k_{yy} & e_x k_{yy} \\ -e_y k_{xx} & e_x k_{yy} & k_{\phi\phi} \end{bmatrix} \begin{Bmatrix} u_x \\ u_y \\ \phi \end{Bmatrix} = - \begin{bmatrix} m & & 0 \\ & m & \\ 0 & & J \end{bmatrix} \begin{Bmatrix} \ddot{u}_{0x} \\ \ddot{u}_{0y} \\ 0 \end{Bmatrix}$$

$$(3.116)$$

而体系的自由振动方程式为：

$$\begin{bmatrix} m & & 0 \\ & m & \\ 0 & & J \end{bmatrix} \begin{Bmatrix} \ddot{u}_x \\ \ddot{u}_y \\ \ddot{\phi} \end{Bmatrix} + \begin{bmatrix} k_{xx} & 0 & -e_y k_{xx} \\ 0 & k_{yy} & e_x k_{yy} \\ -e_y k_{xx} & e_x k_{yy} & k_{\phi\phi} \end{bmatrix} \begin{Bmatrix} u_x \\ u_Y \\ \phi \end{Bmatrix} = \begin{Bmatrix} 0 \\ 0 \\ 0 \end{Bmatrix} \quad (3.117)$$

3.6.2.2 自振频率与振型

结构自振频率与振型可按式（3.117）计算。考虑一简单的情况，设结构仅在 y 方向有偏心，且地震仅沿 x 方向作用［图 3.27(a)］，则由式（3.117）可得自由振动方程由为：

$$\begin{bmatrix} m & 0 \\ 0 & J \end{bmatrix} \begin{Bmatrix} \ddot{u}_x \\ \ddot{\phi} \end{Bmatrix} + \begin{bmatrix} k_{xx} & -e_y k_{xx} \\ -e_y k_{xx} & k_{\phi\phi} \end{bmatrix} \begin{Bmatrix} u_x \\ \phi \end{Bmatrix} = \begin{Bmatrix} 0 \\ 0 \end{Bmatrix} \quad (3.118)$$

这是一个二自由度体系。设式（3.118）的解为：

$$u_x = X\sin(\omega t + \theta)$$

$$\phi = \Phi\sin(\omega t + \theta)$$

代入式（3.118）得：

$$(k_{xx} - m\omega^2)X - e_y k_{xx}\Phi = 0$$

$$-e_y k_{xx}X + (k_{\phi\phi} - J\omega^2)\Phi = 0$$

令 $\omega_x^2 = k_{xx}/m$，$\omega_\phi^2 = k_{\phi\phi}/J$，$r^2 = J/m$，则上式成为：

$$\left. \begin{array}{l} (\omega_x^2 - \omega^2)X - e_y \omega_x^2 \Phi = 0 \\[2mm] -\dfrac{e_y}{r^2}\omega_x^2 X + (\omega_\phi^2 - \omega^2)\Phi = 0 \end{array} \right\} \quad (3.119)$$

为使上式得非零解，令 X 和 Φ 的系数行列式等于零，得频率方程：

$$\omega^4 - (\omega_x^2 + \omega_\phi^2)\ \omega^2 + \left(\omega_x^2 \omega_\phi^2 - \frac{e_y^2}{r^2}\right) = 0$$

由此得结构自振频率为：

$$\left.\begin{aligned}\omega_1^2 &= \frac{\omega_x^2 + \omega_\phi^2}{2} - \sqrt{\left(\frac{\omega_x^2 - \omega_\phi^2}{2}\right)^2 + \frac{e_y^2}{r^2}\omega_x^4} \\ \omega_2^2 &= \frac{\omega_x^2 + \omega_\phi^2}{2} + \sqrt{\left(\frac{\omega_x^2 - \omega_\phi^2}{2}\right)^2 + \frac{e_y^2}{r^2}\omega_x^4}\end{aligned}\right\}$$ (3.120)

由式 (3.119) 中第一式得振幅比：

$$\frac{X_j}{\Phi_j} = \frac{e_y \omega_x^2}{\omega_x^2 - \omega_j^2} = \frac{e_y}{1 - \left(\dfrac{\omega_j}{\omega_x}\right)^2} \qquad (j=1,\ 2)$$ (3.121)

如令 $x_j = 1$，则：

第一振型为 $\qquad X_1 = 1 \quad \Phi_1 = \dfrac{1 - (\omega_1/\omega_x)^2}{e_y}$

第二振型为 $\qquad X_2 = 1 \quad \Phi_2 = \dfrac{1 - (\omega_2/\omega_x)^2}{e_y}$ (3.122)

由式 (3.120) 知：

$$\omega_1 < \omega_x < \omega_2$$

故式 (3.122) 中 Φ_1 为正值（逆时针方向转动），而 Φ_2 为负值（顺时针方向转动），如图 3.27(b)、(c) 所示。图中 O 为转动中心。

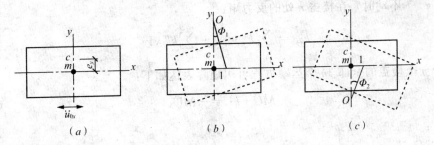

图 3.27 单向偏心结构的自由振动
(a) 偏心结构；(b) 第一振型；(c) 第二振型

3.6.3 多层偏心结构的振动

图 3.28 为一多层偏心房屋结构，设楼盖刚度极大，可视为刚片，则每一楼盖将具有三个自由度，当房屋为 n 层时，它将成为一个具有 $3n$ 个自由度的体系。

考虑楼盖 r，设 k_{xx}^{rs} 为当楼盖 s 在 x 方向发生单位位移，其他楼盖不动时，在楼盖 r 处产生的反力，则：

$$k_{xx}^{rs} = \sum_i k_{xi}^{rs}$$

式中 k_{xi}^{rs}——当第 s 层有单位位移，其他层不动时，结构中沿 x 方向第 i 个抗侧力构件在第 r 层处的反力。

比照式（3.116），楼盖 r 在 x 方向的恢复力为：

$$\sum_{s=1}^{n} k_{xx}^{rs} u_{sx} - \sum_{s=1}^{n} k_{xx}^{rs} e_{sy} \phi_s$$

故楼盖 r 沿 x 方向当不考虑阻尼时平动的运动方程为：

$$m_r \ddot{u}_{rx} + \sum_{s=1}^{n} k_{xx}^{rs} u_{sx} - \sum_{s=1}^{n} k_{xx}^{rs} e_{sy} \phi_s = -m_r \ddot{u}_{0x}$$

$$(3.123)$$

同理，可写出楼盖 r 在 y 方向平动时的运动方程为：

$$m_r \ddot{u}_{ry} + \sum_{s=1}^{n} k_{yy}^{rs} u_{su} - \sum_{s=1}^{n} k_{yy}^{rs} e_{sx} \phi_s = -m_r \ddot{u}_{0y}$$

$$(3.124)$$

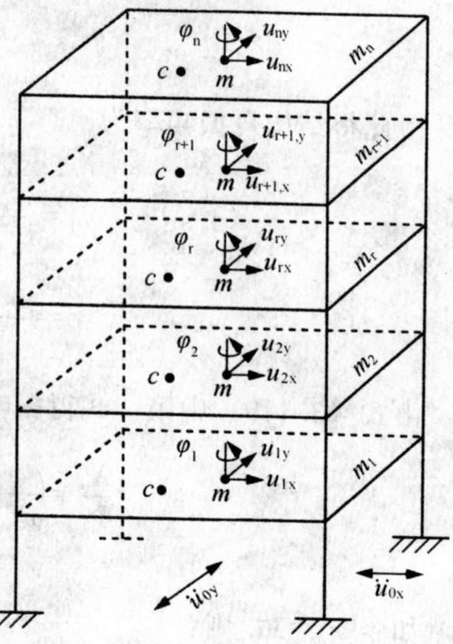

图 3.28　多层偏心结构简图

楼盖 r 扭转振动的运动方程为：

$$J_r \ddot{\phi}_r - \sum_{s=1}^{n} k_{xx}^{rs} e_{sy} u_{sx} + \sum_{s=1}^{n} k_{yy}^{rs} e_{sx} u_{sy} + \sum_{s=1}^{n} k_{\phi\phi}^{rs} \phi_s = 0 \qquad (3.125)$$

式中 $k_{\phi\phi}^{rs}$——当楼盖 s 对通过质心的竖轴产生单位转角（逆时针方向为正），其他层楼盖不动时，在楼盖 r 处的反力矩：

$$k_{\phi\phi}^{rs} = \sum_i k_{xi}^{rs} y_i^s y_i^r + \sum_j k_{xj}^{rs} y_j^s y_j^r$$

对于 n 个楼盖的全部 $3n$ 个运动方程可用矩阵表达如下：

$$M\ddot{U} + kU = -M\ddot{U}_0 \qquad (3.126)$$

式中：

$$M = \begin{bmatrix} m & & 0 \\ & m & \\ 0 & & J \end{bmatrix}$$

其中：

$$m = \begin{bmatrix} m_1 & & & 0 \\ & m_2 & & \\ & & \ddots & \\ 0 & & & m_n \end{bmatrix} \qquad j = \begin{bmatrix} J_1 & & & 0 \\ & J_2 & & \\ & & \ddots & \\ 0 & & & J_n \end{bmatrix}$$

又：

82

$$K = \begin{bmatrix} k_{xx} & 0 & k_{x\phi} \\ 0 & k_{yy} & k_{y\phi} \\ k_{\phi x} & k_{\phi y} & k_{\phi\phi} \end{bmatrix}$$

$$k_{xx} = \begin{bmatrix} k_{xx}^{11} & k_{xx}^{12} & \cdots & k_{xx}^{1n} \\ k_{xx}^{21} & k_{xx}^{22} & \cdots & k_{xx}^{2n} \\ \vdots & \vdots & & \vdots \\ k_{xx}^{n1} & k_{xx}^{n2} & \cdots & k_{xx}^{m} \end{bmatrix}$$

$$k_{x\phi} = k_{\phi x}^{T} = \begin{bmatrix} k_{xx}^{11} e_{y1} & k_{xx}^{12} e_{y2} & \cdots & k_{xx}^{1n} e_{yn} \\ k_{xx}^{21} e_{y1} & k_{xx}^{22} e_{y2} & \cdots & k_{xx}^{2n} e_{yn} \\ \vdots & \vdots & & \vdots \\ k_{xx}^{n1} e_{y1} & k_{xx}^{n2} e_{y2} & \cdots & k_{xx}^{m} e_{yn} \end{bmatrix}$$

$$k_{\phi\phi} = \begin{bmatrix} k_{\phi\phi}^{11} & k_{\phi\phi}^{12} & \cdots & k_{\phi\phi}^{1n} \\ k_{\phi\phi}^{21} & k_{\phi\phi}^{22} & \cdots & k_{\phi\phi}^{2n} \\ \vdots & \vdots & & \vdots \\ k_{\phi\phi}^{n1} & k_{\phi\phi}^{n2} & \cdots & k_{\phi\phi}^{m} \end{bmatrix}$$

k_{yy} 和 $k_{y\phi} = k_{\phi y}^{T}$ 分别 k_{xx} 和 $k_{x\phi} = k_{\phi x}^{T}$ 相似，只需将后者的角标 x 换成 y，y 换成 x 即可。

又
$$U = \left\{ \begin{array}{c} u_x \\ u_y \\ \phi \end{array} \right\}, \quad u_x = \left\{ \begin{array}{c} u_{1x} \\ u_{2x} \\ \vdots \\ y_{nx} \end{array} \right\}, \quad u_y = \left\{ \begin{array}{c} u_{1y} \\ u_{2y} \\ \vdots \\ u_{ny} \end{array} \right\}, \quad \phi = \left\{ \begin{array}{c} \phi_1 \\ \phi_2 \\ \vdots \\ \phi_n \end{array} \right\}, \quad \ddot{U}_0 = \left\{ \begin{array}{c} \ddot{u}_{0x} \\ \ddot{u}_{0y} \\ 0 \end{array} \right\}$$

3.6.4 偏心结构的地震作用

3.6.4.1 振型分解反应谱法

（1）广义坐标与振型参与系数

偏心结构的地震作用亦可利用前述的振型分解反应谱法确定。考虑单层双向偏心结构受两个方向的地面水平运动，不考虑阻尼的作用，其运动方程见式（3.115），写成矩阵形式为：

$$m\ddot{u} + ku = -m\ddot{u}_0 \tag{3.127}$$

将位移向量 u 按振型分解为：

$$u = Uq \tag{3.128}$$

式中
$$U = [U_1 \quad U_2 \quad U_3] = \begin{bmatrix} X_1 & X_2 & X_3 \\ Y_1 & Y_2 & Y_3 \\ \Phi_1 & \Phi_2 & \Phi_3 \end{bmatrix}$$ ——标准化振型短阵；

$$q = \left\{ \begin{array}{c} q_1 \\ q_2 \\ q_3 \end{array} \right\}$$ ——广义坐标向量。

将式 (3.128) 代入式 (3.127) 得:

$$m U \ddot{q} + k U q = -m \ddot{u}_0$$

与式 (3.86) 的推导方法相似, 对上式各项左乘第 j 振型向量 U_j^T, 并考虑振型的正交性, 得:

$$\ddot{q}_j + \omega_j^2 q_j = -\frac{U_j^T m \ddot{u}_0}{U_j^T m U_j} = -\frac{m X_j \ddot{u}_{0x} + m Y_j \ddot{u}_{0y}}{m X_j^2 + m Y_j^2 + J \Phi_j^2} \qquad (3.129)$$

当只有 x 方向有水平地震作用时, 则 $\ddot{u}_{0y} = 0$, 式 (3.129) 成为:

$$\ddot{q}_j + \omega_j^2 q_j = -\gamma_{xj} \ddot{u}_{0x} \qquad (3.130)$$

式中

$$\gamma_{xj} = \frac{m X_j}{m X_j^2 + m Y_j^2 + J \Phi_j^2} = \frac{X_j}{X_j^2 + Y_j^2 + r^2 \Phi_j^2} \qquad (3.131)$$

当只有 y 方向有水平地震作用时,

$$\ddot{q}_j + \omega_j^2 q_j = -\gamma_{yj} \ddot{u}_{0y} \qquad (3.132)$$

式中

$$\gamma_{yj} = \frac{m Y_j}{m X_j^2 + m Y_j^2 + J \Phi_j^2} = \frac{Y_j}{X_j^2 + Y_j^2 + r^2 \Phi_j^2} \qquad (3.133)$$

上式中的 γ_{xj} 及 γ_{yj} 为仅考虑 x 及 y 方向地震的 j 振型参与系数, 其中。

对于单向偏心结构, 当偏心在 y 方向而地震沿 x 方向作用时 [图 3.27 (a)],

$$\gamma_{xj} = \frac{m X_j}{m X_j^2 + J \Phi_j^2} = \frac{X_j}{X_j^2 + r^2 \Phi_j^2} \qquad (3.134)$$

同理, 当地震沿 y 方向作用而偏心在 x 方向上时,

$$\gamma_{yj} = \frac{m Y_j}{m Y_j^2 + J \Phi_j^2} = \frac{Y_j}{Y_j^2 + r^2 \Phi_j^2} \qquad (3.135)$$

在上述推导中没有考虑结构的阻尼, 如需计入此项影响, 可在式 (3.129) 等号左边加入阻尼项 $2\zeta_j \omega_j \dot{q}_j$, 其中 ζ_j 第 j 振型的阻尼比。

(2) 地震作用

当结构需要考虑水平地震作用的扭转影响时, 可采用下列方法来计算:

①规则结构在计算中未考虑扭转耦联时, 平行于地震作用方向的两个边榀, 其地震作用效应宜乘以增大系数。一般情况下短边可按 1.15、长边可按 1.05 采用; 当扭转刚度较小时, 可按不小于 1.3 采用。

②在计算中考虑扭转影响的结构, 各楼层可取两个正交的水平移动和一个转角共 3 个自由度, 然后按下列振型分解法计算地震作用和作用效应。确有依据时, 也可采用简化计算方法确定地震作用效应。

对于单层偏心结构, 其地震作用的计算公式与多质点体系水平地震作用的计算公式 (3.102) 相似。单层双向偏心结构地震作用的计算公式可表示如下:

仅考虑 x 方向地震时，j 振型的水平地震作用在 x 和 y 方向分别为：

$$F_{xj} = \alpha_j \gamma_{xj} X_j G \tag{3.136}$$

$$F_{yj} = \alpha_j \gamma_{yj} Y_j G \tag{3.137}$$

而地震扭矩即可写为：

$$M_{tj} = j \gamma_{xj} \Phi_j \alpha_j g$$

令 $G = mg$，$r^2 = J/m$，则上式可写成：

$$M_{tj} = \alpha_j \gamma_{xj} r^2 \Phi_j G \tag{3.138}$$

当仅考虑 y 方向地震时，只需在上列各式中用 γ_{yj} 代替 γ_{xj}，即可得到相应的地震作用。

上式中各符号的意义见前面所述，γ_{xj} 和 γ_{yj} 见式（3.131）和式（3.133）。

对于单层单向偏心结构，承受垂直于偏心方向的单向地震时，在偏心方向将无水平地震作用。例如，对于图 3.27（a）所示结构，其地震作用可按式（3.136）和式（3.138）计算，其中 γ_{xj} 按式（3.134）确定。

当为多层偏心结构时，根据与上述相同方法可推导多层偏心结构策 j 振型 i 层的水平地震作用如下：

$$F_{xji} = \alpha_j \gamma_{tj} X_{ji} G_i \tag{3.139}$$

$$F_{yji} = \alpha_j \gamma_{tj} Y_{ji} G_i \tag{3.140}$$

$$M_{tji} = \alpha_j \gamma_{tj} r_i^2 \Phi_{ji} G_i \tag{3.141}$$

式中　F_{xji}、F_{yji}、M_{tji}——j 振型 i 层在 x 方向、y 方向和转角方向的地震作用标准值；

　　　　X_{ji}、Y_{ji}——j 振型 i 层质心在 x 方向和 y 方向的水平相对位移；

　　　　Φ_{ji}——j 振型 i 层的相对扭转角；

　　　　r_i——i 层绕质心的回转半径，$r_i^2 = J_i/m_i$；

　　　　r_{tj}——考虑扭转的 j 振型参与系数，可按下列公式确定：

当仅考虑 x 方向地震时，

$$\gamma_{yj} = \frac{\sum_{i=1}^{N} X_{ji} G_i}{\sum_{i=1}^{N} (X_{ji}^2 + Y_{ji}^2 + r_i^2 \Phi_{ji}^2) G_i} \tag{3.142}$$

当仅考虑 y 方向地震时，

$$\gamma_{xj} = \frac{\sum_{i=1}^{N} Y_{ji} G_i}{\sum_{i=1}^{N} (X_{ji}^2 + Y_{ji}^2 + r_i^2 \Phi_{ji}^2) G_i} \tag{3.143}$$

当考虑与 x 方向斜角 θ 的地震时，

$$\gamma_{tj} = \gamma_{xj}\cos\theta + \gamma_{yj}\sin\theta \tag{3.144}$$

式中　　γ_{xj}、γ_{yj}——分别为由式（3.142）和式（3.143）求得的参与系数。

（3）振型组合

在第 3.5 节中用平方和开方法则［式（3.103）］把对应于结构各振型的最大地震作用效应组合成总的地震作用效应，但此法仅适用于各振型频率间隔较大的平移振动分析。对于多层偏心结构，其振动为平移扭转耦联振动，各振型的频率比较接近，这时应考虑相近频率振型之间的相关性，不然将出现较大误差。为此，当考虑单向水平地震作用下的扭转地震作用效应时，可采用完全二次型方根法（CQC 法），即按下列公式计算地震作用效应：

$$S = \sqrt{\sum_{j=1}^{m}\sum_{k=1}^{m}\rho_{jk}S_jS_k} \tag{3.145}$$

$$\rho_{jk} = \frac{8\zeta_j\zeta_k(1+\lambda_T)\lambda_T^{1.5}}{(1-\lambda_T^2)^2 + 4\zeta_j\zeta_k(1+\lambda_T)^2\lambda_T} \tag{3.146}$$

式中　　　　S——考虑扭转的地震作用效应；

S_j、S_k——j、k 振型地震作用产生的作用效应；

ρ_{jk}——j 振型与 k 振型的耦联系数；

λ_T——k 振型与 j 振型的自振周期比；

ζ_j、ζ_k——分别为 j、k 振型的阻尼比。

当考虑双向水平地震作用下的扭转地震作用效应时，可按下列公式中的较大值确定：

$$S = \sqrt{S_x^2 + (0.85S_y)^2} \tag{3.147}$$

或：

$$S = \sqrt{S_x^2 + (0.85S_y)^2} \tag{3.148}$$

式中　S_x——仅考虑 x 方向水平地震作用时的地震作用效应；

S_y——仅考虑 y 方向水平地震作用时的地震作用效应。

根据计算分析，考虑地震扭转效应的多层及高层建筑，在进行地震作用效应的组合时，振型数一般需要取到前 9 个。当结构基本周期等于或大于 2s 时，则以取前 15 个振型为宜。

3.6.4.2　近似计算法

偏心结构考虑扭转效应尚可采用一些近似的计算方法以简化计算。一般可将结构的平扭耦联振动分解为平移振动和静力扭转两种状态，然后将其效应进行叠加。例如图 3.29 单层结构，计算时先不考虑扭转的影响，只按平移振动确定结构的水平地震作用 F ［图 3.29(a)］，再将 F 转移至刚心，如图 3.29(b) 所示，则作用于结构的静力扭矩为 $M_t = Fe$。此扭矩使结构绕刚心发生转动，而转移至刚心的力 F 使结构发生沿 y 方向的平移。

由于此法忽略了扭转的动力作用，所得扭矩偏小，此外所得的地震作用 F 由于忽略了结构的扭转影响也是近似的。为了考虑这种情况，在一些国家的《抗震设计规范》中采用

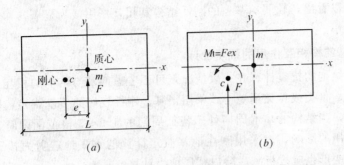

图 3.29　偏心结构的静力扭矩

了所谓动力偏心矩 e_d，即将结构的静力偏心距 e_s 放大 1.5 倍，同时考虑偶然偏心的影响，取偶然偏心矩等于结构边长 L 的 $0.05 \sim 0.10$ 倍，得计算用的动力偏心距。例如，

$$e_d = 1.5 e_s \pm 0.05L \tag{3.149}$$

对于多层结构，验算层的静力扭矩应等于验算层及验算层以上各层各地震作用对验算层刚心产生的静力扭矩之和。

3.7　地基与结构的相互作用

3.7.1　地基与结构的相互作用对结构地震反应的影响

在对建筑结构进行地震反应分析时，通常假定地基是刚性的 [图 3.30(a)]。实际上，一般地基并非刚性，故当上部结构的地震作用通过基础而反馈给地基时，地基将产生一定的局部变形，从而引起结构的移动或摆动 [图 3.30(b)]。这种现象称为地基与结构的相互作用。

地基与结构相互作用的结果，使得地基运动和结构动力特性都发生改变，这主要表现在以下几个方面：

（1）改变了地基运动的频谱组成，使得接近结构自振频率的分量获得加强，同时也改变了地基振动的加速度幅值，使其小于邻近自由场地的加速度幅值。

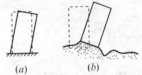

图 3.30　地基变形引起的结构振动
(a) 刚性地基；(b) 软弱地基

（2）由于地基的柔性，使得结构的基本周期延长。

（3）由于地基的柔性，有相当一部分地震能量将通过地基土的滞回作用和波的辐射作用逸散至地基，从而使结构的振动衰减。一般地，地基越柔，结构的振动衰减则越大。

大量的研究结果均表明，考虑地基与结构的相互作用后，一般来说，结构的地震作用将减小，但结构的位移和由 $P-\Delta$ 效应引起的附加内力将增加。相互作用对结构影响的大小与地基的硬、软和结构的刚、柔等情况有关，如表 3.6 所示。

地基与结构相互作用程度　　　　　　　　　　　　　　表 3.6

地基　　　　　结构	刚　性	柔　性
坚　硬	中等程度	微　小
柔　软	显　著	中等程度

由表 3.6 可以看出，软弱地基上的刚性结构其相互作用最为显著，而坚硬地基上的柔性结构则影响最小。

3.7.2 考虑地基结构相互作用的抗震设计

为了简便，结构的抗震计算在一般情况下可不考虑地基与结构的相互作用。但对于建造在 8 度和 9 度、Ⅲ 类或 Ⅳ 类场地上，采用箱基、刚性较好的筏基或桩箱联合基础的钢筋混凝土高层建筑，当结构的基本周期处于特征周期的 1.2～5 倍范围内时，可考虑地基与结构动力相互作用的影响，对采用刚性地基假定计算的水平地震剪力按下列规定予以折减，并且其层间变形也应按折减后除以楼层剪力计算。

（1）高宽比小于 3 的结构，各楼层地震剪力的折减系数可按下式计算：

$$\varphi = \left(\frac{T_1}{T_1 + \Delta T} \right)^{0.9} \tag{3.150}$$

式中　　φ ——考虑地基与结构动力相互作用后的地震剪力折减系数；

T_1 ——按刚性地基假定确定的结构基本自振周期（s）；

ΔT ——考虑地基与结构动力相互作用的附加周期（s），可按表 3.7 采用。

附加周期　　　　　　　　　　　　　　　　　　　　　　　表 3.7

烈度 　　　　　　　场地类别	Ⅲ 类	Ⅳ 类
8 度	0.08	0.20
9 度	0.10	0.25

（2）高宽比大于 3 的结构，底部的地震剪力按上述（1）的规定折减，但顶部不折减，中间各层按线性插入值折减。

3.8　竖向地震作用

竖向地震作用会在结构中引起竖向振动。震害调查表明，在高烈度区，竖向地震的影响十分明显，尤其是对高柔度的结构。例如，烟囱的震害就主要是由竖向地震作用造成的。此外，研究结果还表明，对于较高的高层建筑，其竖向地震作用在结构上部可达其重量的 40% 以上。因此，《抗震规范》规定，对于烈度为 8 度和 9 度的大跨和长悬臂结构、烟囱和类似的高耸结构以及 9 度时的高层建筑等，应考虑竖向地震作用的影响。

3.8.1　高耸结构和高层建筑

高耸结构和高层建筑竖向地震作用的简化计算可采用类似于水平地震作用的底部剪力法，即先求出结构的总竖向地震作用，然后再在各质点上进行分配。

根据对一些高层建筑和烟囱的理论分析，证明这类结构的竖向自振周期较短，其反应以第一振型为主，并且该振型接近于倒三角形 [图 3.31(b)]；同时可以只取其第一振型的竖向地震作用作为结构的竖向地震作用。这样，参照式（3.102），即可得出结构总竖向地震作用的标准值 [图 3.31(a)] 为：

$$F_{Evk} = \sum_{i=1}^{n} F_{vi} = \gamma_1 \alpha_{v1} \sum_{i=1}^{n} G_i Y_i \tag{3.151}$$

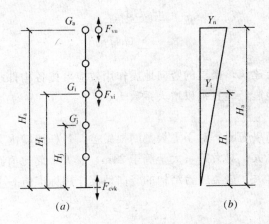

图 3.31　竖向地震作用与倒三角形振型

式中　α_{v1}——相应于第一竖向振型周期的竖向地震影响系数；

Y_i——i 质点竖向振动位移；

G_i——i 质点的重力荷载代表值；

γ_1——竖向振动第一振型的振型参与系数，即：

$$\gamma_1 = \frac{\sum\limits_{i=1}^{n} G_i Y_i}{\sum\limits_{i=1}^{n} G_i Y_i^2} \tag{3.152}$$

将式（3.152）代入式（3.151），并考虑到由于倒三角形振型引起的 $Y_i \infty H_i$，得：

$$F_{Evk} = \alpha_{v1} \frac{\left(\sum\limits_{i=1}^{n} G_i H_i\right)^2}{\sum\limits_{i=1}^{n} G_i H_i^2} = \alpha_{v1} G_{eq} \tag{3.153}$$

根据对计算结果的分析，上式中的结构等效总重力荷载 G_{eq} 为：

$$G_{eq} = 0.75 \sum\limits_{i=1}^{n} G_i \tag{3.154}$$

而式（3.153）中的竖向地震影响系数 α_{v1} 可以取其最大值 $\alpha_{v1,max}$，这是因为竖向第一振型周期较短，一般在 0.1～0.2s 之间，故地震影响系数将落在反应谱曲线的平台区段。根据统计分析，竖向地震的 β 谱曲线与水平地震的 β 谱曲线相差不大，因此可以近似地取与水平地震相同的 β 谱曲线。考虑到地震时地面的竖向最大加速度一般为水平最大加速度的 1/2～1/3，震中距小时数值较大，故《抗震规范》取竖向地震影响系数的最大值 $\alpha_{v1,max}$ 为水平地震影响系数最大值 α_{max} 的 65%，即：

$$\alpha_{v1} = \alpha_{v,max} = 0.65 \alpha_{max} \tag{3.155}$$

而质点 i 的竖向地震作用参照式（3.109）即可写为：

$$F_{vi} = \frac{G_i H_i}{\sum\limits_{j=1}^{n} G_j H_j} F_{Evk} \qquad (3.156)$$

对于 9 度时的高层建筑，楼层的竖向地震作用效应可按各构件承受的重力荷载代表值的比例分配，并根据地震经验宜乘以增大系数 1.5。

3.8.2 屋盖结构

地震反应的研究结果表明，对于平板型网架屋盖，各杆地震内力与重力荷载内力的比值不尽相同，但相差不大；对大跨（大于等于 24m）屋架，此比值腹杆比弦杆大，并且上述比值还与场地类别有关。这类屋盖结构的竖向地震作用标准值 G' 可按下式计算：

$$G' = \xi_v G \qquad (3.157)$$

式中　G——重力荷载代表值；

　　　ξ_v——竖向地震作用系数，按表 3.8 采用。

竖向地震作用系数　　　　　　　　　　表 3.8

结构类别	烈度	场地类别		
		Ⅰ	Ⅱ	Ⅲ、Ⅳ
平板型网架、钢屋架	8 度	可不计算（0.10）	0.08（0.12）	0.10（0.15）
	9 度	0.15	0.15	0.20
钢筋混凝土屋架	8 度	0.10（0.15）	0.13（0.19）	0.13（0.19）
	9 度	0.20	0.25	0.25

注：括号中数值分别用于设计基本地震加速度为 $0.15g$ 和 $0.30g$ 的地区。

3.8.3 其他结构

除了上述高耸结构和屋盖结构外，对于长悬臂和其他大跨度结构在考虑竖向地震作用时，为简单起见，其竖向地震作用的标准值对烈度为 8 度和 9 度时可分别取该结构（构件）重力荷载代表值的 10% 和 20%，设计基本地震加速度为 0.30g 时，可取该结构（构件）重力荷载代表值的 15%。

3.9　结构地震反应的时程分析法

3.9.1　概述

结构地震反应分析的反应谱方法是将结构所受的最大地震作用通过反应谱转换成作用于结构的等效侧向荷载，然后根据这一荷载用静力分析方法求得结构的地震内力和变形。因其计算简便，所以广泛为各国的《抗震设计规范》所采纳。但地震作用是一个时间过程，反应谱法不能反映结构在地震动过程中的经历，同时目前应用的加速度反应谱属于弹性分析范畴，当结构在强烈地震下进入塑性阶段时，用此法进行计算将不能得到真正的结构地震反应，也判断不出结构真正的薄弱部位。

所谓时程分析法，亦称直接动力法，又称动态分析法，是根据选定的地震波和结构恢复力特性曲线，采用逐步积分的方法对动力方程进行直接积分，从而求得结构在地震过程中每一瞬时的位移、速度和加速度反应，以便观察结构在强震作用下从弹性到非弹性阶段的内力变化以及构件开裂、损坏直至结构倒塌的破坏全过程。但此法的计算工作十分繁重，必须借助于计算机才能完成，费用较高且确定计算参数尚有许多困难，因此目前仅在一些重要的、特殊的、复杂的以及高层建筑结构的抗震设计中应用。此外，此法亦用于结构在地震作用下的破坏机理和改进抗震设计方法的研究。我国《抗震规范》规定，对特别不规则的建筑、甲类建筑和表 3.9 所列高度范围的高层建筑，应采用时程分析法进行多遇地震作用下的补充计算，并取多条时程曲线计算结果的平均值与振型分解反应谱法计算结果的较大值，同时建议采用简化计算方法或弹塑性时程分析法计算罕遇地震下结构的变形。

采用时程分析的房屋高度范围　　　　　　　　　　　　　　表 3.9

烈度、场地类别	房屋高度范围
8 度 I 类、II 类场地和 7 度	>100
8 度 III 类、IV 类场地	>80
9 度	>60

结构在地震作用下的运动方程为：

$$m\ddot{x} + c\dot{x} + f(x) = -m\ddot{u}_0 \qquad (3.158)$$

式中　　　$\ddot{u}_0$——地面运动加速度；

$f(x)$——恢复力列向量，$f(x)$ 是位移 x 的函数，当结构处于弹性阶段时，$f(x)$ 与位移 x 成正比。

在求解上述运动方程时，将涉及结构计算模型与恢复力模型的确定、地震波的选择以及逐步积分方法等一系列问题，下面将予以介绍。

3.9.2 恢复力特性曲线

3.9.2.1 恢复力特性曲线形式及特性

结构或构件在受扰产生变形时试图恢复原有状态的抗力，即恢复力与变形之间的关系曲线称为恢复力特性曲线。这种曲线一般是在对结构或构件进行反复循环加载试验后得到的，它的形状取决于结构或构件的材料性能以及受力状态等。恢复力特性曲线可以用构件的弯矩与转角、弯矩与曲率、荷载与位移或应力与应变等的对应关系来表示。

图 3.32(a) 为一般钢筋混凝土梁的荷载位移恢复力特性曲线。构件在荷载 P 的反复作用下形成一系列滞回环线。在开始加荷阶段，当 P 值较小时，梁基本处于弹性状态，随着 P 值的增加梁出现开裂，刚度下降，曲线坡度减小，当 P 值再增加时出现屈服，曲线趋于水平。由滞回环线可以看到，当构件在屈服阶段卸载时，卸载曲线的斜率随着卸载点的向前推进而感小，卸载至零时，出现残余变形；当荷载按着反向施加时，曲线指向上一循环中滞回环的最高点，曲线斜率较之上一循环明显降低，即出现刚度退化现象，构件所经历的塑性变形越大，这种现象越为显著。在图 3.32(a) 中还可以看到，滞回曲线中部收缩，形成弓形。这是由斜裂缝的张合引起的，因为在斜裂缝闭合过程中构件的刚度极小，一旦闭合，刚度立即上升。构件剪切变形的成分越多，这种收缩的现象将越明显。这些滞回曲线的包络线称为骨架曲线，如图 3.32(a) 中虚线所示。

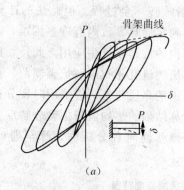
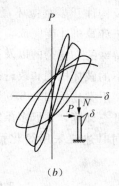

图 3.32　钢筋混凝土构件恢复力特性曲线

图 3.32(b) 为钢筋混凝土柱的恢复力特性曲线，由于轴力的存在，使构件在压弯共同作用下达屈服后承载能力迅速降低。这种降低程度将随轴力的增加而越显著。

恢复力特性曲线充分反映了构件强度、刚度、延性等力学特征，根据滞回环面积的大小可以衡量构件吸收能量的能力。这些都是分析结构抗震性能的重要依据。

3.9.2.2　恢复力特性曲线的模型化

在地震反应分析中如采用上述曲线状的恢复力特性曲线，则计算过于复杂，因此需加以模型化，一般是用一系列直线来代替上述曲线。对于钢筋混演土结构及构件，最常用的是双线型和退化三线型模型。

双线型模型 ［图 3.33(a)］ 是最简单的恢复力模型，其正向加载的骨架曲线采用两根直线 0—1 和 1—2，其形状由构件的屈服强度 P_y、弹性刚度 k_0 与屈服后刚度 k'_0 确定。反向加载的骨架曲线同正向。加载及卸载刚度保持不变，等于弹性刚度 k_0。

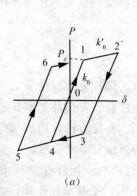
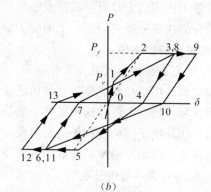

图 3.33　恢复力模型
(a) 双线型；(b) 退化三线型

退化三线型模型 ［图 3.33(b)］ 正向加载的骨架曲线由三根直线 0—1、1—2 及 2—9 组成，其形状由构件的开裂荷载 P_c、屈服荷载 P_y 及各阶段的刚度确定；反向加载的骨架曲线同正向。模型的卸载刚度保持不变，等于屈服点的割线刚度 （0—2 线的斜率），加载刚度考虑了退化现象，并令滞回线指向上一循环的最大位移点。退化三线型模型能较好地反映以弯曲破坏为主的钢筋混凝土构件的特性，故特别适用于这类构件的计算。

3.9.3 结构的计算模型

结构的计算模型一般根据结构型式及构造特点、分析精度要求、计算机容量等情况确定。

对于多层房屋结构，最简单而且目前应用最广的模型是层间剪切模型［图3.34(a)］。在这种模型中，房屋的质量集中于各楼层，在振动过程中各楼层始终保持为水平，结构的变形表现为层间的错动，各层的层间位移具有独立性，即互不影响。对于以剪切变形为主的结构，一般都可以采用这种模型，如多层砖房以及横梁线刚度远比柱线刚度大的强梁弱柱型框架结构等。对于强柱弱梁型的框架结构，用这种模型计算时误差较大，但有时为了简化计算，对于各跨相等的低层框架和建筑物宽度远大于高度的多层框架亦可近似地应用。

较为精确的计算模型是杆系模型［图3.34(b)］，在这种模型中以杆件作为基本计算单元，而将质量集中于框架的各个结点。这种模型较适用于强柱弱梁的框架结构，它可以求出地震过程中各杆逐渐开裂并进入塑性阶段的过程及其对整个结构的影响，但计算较繁。对于高层多跨框架，这种模型的应用常受到计算机容量的限制。下面主要介绍层间剪切模型。

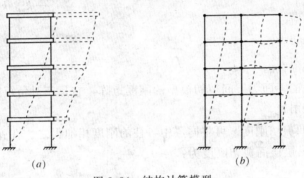

图 3.34　结构计算模型

(a) 层间剪切模型；(b) 杆系模型

3.9.3.1　刚度矩阵

考虑图3.35(a)框架结构，按层间剪切模型建立其刚度矩阵。由于层间剪切模型假定

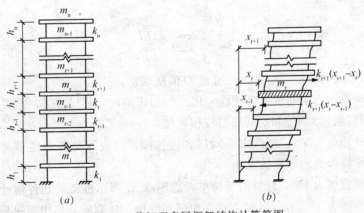

图 3.35　剪切型多层框架结构计算简图

(a) 框架结构；(b) r 层楼面的恢复力

框架横梁为刚性，结点无转动，故某一层发生层间相对变位时，不引起其他层的层间相对变位。因此，任一层楼面的弹性反力（恢复力）只与该楼面上、下两层的层间相对位移有关，而第 r 层楼面的恢复力为［图3.35(b)］：

$$f(x)_r = k_r(x_r - x_{r-1}) - k_{r+1}(x_{r+1} - x_r)$$

$$= -k_r x_{r-1} + (k_r + x_{r+1})x_r - k_{r+1}x_{r+1} \tag{3.159}$$

式中 k_r——第 r 层的层间剪切刚度；

x_r——第 r 层顶楼面的位移。

对于整个结构，上式可用矩阵表示如下：

$$
\begin{Bmatrix} f(x)_1 \\ f(x)_2 \\ \vdots \\ f(x)_r \\ \vdots \\ f(x)_n \end{Bmatrix}
=
\begin{bmatrix}
k_1 + k_2 & -k_2 & & & & \\
-k_2 & k_2 + k_3 & -k_3 & & & \\
& \ddots & \ddots & \ddots & & \\
& & -k_r & k_r + k_{r+1} & -k_{r+1} & \\
& & & \ddots & \ddots & \ddots \\
& & & & -k_n & k_n
\end{bmatrix}
\begin{Bmatrix} x_1 \\ x_2 \\ \vdots \\ x_r \\ \vdots \\ x_n \end{Bmatrix}
\tag{3.160}
$$

或

$$f(x) = kx \tag{3.161}$$

式（3.161）中的 k 即为层间剪切模型的刚度矩阵，它是三对角矩阵。

3.9.3.2 层间剪切刚度

结构各层的层间剪切刚度 k 可将同层中各柱的刚度相加得之。在弹性阶段，对于刚性横梁的框架结构第 r 层层间剪切刚度为：

$$k_{0r} = \sum \frac{12EI_i}{h_r^3}$$

式中 I_i、h_r——第 r 层内第 i 根柱的截面惯性矩与高度。

对于非刚性横梁的框架结构，当近似地采用层间剪切模型时，层间弹性剪切刚度可按下式计算：

$$k_{0r} = \sum_i \alpha \frac{12EI_i}{h_r^3} \tag{3.162}$$

式中 α——框架结点转动影响系数，可按 D 值法确定。

在非弹性阶段，当层间恢复力特性采用三线型模型时（图3.36），需要确定层间开裂剪力 V_{cr}，层间屈服剪力 V_{yr} 和层间屈服位移 δ_{yr}。

（1）层间开裂剪力 V_{cr}：通常可取同层各柱柱顶、柱底及与各该柱顶、柱底相连的梁端开裂时柱中相应剪力的平均值之和。

（2）层间屈服剪力 V_{yr}：计算时可简单考虑图3.37所示框架的几种塑性破坏机构。对于弱柱型框架［图3.37(a)］，柱端将首先出现塑性铰。计算同一层中每一根柱上、下两端截面的屈服弯矩 $m_{yci}^{\perp}$、$m_{yci}^{\top}$，于是可得第 r 层的层间屈服剪力如下：

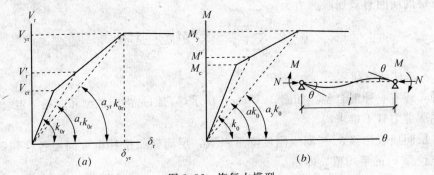

图 3.36 恢复力模型

(a) 层间 $V-\delta$ 关系；(b) 反对称变形构件的 $M-\theta$ 关系

$$V_{yr} = \sum_i V_{yi} = \sum_i \frac{M_{yci}^{\text{上}} + M_{yci}^{\text{下}}}{h_{0i}} \tag{3.163}$$

式中 h_{0i}——r 层第 i 柱的净高度。

对于弱梁型框架 [图 3.37(b)]，梁端将首先出现塑性铰。设节点核芯区两边的梁端截面屈服弯矩之和为 $\sum M_{yb}$，则在节点中心处梁端弯矩之和为：

$$\sum \overline{M}_{yb} = \sum M_{yb} \frac{l}{l_1}$$

式中 l_1、l——梁的净跨度和计算跨度，并假定梁的反弯点在跨度中央。

考虑节点弯矩的平衡，将 $\sum \overline{M}_{yb}$ 按节点处上、下柱的线刚度比 i_c 分配于上、下柱，可得对应于梁端屈服时的柱端有效屈服弯矩 $\overline{M}_{yci}^{\text{上}}$、$\overline{M}_{yci}^{\text{下}}$，即：

$$\left.\begin{aligned} \overline{M}_{yci}^{\text{上}} &= \frac{i_c}{i_c + i_c^{\text{上}}} \sum M_{yb}^{\text{上}} \frac{l}{l_1} \\ \overline{M}_{yci}^{\text{下}} &= \frac{i_c}{i_c + i_c^{\text{下}}} \sum M_{yb}^{\text{下}} \frac{l}{l_1} \end{aligned}\right\} \tag{3.164}$$

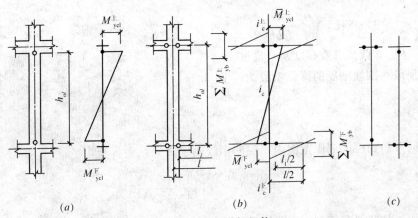

图 3.37 框架破坏机构

(a) 弱柱型；(b) 弱梁型；(c) 混合型

而 r 层的层间有效屈服剪力为：

$$V_{yr} = \sum_i V_{yi} = \sum_i \frac{\overline{M}_{yci}^{上} + \overline{M}_{yci}^{下}}{h_i} \tag{3.165}$$

式中 h_i——柱计算高度。

此外，还有一种混合型，如图 3.37（c）所示，它们是由弱柱型和弱梁型混合而成的，其层间屈服剪力自不难求得。

（3）层间屈服位移 δ_{yr} 与割线刚度降低系数：层间屈服位移可取同层各柱屈服位移或有效屈服位移 δ_{yi} 的平均值，即：

$$\delta_{yr} = \sum_{i=1}^n \delta_{yi} / n = \sum_{i=1}^n \frac{V_{yi}}{\alpha k_0 n} \tag{3.166}$$

式中 n——同层中的柱数；

k_0——柱的弹性刚度；

α——柱在弹塑性阶段的割线刚度系数。

割线刚度系数 α 可由柱的 $M-\theta$ 曲线推求 [图 3.36(b)]，即：

$$\frac{1}{\alpha} = 1 + \left(\frac{1}{\alpha_y} - 1\right) \frac{1 - M_c/M'}{1 - M_c/M_y} \tag{3.167}$$

式中 M_c、M_y——柱的开裂弯矩及屈服弯矩；

M'——与柱有效屈服剪力 V_{yr} 相应的有效屈服弯矩，其值处于 M_c 与 M_y 之间；

α_y——柱屈服点的割线刚度降低系数。

柱屈服点的割线刚度降低系数 α_y 可按下列经验公式确定：

$$\alpha_y = (0.043 + 1.64\alpha_E\rho + 0.043\lambda + 0.33n_1)(h_0/h)^2 \tag{3.168}$$

式中 α_E——钢筋与混凝土的弹性模量比；

ρ——受拉钢筋配筋率；

λ——剪跨比；

n_1——轴压比，$n_1 = \dfrac{N}{f_c bh}$；

h_0、h——截面有效高度及全高度。

层间屈服点割线刚度的降低系数为 [图 3.36(a)]：

$$\alpha_{yr} = \frac{V_{yr}}{\delta_{yr} k_{0r}} \tag{3.169}$$

在层间开裂到层间屈服范围内，层间割线刚度降低系数将为：

$$\frac{1}{\alpha_r} = 1 + \left(\frac{1}{\alpha_{yr}} - 1\right) \frac{1 - V_{cr}/V'_r}{1 - V_{cr}/V_{yr}} \tag{3.170}$$

（4）梁、柱开裂弯矩与屈服弯矩：钢筋混凝土梁、柱端截面的开裂弯矩与屈服弯矩可根据《混凝土结构设计规范》提供的计算方法确定。对于梁、柱截面的屈服弯矩亦可采用下列近似公式计算：

梁：

$$M_{yb} = f_y A_s (h_0 - \alpha_s')$$ (3.171)

柱（当轴压比小于 0.8 时）：

$$M_{yc} = f_y A_s (h_0 - \alpha_s') + 0.5Nh\left(1 - \frac{N}{\alpha_1 f_c bh}\right)$$ (3.172)

式中　N——轴力。

3.9.4　地震波的选用

在采用时程分析法对结构进行地震反应计算时，需要输入地震地面运动加速度（图 3.38）。加速度记录的波形对分析结果影响很大，因此需要正确选择。目前在抗震设计中有关地震波的选择有下列两种方法。

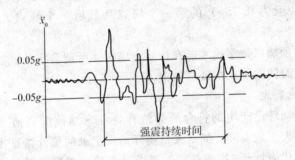

图 3.38　地震加速度记录

3.9.4.1　直接利用强震记录

常用的强震记录有埃尔森特罗波、塔夫特波、天津波等。在地震地面运动特性中，对结构破坏有重要影响的因素为地震动强度、频谱特性和强震持续时间。地震动强度一般主要由地面运动加速度峰值的大小来反映；频谱特性可由地震波的主要周期表示，它受到许多因素的影响，如震源的特性、震中距离、场地条件等。所以在选择强震记录时除了最大峰值加速度应与建筑地区的设防烈度相应外，场地条件也应尽量接近，也就是该地震波的主要周期应尽量接近于建筑场地的卓越周期。表 3.10 为常用的国内外几个强震记录的最大加速度和主要周期。其中天津波适用于软弱场地，而滦县波、塔夫特波、埃尔森特罗波等分别适用于坚硬、中硬、中软的场地。

几个地震波的特性　　　　　　　　　表 3.10

地震波名	加速度峰值（cm/s²）	主要周期（s）
天津	105.6	1.0
	146.7	0.9
滦县	165.8	0.1
	180.5	0.15
埃尔森特罗	341.7	0.55
	210.1	0.5
塔夫特	152.7	0.30
	175.9	0.44

当所选择的实际地震记录的加速度峰值与建筑地区设防烈度所对应的加速度峰值不一

致时，可将实际地震记录的加速度按比例放大或缩小来加以修正。对应于不同设防烈度的多遇地震与罕遇地震的峰值加速度见表 3.11。

时程分析所用地震加速度时程曲线的最大值（cm/s²）　　表 3.11

地震影响　烈度	6 度	7 度	8 度	9 度
多遇地震	18	35（55）	70（110）	140
罕遇地震	125	220（310）	400（510）	620

注：括号内数值分别用于设计基本地震加速度为 0.15g 和 0.30g 的地区。

对于强震持续时间，原则上应采用持续时间较长的波，因持续时间长时，地震波能量大，结构反应较强烈。而且当结构的变形超过弹性范围时，持续时间长，结构在振动过程中屈服的次数就多，从而易使结构塑性变形积累而破坏。强震持续时间可定义为超过一定加速度值（一般为 0.05g）的第一个峰点和最后一个峰点之间的时间段，如图 3.38 所示。

实际地震记录必须加以数字化才能在计算中应用。所谓数字化就是把用曲线表示的加速度波形转换成一定时间间隔的加速度数值。

3.9.4.2　采用模拟地震波

这是根据随机振动理论产生的符合所需统计特征（加速度峰值、频谱特性、持续时间）的地震波，又称人工地震波。如从大量实际地震记录的统计特征出发，则所产生的人工地震波就有相应的代表性。《抗震规范》要求其平均地震影响系数曲线与振型分解反应谱法所采用的地震影响系数曲线在统计意义上相符。

此外，《抗震规范》还规定，采用时程分析法时，应按建筑场地类别和设计地震分组选用不少于 2 组的实际强震记录和 L 组人工模拟的加速度时程曲线，最大加速度峰值可按表 3.11 采用，弹性时程分析时每条时程曲线计算所得的结构底部剪力不应小于振型分解反应谱法计算结果的 80%。

3.9.5　地震反应的数值分析法

地震地面运动加速度是一系列随时间变化的随机脉冲，不能用简单的函数表达，因此运动方程的解只能采用数值分析方法。此法是由已知的 t_n 时刻的位移、速度及加速度反应 x_n、$\dot{x}_n$ 及 $\ddot{x}_n$，近似地推求经过短时间 Δt 后在下一时刻 t_{n+1} 时的位移、速度及加速度 x_{n+1}、$\dot{x}_{n+1}$ 及 $\ddot{x}_{n+1}$，从而由 $t=0$ 开始，逐步作出反应的时程曲线，如图 3.39 所历示。因其一一推算，故亦称逐步积分法。

运动方程逐步积分的方法很多，常用的有加速度法、Runge-Kutta 法等。下面介绍一种计算比较简单、在地震反应分析中应用较广的平均加速度

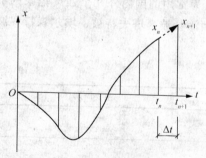

图 3.39　逐步积分法

法，又称中点加速度法。它是加速度法中的一种，对于具有各种自振周期的结构和取用各种时间步长时，此法都是稳定的。

3.9.5.1 迭代计算

考虑一单自由度体系，假定在时间 Δt 内质点加速度为常数，它等于在 t_n 和 t_{n+1} 时刻时加速度 $\ddot{x}_n$ 和 $\ddot{x}_{n+1}$ 的平均值，即：

$$\ddot{x}_{n,n+1} = \frac{\ddot{x}_n + \ddot{x}_{n+1}}{2} \qquad (3.173)$$

故质点在 t_{n+1} 时刻的位移为：

$$x_{n+1} = x_n + \dot{x}_n \Delta t + \frac{1}{2}\ddot{x}_{n,n+1}(\Delta t)^2 = x_n + \dot{x}_n \Delta t + \frac{1}{4}(\ddot{x}_n + \ddot{x}_{n+1})(\Delta t)^2 \qquad (3.174)$$

速度为：

$$\dot{x}_{n+1} = \dot{x}_n + \ddot{x}_{n,n+1}\Delta t = \dot{x}_n + \frac{1}{2}(\ddot{x}_n + \ddot{x}_{n+1})\Delta t \qquad (3.175)$$

又由运动方程（3.158）得质点在 t_{n+1} 时刻的加速度为：

$$\ddot{x}_{n+1} = -\frac{c}{m}\dot{x}_{n+1} - \frac{f(x_{n+1})}{m} - \ddot{u}_{0,n+1} \qquad (3.176)$$

式（3.174）～式（3.176）为三元联立方程式，其中 x_n、$\dot{x}_n$ 及 $\ddot{x}_n$ 为已知，而未知值 x_{n+1}、$\dot{x}_{n+1}$ 及 $\ddot{x}_{n+1}$ 可通过迭代求得。即先指定 $\ddot{x}_{n+1}$ 值作为初始值，此值可取为：

$$\ddot{x}_{n+1} = \ddot{x}_n + (\ddot{x}_n - \ddot{x}_{n-1}) = 2\ddot{x}_n - \ddot{x}_{n-1}$$

将上式的 $\ddot{x}_{n+1}$ 代入式（3.174）和式（3.175），分别求出 x_{n+1} 和 $\dot{x}_{n+1}$，再将此 x_{n+1} 和 $\dot{x}_{n+1}$ 代入式（3.176）求出。这时如果所得的 $\ddot{x}_{n+1}$ 与初始值接近并小于某一允许误差时，计算就可以终止，否则将所得的 $\ddot{x}_{n+1}$ 作为下一轮的初始值重复计算，直到满意为止。

对于弹性体系，式（3.176）中恢复力 $f(x_{n+1}) = kx_{n+1}$，其中刚度 k 为常数，则式（3.176）成为

$$\ddot{x}_{n+1} = -\frac{c}{m}\dot{x}_{n+1} - \frac{k}{m}x_{n+1} - \ddot{u}_{0,n+1} \qquad (3.177)$$

采用消去法求解联立方程，将式（3.174）及式（3.175）代入式（3.177），得：

$$\ddot{x}_{n+1} = -\frac{\ddot{u}_{0,n+1} + \frac{c}{m}\left(\ddot{x}_n + \frac{1}{2}\ddot{x}_n\Delta t\right) + \frac{k}{m}\left[x_n + \dot{x}_n\Delta t + \frac{1}{4}\ddot{x}_n(\Delta t)^2\right]}{1 + \frac{1}{2}\frac{c}{m}\Delta t + \frac{1}{4}\frac{k}{m}(\Delta t)^2} \qquad (3.178)$$

将式（3.178）的 $\ddot{x}_{n+1}$ 回代入式（3.174）及式（3.175），即可求出 x_{n+1} 及 $\dot{x}_{n+1}$。

3.9.5.2 增量解

式（3.174）、式（3.175）及式（3.176）可用各变量的增量来表达，令：

$$\left.\begin{array}{l} \Delta x = x_{n+1} - x_n \\ \Delta \dot{x} = \dot{x}_{n+1} - \dot{x}_n \\ \Delta \ddot{x} = \ddot{x}_{n+1} - \ddot{x}_n \\ \Delta \ddot{u}_0 = \ddot{u}_{0,n+1} - \ddot{u}_{0,n} \end{array}\right\} \qquad (3.179)$$

则式（3.174）及式（3.175）各为：

$$\Delta x = \dot{x}_n \Delta t + \frac{1}{2}\ddot{x}_n(\Delta t)^2 + \frac{1}{4}\Delta\ddot{x}(\Delta t)^2 \tag{3.180}$$

$$\Delta\dot{x} = \ddot{x}_n\Delta t + \frac{1}{2}\Delta\ddot{x}\Delta t \tag{3.181}$$

对于运动方程式（3.176），当 Δt 取得足够小时，结构的瞬时切线刚度可以认为是常数 k，故由式（3.177）得：

$$\Delta\ddot{x} = -\frac{c}{m}\Delta\dot{x} - \frac{k}{m}\Delta x - \Delta\ddot{u}_0 \tag{3.182}$$

由式（3.180）得：

$$\Delta\ddot{x} = \frac{4}{(\Delta t)^2}\Delta x - \frac{4}{\Delta t}\dot{x}_n - 2\ddot{x}_n \tag{3.183}$$

将上式代入式（3.181），得：

$$\Delta\dot{x} = \frac{2}{\Delta t}\Delta x - 2\dot{x}_n \tag{3.184}$$

将式（3.183）及式（3.184）的 $\Delta\ddot{x}$ 及 $\Delta\dot{x}$ 代入式（3.182），得：

$$K^* \Delta x = \Delta P^* \tag{3.185}$$

式中

$$K^* = k + \frac{2}{\Delta t}c + \frac{4}{(\Delta t)^2}m \tag{3.186}$$

$$P^* = m\left(-\Delta\dot{u}_0 + \frac{4}{\Delta t}\dot{x}_n + 2\dot{x}_n\right) + 2c\dot{x}_n \tag{3.187}$$

式（3.185）与一般静力方程的形式相似，其中 K^* 称为拟刚度，P^* 称为拟荷载增量，故本法亦称为拟静力法。在计算时，先由式（3.185）求出 Δx，将之代入式（3.184）及式（3.183），求出 $\Delta\dot{x}$ 及 $\Delta\ddot{x}$，然后代入式（3.179），可求得 t_{n+1} 时刻的位移、速度，即：

$$x_{n+1} = x_n + \Delta x$$

$$\dot{x}_{n+1} = \dot{x}_n + \Delta\dot{x}$$

求 t_{n+1} 时刻的加速度 $\ddot{x}_{n+1}$ 时，为了避免计算误差的积累，宜按运动方程即式（3.177）直接计算。

对于多自由度体系，上述拟静力法可写成：

$$K^* \Delta x = P^* \tag{3.188}$$

式中

$$K^* = k + \frac{2}{\Delta t}c + \frac{4}{(\Delta t)^2}m \tag{3.189}$$

$$\Delta P^* = mI\Delta \dot{u}_0 + m\left(\frac{4}{\Delta t}\dot{x}_n + 2\dot{x}_n\right) + 2c\dot{x}_n \tag{3.190}$$

而

$$\Delta \dot{x} = \frac{2}{\Delta t}\Delta x - 2\dot{x}_n \tag{3.191}$$

$$\Delta \dot{x} = \frac{4}{\Delta t^2}\Delta x - \frac{4}{\Delta t}\dot{x}_n - 2\dot{x}_n \tag{3.192}$$

有此得:

$$x_{n+1} = x_n + \Delta x \tag{3.193}$$

$$\dot{x}_{n+1} = \dot{x}_n + \Delta \dot{x} \tag{3.194}$$

$$\ddot{x}_{n+1} = -(\ddot{u}_{0,n+1} + m^{-1}c\dot{x}_{n+1} + m^{-1}kx_{n+1}) \tag{3.195}$$

3.10 建筑结构抗震验算

根据"小震不坏,大震不倒"的抗震设计思想,我国《抗震规范》采用了两阶段的设计方法,如第 1.4 节所述,其中包括结构抗震承载力的验算和结构抗震变形的验算。

3.10.1 结构抗震承载力验算

3.10.1.1 地震作用的方向

地震时地面将发生水平运动与竖向运动,从而引起结构的水平振动和竖向振动。而当结构的质心与刚心不重合时,地面的水平运动还会引起结构的扭转振动。

在结构的抗震设计中,考虑到地面运动水平方向的分量较大,而结构抗侧力的承载力储备又较抗竖向力的承载力储备小,所以通常认为水平地震作用对结构起主要作用。因此,在验算结构抗震承载力时一般只考虑水平地震作用,仅在高烈度区建造对竖向地震作用敏感的大跨、长悬臂、高耸结构及高层建筑时才考虑竖向地震作用。对于由水平地震作用引起的扭转影响,一般只对质量和刚度明显不均匀、不对称的结构才加以考虑。

在验算水平地震作用效应时,虽然地面水平运动的方向是随机的,但在实际抗震验算中一般均假定其作用在结构的主轴方向,并分别在两个主轴方向进行分析和验算,而各方向的水平地震作用全部由该方向抗侧力的构件来承担。对于有斜交抗侧力构件的结构,当相交角度大于 15°时应分别计算各抗侧力构件方向的水平地震作用。

3.10.1.2 重力荷载代表值

在抗震设计中,当计算地震作用的标准值和计算结构构件的地震作用效应与其他荷载效应的基本组合时,作用于结构的重力荷载采用重力荷载代表谊 G_E,它是永久荷载和有关可变荷载的组合值之和,即:

$$G_E = G_k + \sum \varphi_{Ei}Q_{ki} \tag{3.196}$$

式中　G_k——结构或构件的永久荷载标准值;

　　　Q_{ki}——结构或构件第 i 个可变荷载标准值;

φ_{Ei}——第 i 个可变荷载的组合值系数，见表 3.12。

组合值系数　　　　　　　　　　　　　　　　表 3.12

可变荷载种类		组合值系数
雪荷载		0.5
屋面积灰荷载		0.5
屋面活荷载		不计入
按实际情况考虑的楼面活荷载		1.0
按等效均布荷载考虑的楼面活荷载	藏书库、档案库	0.8
	其他民用建筑	0.5
吊车悬吊物重力	硬钩吊车	0.3
	软钩吊车	不计入

3.10.1.3　结构构件截面的抗震验算

在结构抗震设计的第一阶段，即多遇地震下的抗震承载力验算中，结构构件截面的承载能力应满足：

$$S \leqslant R / \gamma_{RE} \tag{3.197}$$

式中　S——结构构件内力组合的设计值，包括组合的弯矩、轴向力和剪力设计值，由地震作用效应与其他荷载效应组合而得；

　　　R——结构构件承载力设计值，按有关结构设计规范中承载力设计值取用；

　　　γ_{RE}——承载力抗震调整系数，用以反映不同材料和受力状态的结构构件具有不同的抗震可取指标，其值除以下各章另有规定外，可按表 3.13 采用；当仅考虑竖向地震作用时，对各类结构构件均取为 1.0。

承载力抗震调整系数　　　　　　　　　　　　表 3.13

材料	结构构件	受力状态	γ_{RE}
钢	柱、梁		0.75
	支撑		0.80
	节点板件、连接螺栓		0.85
	连接焊缝		0.90
砌体	两端均有构造柱、芯柱的抗震墙	受剪	0.90
	其他抗震墙	受剪	1.00
钢筋混凝土	梁	受弯	0.75
	轴压比小于 0.15 的柱	偏压	0.75
	轴压比不小于 0.15 的柱	偏压	080
	抗震墙	偏压	0.85
	各类构件	受剪、偏拉	0.85

式（3.197）中结构构件的地震作用效应和其他荷载效应的基本组合，应按下式计算：

$$S = \gamma_G S_{GE} + \gamma_{Eh} S_{Ehk} + \gamma_{Ev} S_{Evk} + \varphi_w \gamma_w S_{wk} \tag{3.198}$$

式中　　　γ_G——重力荷载分项系数，一般情况应采用 1.2，当重力荷载效应对构件承载能力有利时，不应大于 1.0；

γ_{Eh}、γ_{Ev}——分别为水平、竖向地震作用分项系数，应按表 3.14 采用；

$\qquad$ γ_w——风荷载分项系数，应采用 1.45；

$\qquad$ S_{GE}——重力荷载代表值的效应，有吊车时，尚应包括悬吊物重力标准值的效应；

$\qquad$ S_{Ehk}——水平地震作用标准值的效应，尚应乘以相应的增大系数或调整系数；

$\qquad$ S_{Evk}——竖向地震作用标准值的效应，尚应乘以相应的增大系数或调整系数；

$\qquad$ S_{wk}——风荷载标准值的效应；

$\qquad$ φ_w——风荷载组合值系数，一般结构取 0.0，风荷载控制作用的高层建筑应采用 0.2。

地震作用分项系数 表 3.14

地震作用	γ_{Eh}	γ_{Ev}
仅计算水平地震作用	1.3	0.0
仅计算竖向地震作用	0.0	1.3
同时计算水平与竖向地震作用（水平地震为主）	1.3	0.5
同时计算水平与竖向地震作用（水平地震为主）	0.5	1.3

3.10.2 结构的抗震变形验算

结构的抗震变形验算包括在多遇地震作用下的变形验算和在罕遇地震作用下的变形验算。前者属于第一阶段的抗震设计内容，后者属于第二阶段的抗震设计内容。

3.10.2.1 多遇地震作用下的结构抗震变形验算

抗震设计要求结构在多遇地震作用下保持在弹性阶段工作，不受损坏，其变形验算的主要目的是对框架等较柔结构以及高层建筑结构的变形加以限制，使其层间弹性位移不超过一定的限值，以免非结构构件（包括围护墙、隔墙和各种装修等）在多遇地震作用下出现破坏。验算公式为：

$$\Delta u_e \leqslant [\theta_e] h \tag{3.199}$$

式中 $\quad \Delta u_e$——多遇地震作用标准值产生的楼层内最大弹性层间位移。计算时除以弯曲变形为主的高层建筑外，不应扣除结构整体弯曲变形，应计入扭转变形，各作用分项系数均应采用 1.0，钢筋混凝土构件的截面刚度可采用弹性刚度；

$\qquad$ $[\theta_e]$——弹性层间位移角限值，可按表 3.15 采用；

$\qquad$ h——计算楼层层高。

弹性层间位移角限值 表 3.15

结构类型	$[\theta_e]$
钢筋混凝土框架	1/550
钢筋混凝土框架－抗震墙、板柱－抗震墙、框架－核心筒	1/800
钢筋混凝土抗震墙、筒中筒	1/1000
钢筋混凝土框支层	1/1000
多、高层钢结构	1/250

3.10.2.2 罕遇地震作用下的结构抗震变形验算

(1) 结构弹塑性变形的控制与计算

结构抗震设计要求结构在罕遇的高烈度下不发生倒塌，由表 3.11 可知，罕遇地震的地面运动加速度峰值将是多遇地震的 4～6 倍，所以在多遇地震烈度下处于弹性阶段的结构，在罕遇地震烈度下势必会进入弹塑性阶段。

结构在进入屈服阶段后，其承载力已无储备。这时，为了抵御地震作用，对于延性结构就要求通过发展塑性变形来吸收和消耗地震输入的能量。若结构的变形能力不足，则势必发生倒塌。经过第一阶段抗震设计的结构，虽然构件已具备了必要的延性，多数结构可以满足在罕遇地震下不倒塌的要求，但对某些处于特殊条件的结构，尚需计算其在强震作用下的变形，即进行第二阶段的抗震设计，以校核结构的抗震安全性。

在弹塑性阶段，结构的地震位移反应主要集中在其薄弱层或薄弱部位，结构将在该处率先屈服，形成局部破坏，严重时还可能引起结构倒塌。因此，应按《抗震规范》推荐的静力非线性分析（推覆分析）法或动力非线性分析（弹塑性时程分析）法进行罕遇地震下结构的弹塑性变形分析。

静力非线性分析是沿结构高度施加按一定形式分布的模拟地震作用的等效侧力，并从小到大逐步增加侧力的强度，使结构由弹性工作状态逐步进入弹塑性工作状态，最终达到并超过规定的弹塑性位移。这是目前较为实用的简化弹塑性分析技术，比动力非线性分析节省计算工作量，但也有一定的使用局限性和适用性，对计算结果需要工程经验判断。动力非线性分析即弹塑性时程分析是一种较为严格的分析方法，需要较好的计算机软件和很好的工程经验判断才能得到有用的效果，工程应用难度较大。此外，《抗震规范》还允许采用简化的弹塑性分析技术，如下述的简化计算方法等。

(2) 结构弹塑性层间位移的简化计算方法

如上所述，结构在地震作用下的弹塑性位移用非线性方法分析时，其计算工作量较大。因此，《抗震规范》建议，对不超过 12 层且层间刚度无突变的钢筋混凝土框架结构及单层钢筋混凝土柱厂房可采用下述的简化计算方法。

① 楼层屈服强度系数与结构薄弱层（部位）的确定

通过对大量钢筋混凝土剪切型框架结构实例的弹塑性时程分析可以看出，结构弹塑性层间位移主要取决于楼层屈服强度系数的大小和楼层屈服强度系数沿房屋高度的分布情况，而楼层屈服强度系数是指按构件实际配筋和材料强度标准值计算的楼层受剪承载力和按罕遇地震作用计算的楼层弹性地震剪力的比值；对于排架柱，指按实际配筋面积、材料强度标准值和轴向力计算的正截面受弯承载力与按罕遇地震作用计算的弹性地震弯矩的比值。

结构第 i 层的楼层屈服强度系数 $\xi_y(i)$ 可用下式表示：

$$\xi_y(i) = \frac{V_y(i)}{V_e(i)} \tag{3.200}$$

式中 $V_y(i)$ ——按构件实际配筋和材料强度标准值计算的第 i 层受剪承载力，可按第 3.9 节所述方法计算；

$V_e(i)$ ——罕遇地震作用下第 i 层的弹性地震剪力、计算时水平地震作用影响系数

104

最大值 α_{max} 应采用罕遇地震时的 α_{max}，详见表 3.3。

从上式可以看出，楼层屈服强度系数 ξ_y 反映了结构中楼层的承载力与该楼层所受弹性地震剪力的相对关系。同时，计算结果还表明，在地震的作用下，对于 ξ_y 沿高度分布不均匀的结构，其 ξ_y 为最小或相对较小的楼层往往率先屈服并出现较大的弹塑性层间位移，其他各层的层间位移则相对较小且接近于按完全弹性反应计算的结果，如图 3.40 所示。ξ_y 相对越小，弹塑性位移则相对越大，我们称这一塑性变形集中的楼层为结构的薄弱层或薄弱部位。根据分析，《抗震规范》建议，对于 ξ_y 沿高度分布均匀的结构，薄弱层可取在底层，对于 ξ_y 沿高度分布不均匀的结构，薄弱层可取在 ξ_y 为最小的楼层（部位）和相对较小的楼层，一般不超过 2～3 处，对于单层厂房，薄弱层可取在上柱。

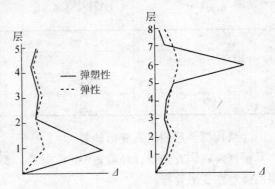

图 3.40 结构在地震作用下的层间变形分布

②结构薄弱层弹塑性层间位移的简化计算

根据分析，多层剪切型结构薄弱层的弹塑性层间位移与弹性位移之间有着一定的关系，因此弹塑性层间位移可由弹性层间位移乘以修正系数得之，即：

$$\Delta u_p = \eta_p \Delta u_e \qquad (3.201)$$

$$\Delta u_e(i) = \frac{V_e(i)}{k_i} \qquad (3.202)$$

或

$$\Delta u_p = \mu \Delta u_y = \frac{\eta_p}{\xi_y} \Delta u_y \qquad (3.203)$$

式中　　　Δu_p——弹塑性层间位移；

　　　　　Δu_y——层间屈服位移；

　　　　　μ——楼层延性系数；

　　　　　$\Delta \mu_e$——罕遇地震作用下按弹性分析的层间位移；

　　　$V_e(i)$——罕遇地震作用下第 i 层的弹性地震剪力；

　　　　　k_i——第 i 层的层间刚度；

　　　　　ξ_y——楼层屈服强度系数；

　　　　　η_p——弹塑性层间位移增大系数，对于钢筋混凝土结构，当薄弱层（部位）的屈服强度系数不小于相邻层（部位）该系数平均值的 0.8 倍时，可按表 3.16 采用；当不大于该平均值的 0.5 倍时，可按表 3.16 相应数值的 1.5 倍采用；其他情况可采用内插法取值。

钢筋混凝土结构弹塑性位移增大系数 表 3.16

结构类型	总层数 n 或部位	ξ_y		
		0.5	0.4	0.3
多层均匀框架结构	2~4	1.30	1.40	1.60
	5~7	1.50	1.65	1.80
	8~12	1.80	2.00	2.20
单层厂房	上柱	1.30	1.60	2.00

③结构薄弱层的抗震变形验算

根据震害调查和设计经验，《抗震规范》要求对下列结构应进行罕遇地震作用下薄弱层的弹塑性变形验算：

a. 8 度Ⅲ类、Ⅳ类场地和 9 度时高大的单层钢筋混凝土柱厂房的横向排架；

b. 7~9 度时楼层屈服强度系数小于 0.5 的钢筋混凝土框架结构；

c. 采用隔震和消能减震设计的结构；

d. 甲类建筑和 9 度时乙类建筑中的钢筋混凝土结构和钢结构；

e. 高度大于 150m 的钢结构。

同时，《抗震规范》还规定对下列结构宜进行罕遇地震作用下薄弱层的弹塑性变形验算：

a. 表 3.9 所列高度范围且属于表 3.17 所列竖向不规则类型的高层建筑结构；

b. 7 度Ⅲ类、Ⅳ类场地和 8 度时乙类建筑中的钢筋混凝土结构和钢结构；

c. 板柱－抗震墙结构和底部框架砖房；

d. 高度不大于 150m 的高层钢结构。

竖向不规则的类型 表 3.17

不规则类型	定义
侧向刚度不规则	该层的侧向刚度小于相邻上一层的 70%，或小于其上相邻三个楼层侧向刚度平均值的 80%，除顶层外，局部收进的水平向尺寸大于相邻下一层的 25%
竖向抗侧力构件不连续	竖向抗侧力构件（柱、抗震墙、抗震支撑）的内力由水平转换构件（梁、桁架等）
楼层承载力突变	抗侧力结构的层间受剪承载力小于相邻上一楼层的 80%

抗震变形验算要求结构的弹塑性层间位移小于其层间变形能力。如将结构的变形能力用层间位移角表达，则结构薄弱层（部位）的弹塑性层间位移应符合下式要求：

$$\Delta u_p \leqslant [\theta_p] h \tag{3.204}$$

式中 $[\theta_p]$ ——弹塑性层间位移角限值，可按表 3.18 采用；对钢筋混凝土框架结构，当轴压比小于 0.4 时，可提高 10%；当柱子全高的箍筋构造比表 5.12 规定的最小含箍特征值大 30%时，可提高 20%，但累计不超过 25%；

h ——薄弱层楼层高度或单层厂房上柱高度。

弹塑性层间位移角限值   表 3.18

结构类型	$[\theta_p]$
单层钢筋混凝土排架柱	1/30
钢筋混凝土框架	1/50
底部框架砖房中的框架－减震墙	1/100
钢筋混凝土框架－抗震墙、板柱－抗震墙、框架－核心筒	1/100
钢筋混凝土抗震墙和筒中筒	1/120
多、高层钢结构	1/50

思 考 题

1. 什么是地震作用？怎样确定结构随地震作用？

2. 什么是建筑结构的重力荷载代表值？怎样确定它们的系数？

3. 什么是地震系数和地震影响系数？它们有何关系？

4. 什么是动力系数 β？如何确定 β？

5. 什么是加速度反应谱曲线？影响 $\alpha - T$ 曲线形状的因素有哪些？质点的水平地震作用与哪些因素有关？

6. 怎样进行结构截面抗震承载力验算？怎样进行结构抗震变形验算？

7. 什么是等效总重力荷载？怎样确定？

8. 简述确定结构地震作用的底部剪力法和振型分解反应谱法的基本原理和步骤。

9. 什么是楼层屈服强度系数？怎样确定结构薄弱层或部位？

10. 哪些结构需要考虑竖向地震作用？怎样确定结构的竖向地震作用？

11. 什么是地震作用效应、重力荷载分项系数、地震作用分项系数？什么是承载力抗震调整系数？

12. 为什么要调整水平地震作用下结构地震内力？在实际设计中如何调整？

13. 什么是地震作用反应时程分析法？

14. 怎样按顶点位移法计算结构的基本周期？

第4章 多层及高层钢筋混凝土房屋抗震设计

4.1 概述

多层和高层钢筋混凝土结构包括框架、抗震墙、框架－抗震墙及框架－筒体等结构体系，近年异形柱框架和短肢剪力墙结构体系也得到了较快的发展和应用。

框架结构体系由梁、板和柱组成，平面布置灵活，易于满足建筑物设置大房间的要求，在工业与民用建筑中应用广泛。框架体系的侧向刚度小，在房屋高度增加的情况下其内力和侧移增长很快，为使房屋柱截面不致过大而影响使用，往往需要在结构的适当部位布置少量钢筋混凝土墙或墙组成的筒体，以增加结构的抗侧力刚度，这样便形成了框架－抗震墙或框架－筒体体系。

抗震墙也称剪力墙，这种结构体系由钢筋混凝土纵横墙组成，抗侧力性能较强，但平面布置不灵活，纯剪力墙体系一般用于住宅、旅馆和办公楼建筑。

筒体结构或由四周封闭的剪力墙构成单筒式的筒状结构；或以楼电梯为内筒，密排柱深梁框架为外框筒组成筒中筒结构。这种结构的空间刚度大，抗侧和抗扭刚度都很强，建筑布局亦灵活。常用于超高层公寓、办公楼和商业大厦建筑等。

目前，我国地震区的工业与民用建筑中，大多采用多层框架、框架－剪力墙及剪力墙结构体系。本章主要讨论框架结构房屋的抗震设计问题，对框架－剪力墙及剪力墙结构体系的结构布置等问题也作简要介绍。

历次地震经验表明，钢筋混凝土结构房屋一般具有较好的抗震性能。结构设计中只要经过合理的抗震计算并采取妥善的抗震构造措施，在一般烈度区建造多层和高层钢筋混凝土结构房屋是可以保证安全的。例如，天津友谊宾馆是8层钢筋混凝土框架大孔砖填充墙结构，按7度进行抗震设计，建成后不久，遭遇1976年唐山大地震，烈度为8度。调查资料表明，震后该建筑物主体结构破坏轻微，非结构部件（如填充墙等）有一定损坏。不过，设计不良或施工质量欠佳的钢筋混凝土结构房屋在地震中遭遇震害的情况，亦不鲜见。主要震害可概述如下。

（1）共振效应引起的震害

1976年唐山地震中，位于塘沽地区（烈度为8度强）的7～10层框架结构，因其自振周期0.6～1.0s与该场地上（海滨）的自振周期0.8s～1.0s相一致，发生共振，导致该类框架破坏严重。

（2）结构平面或竖向布置不当引起的震害

1976年唐山地震中，汉沽化工厂的一些框架厂房因平面形状和刚度不对称，产生了显著的扭转，从而使角柱上下错位、断裂。1985年墨西哥城地震中，平面不规则建筑物也产生了严重的扭转破坏，其中角柱破坏十分严重。1988年前苏联亚美尼亚地震中，下层柔性柱上层抗震墙或砖墙的柔性底层房屋的震害很严重。1995年日本兵库县南部7.2级地震中，鸡腿式建筑物底层柱发生剪切破坏或脆性压弯破坏，导致上部倒塌；有不少中高层建筑物，因沿竖向刚度分布不合理而导致中间层破坏或倒塌。

（3）框架柱、梁和节点的震害（图 4.1）

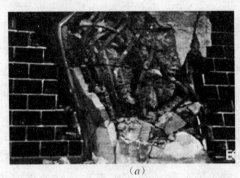

（a）　　　　　　　　　　　　（b）

图 4.1　框架柱震害示例

（a）受弯破坏；（b）短柱

未经抗震设计的框架的震害主要反映在梁柱节点区。柱的震害重于梁；柱顶震害重于柱底；角柱震害重于内柱；短柱震害重于一般柱。

1976 年唐山地震中，位于 9 度区的唐山陡河电厂主厂房框架，未经抗震设防，有 4 根框架倒塌，其余严重破坏。其中，现浇框架的柱和梁柱节点核芯区，都发生了剪切破坏，梁端出现塑性铰。

1985 年墨西哥城地震中有 143 幢框架房屋破坏。这些房屋柱较细，柱中箍筋很少，柱和梁柱节点破坏严重。

1995 年日本兵库地震中，按旧规范和新规范设计的框架均发生了柱端混凝土剪切脆性破坏及主筋屈曲而使柱完全丧失承载能力的破坏。

（4）框架砖填充墙的震害

框架中嵌砌砖填充墙，容易发生墙面斜裂缝，并沿柱周边开裂。端墙、窗间墙和门窗洞口边角部位破坏更加严重。烈度较高时墙体容易倒塌。由于框架变形属剪切型，下部层间位移大，填充墙震害呈现"下重上轻"的现象。

填充墙破坏的主要原因是，墙体受剪承载力低，变形能力小，墙体与框架缺乏有效的拉结，因此在往复变形时墙体易发生剪切破坏和散落。

（5）抗震墙的震害

在强震作用下，抗震墙的震害主要表现为墙肢之间连梁的剪切破坏。这主要是由于连梁跨度小、高度大形成深梁，在反复荷载作用下形成 X 形剪切裂缝（图 4.2），这种破坏

图 4.2　剪力墙连梁破坏

为剪切型脆性破坏，尤其在房屋 1/3 高度处的连梁破坏更为明显。其次，底部楼层的水平施工缝处易产生水平错动。1964 年美国阿拉斯加地震，一些十几层高的现浇钢筋混凝土全墙体系楼房，施工缝处多出现此类震害。

4.2 抗震设计的一般要求

总结多高层钢筋混凝土结构房屋的震害经验，抗震设计除了计算分析及采取合理的构造措施外，掌握正确的概念设计尤为重要。有关概念设计的内容在第 4 章已作了比较详细的阐述，这里主要就多高层钢筋混凝土结构房屋的一些特殊要求作些简介。

4.2.1 结构体系选择

不同的结构体系，其抗震性能、使用效果和经济指标亦不同。《建筑抗震规范》在考虑地震烈度、场地土、抗震性能，使用要求及经济效果等因素和总结地震经验的基础上，对地震区多高层房屋适用的最大高度给出了规定，如表 4.1。

钢筋混凝土高层建筑房屋的最大高宽比不宜超过表 4.2 的限值。

现浇钢筋混凝土房屋适用的最大高度（m）　　　　　　表 4.1

结构类型		烈　　　度				
		6	7	8 (0.2g)	8 (0.3g)	9
框架		60	50	40	35	24
框架－抗震墙		130	120	100	80	50
抗震墙		140	120	100	80	60
部分框支抗震墙		120	100	80	50	不应采用
筒体	框架－核心筒	150	130	100	90	70
	筒中筒	180	150	120	100	80
板柱－抗震墙		80	70	55	40	不应采用

注：1. 房屋高度指室外地面到主要屋面板板顶的高度（不包括局部突出屋顶部分）；
　　2. 框架－核心筒结构指周边稀柱框架与核心筒组成的结构；
　　3. 部分框支抗震墙结构指首层或底部两层为框支层的结构，不包括仅个别框支墙的情况；
　　4. 表中框架，不包括异形柱框架；
　　5. 板柱－抗震墙结构指板柱、框架和抗震墙组成抗侧力体系的结构；
　　6. 乙类建筑可按本地区抗震设防烈度确定其适用的最大高度；
　　7. 超过表内高度的房屋，应进行专门研究和论证，采取有效的加强措施。

钢筋混凝土高层建筑结构适用的最大高宽比　　　　　　表 4.2

结构类型	非抗震设计	设 防 烈 度		
		6 度、7 度	8 度	9 度
框架	5	4	3	—
板柱－剪力墙	6	5	4	—
框架－剪力墙、剪力墙	7	6	5	4
框架－核心筒	8	7	6	4
筒中筒	8	8	7	5

选择结构体系时层注意选择合理的基础形式及埋置深度。我国《高层规程》规定：基础埋置深度，采用天然地基时，可不小于建筑高度的 1/12；采用桩基时，可不小于建筑高度的 1/15，桩的长度不计入基础埋置深度内。当基础落在基岩上时，埋置深度可根据工程具体情况确定，可不设地下室，但应采用地锚等措施。

选择结构体系，必须注意经济指标。多高层房屋一般用钢量大，造价高，因而要尽量选择轻质高强和多功能的建筑材料，减轻自重，降低造价。

4.2.2 结构布置

结构体系确定后，结构布置应当密切结合建筑设计进行，使建筑物具有良好的体型，使结构受力构件得到合理的组合，结构体系受力性能与技术经济指标能否做到先进合理，与结构布置密切相关。

多高层钢筋混凝土结构房屋结构布置的基本原则是：①结构平面应力求简单规则，结构的主要抗侧力构件应对称均匀布置，尽量使结构的刚心与质心重合，避免地震时引起结构扭转及局部应力集中。②结构的竖向布置，应使其质量沿高度方向均匀分布，避免结构刚度突变，并应尽可能降低建筑物的重心，以利结构的整体稳定性。③合理地设置变形缝。④加强楼屋盖的整体性。⑤尽可能做到技术先进，经济合理。

（1）框架结构布置

框架结构主要用于 10 层以下的住宅、办公及各类公共建筑与工业建筑。常见的框架柱网形式有方格式与内廊式两类，见图 4.3。

为抵抗不同方向的地震作用，承重框架直双向设置。楼电梯间不宜设在结构单元的两端及拐角处，因为单元角部扭转应力大，受力复杂，容易造成破坏。

框架刚度沿高度不宜突变，以免造成薄弱层。同一结构单元宜将框架梁设置在同一标高处，尽可能不采用复式框架，避免出现错层和夹层，造成短柱破坏。出屋面小房间不要做成砖混结构，可将框架柱延伸上去或做钢木轻型结构，以防鞭端效应造成结构破坏。

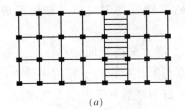　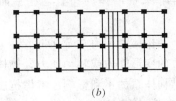

(a)　　　　　　　　　　　　　*(b)*

图 4.3　常见框架柱网

地震区的框架结构，应设计成延性框架，遵守"强剪弱弯"、"强节点"、"强锚固"等设计原则。柱截面不宜过小，应满足结构侧移变形及轴压比的要求。梁与柱轴线宜重合；不能重合时其最大偏心距不宜大于柱宽的 1/4。

在确定框架结构结构方案的同时，应初步确定框架梁柱的截面尺寸和材料强度等级。框架柱截面的尺寸往往是由结构的侧移要求决定的，但结构侧移需在结构地震反应确定后方可求得，故通常根据工程经验并通过对柱子轴压比等控制值初步确定柱截面尺寸。梁截面尺寸一般依挠度要求取 $h = (1/14 \sim 1/8) l$，$b = (1/3 \sim 1/2) h$。

抗震试验表明，对截面面积相同的梁，当梁的宽高比 b/h 较小时，混凝土能承担的剪力有较大降低，例如 $b/h<0.25$ 的无箍筋梁，约比方形截面梁降低 40％左右。同时梁越高，梁的刚度越大，地震时往中轴力增加，也加大了柱的轴压比。为此框架梁的截面宽度与高度之比应符合式（4.1）的要求：

$$b/h \geqslant 0.25 \tag{4.1}$$

且 b 不宜小于 200mm，也不宜小于 1/2 柱宽度。

跨高比小于 4 的梁极易发生斜裂缝破坏。在这种梁上，一旦形成主斜裂缝后，构件承载能力急剧下降，呈现极差的延性性能。因而梁的跨高比应满足：

$$l_n/h \geqslant 4 \tag{4.2}$$

采用宽扁梁时，楼板宜现浇；宽扁梁的截面尺寸应符合下列规定，并应满足挠度和裂缝宽度要求：

$$b_b \leqslant 2b_c \tag{4.3a}$$

$$b_b \leqslant h_c + h_b \tag{4.3b}$$

$$h_b \geqslant 16d \tag{4.3c}$$

式中　　　b_b——柱截面宽度，对圆形截面取直径的 0.8 倍；

b_b、h_b——分别为梁截面的宽度和高度；

d——柱纵筋直径；

h_c——柱截面高度，对圆形截面取直径的 0.8 倍。

框架柱的截面尺寸，应符合下列要求：①柱截面的宽度和高度均不宜小于 300mm；②柱剪跨几宜大于 2；③柱截面宽高比不宜大于 3。

框架结构中，非承重墙体的材料、选型和布置，应根据烈度、房屋高度、建筑体型、结构层间变形、墙体抗侧力性能的利用等因素，经综合分析后确定。应优先采用轻质墙体材料，刚性非承重墙体的布置，在平面和竖向的布置宜均匀对称，避免形成薄弱层或短柱。

墙体与结构体系应有可靠的拉结，应能适应不同方向的层间位移；8、9 度时应有满足层间变位的变形能力或转动能力。砌体填充墙宜与梁柱轴线位于同一平面内，应采取措施减少对结构体系的不利影响。考虑抗震设防时，宜与柱脱开或采用柔性连接。

（2）框架－抗震墙结构布置

框架－抗震墙结构是由框架和抗震墙结合而共同工作的结构体系，兼有框架和抗震墙两种结构体系的优点。既具有较大的空间，又具有较大的抗侧刚度。多用于 10～20 层的房屋。图 4.4 为框架－抗震墙结构平面布置示意。

框架－抗震墙结构布置中的关键问题是抗震墙的布置，其基本原则是：

①抗震墙在结构平面的布置应对称均匀，避免结构刚心与质心有较大的偏移。

②抗震墙应沿结构的纵横向设置，且纵横向抗震墙直相互联合组成 T 形 L 形、十字形等刚度较大的截面，以提高抗震墙的利用效率。

③抗震培与柱中线直重合，当不能重合时，柱中线与抗震墙中线之间偏心距不宜大于柱宽的 1/4。

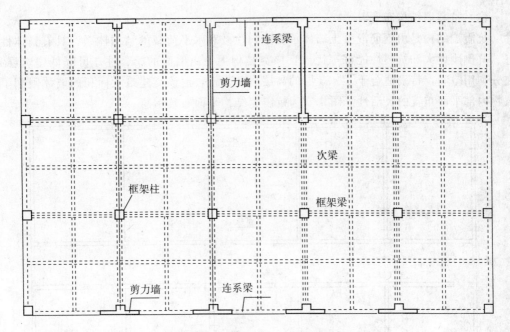

图 4.4 框架-抗震墙结构

④抗震墙应尽可能靠近房屋平面的端部，但不宜布置在外墙。

⑤抗震墙应设置在墙面不需要开大洞口的位置，开洞口时应上下对齐，一、二级抗震墙的联肢墙的洞口不应采用弱连系梁。

⑥抗震墙宜贯通全高，沿竖向截面不宜有较大突变，以保证结构竖向的刚度基本均匀。

抗震墙的数量以能满足结构的侧移变形为原则，不宜过多，以免结构刚度过大，增加结构的地震反应。抗震墙的间距应能保证楼、屋盖有效地传递地震剪力给抗震墙。《抗震规范》要求，框架-抗震墙结构和板柱-抗震墙结构中抗震墙之间无大洞口的楼、屋盖的长宽比不宜超过表 4.3 的规定，符合该规定的楼盖可近似按刚性楼盖考虑；超过上述规定时，应考虑楼盖平面内变形的影响。

抗震墙之间楼屋盖的长宽比 表 4.3

楼、屋盖类型		设防烈度			
		6	7	8	9
框架-抗震墙结构	现浇或叠合楼、屋盖	4	4	3	2
	装配整体式楼、屋盖	3	3	2	不宜采用
板柱-抗震墙结构的现浇楼、屋盖		3	3	2	—
框支层的现浇楼、屋盖		2.5	2.5	2	—

框架-抗震墙来用装配式楼、屋盖时，应采取措施保证楼、屋盖的整体性及其与抗震墙的可靠连接。采用配筋整浇层时，厚度不宜小于 50mm。

框架-抗震墙结构中的抗震墙基础和部分框支抗震墙结构的落地抗震墙基础，应有良好的整体性和抗转动能力。

（3）抗震墙结构布置

抗震墙结构是由钢筋混凝土墙体承受竖向荷载和水平荷载的结构体系，具有整体性能好、抗倒刚度大和抗震性能好等优点，该类结构无突出墙面的梁、柱，可降低建筑层高，充分利用空间，特别适合于20～3层的高层居住建筑，但该类建筑大面积的墙体限制了建筑物内部平面布置的灵活性。图4.5为抗震墙结构平面布置示意。

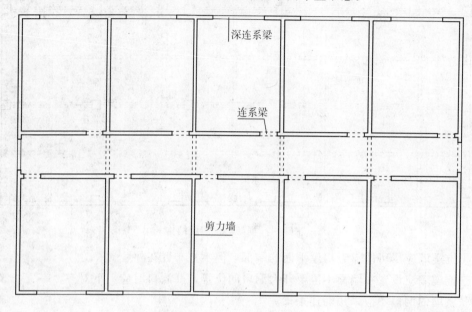

图4.5　抗震墙平面布置

抗震墙结构的布置除了应注意平面与竖向的均匀外，尚应注意：

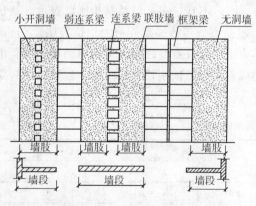

图4.6　抗震墙的墙段和墙肢

①较长的抗震墙宜开洞口设置弱连系梁，将一道抗震墙分成较匀匀的若干墙段（包括小开洞墙及联肢墙），各墙段的高宽比不应小于2（图4.6），并应保证墙肢由受弯承载力控制，靠近中和轮的竖向分布钢筋在破坏时能充分发挥其强度，以提高结构的变形能力。

②抗震墙有较大洞口时，洞口位置直上下对齐，以形成明确的墙肢与连系梁，保证结构受力合理、有良好的抗震性能。一、二级抗震墙底部加强部位不宜有错洞墙。

③为了在抗震墙结构的底层获得较大空间以满足使用要求，一部分抗震墙不落地而由框架支承，这种底部框支层是结构的薄弱层，在地震作用下可能产生塑性变形的集中，导致首先破坏甚至倒塌，因此应限制框支层刚度和承载力的过大削弱，以提高房屋整体的抗震能力。《抗震规范》规定，部分框支抗震墙结构的框支层，其抗震墙的截面面积不应小于相邻上层抗震墙截面面积的50%，框支层落地抗震墙间距不宜大于24m；

④底部两层框支抗震墙结构的布置直对称，且它设置抗震墙筒体。

⑤落地抗震墙之间楼盖长宽比不应超过表4.3规定的数值。

（4）防震缝布置

震害调查表明，设有防震缝的建筑，地震时由于缝宽不够，仍难免使相邻建筑发生局部碰撞，建筑装饰也易遭破坏。但防震缝宽度过大，又给立面处理和抗震构造带来困难，故多高层钢筋混凝土结构房屋，宜选用合理的建筑结构方案而避免设置防抗震缝。当建筑平面突出部分较长，结构刚度及荷载相差悬殊或房屋有较大错层时，可设置防震缝。

设置抗震缝时，缝的最小宽度应符合以下要求：

1）框架结构（包括设置少置抗震墙的框架结构）房屋的防震缝宽度，当高度不超过15m时不应小于100mm；高度超过15m时，6度、7度、8度和9度分别每增加高度5m、4m、3m和2m，宜加宽20mm；

2）框架－抗震墙结构房屋的防震缝宽度不应小于1）项规定数值的70%，抗震墙结构房屋的防震缝宽度不应小于1）项规定数值的50%；且均不宜小于100mm；

3）防震缝两侧结构类型不同时，宜按需要较宽防震缝的结构类型和较低房屋高度确定缝宽。

8、9度框架结构房屋防震缝两侧结构层高相差较大时，防震缝两侧框架柱的箍筋应沿房屋全高加密，并可根据需要在缝两侧沿房屋全高各设置不少于两道垂直于防震缝的抗撞墙。抗撞墙的布置宜避免加大扭转效应，其长度可不大于1/2层高，抗震等级可同框架结构；框架构件的内力应按设置和不设置抗撞墙两种计算模型的不利情况取值。

4.2.3 抗震等级

抗震等级是结构构件抗震设防的标准，钢筋混凝土房屋应根据烈度、结构类型和房屋高度采用不同的抗震等级，并应符合相应的计算、构造措施和材料要求。抗震等级的划分考虑了技术要求和经济条件，随着设计方法的改进和经济水平的提高，抗震等级亦将相应调整。抗震等级共分为四级，它体现了不同的抗震要求，其中一级抗震要求最高。

丙类多层及高层钢筋混凝土结构房屋的抗震等级划分见表4.4。

丙类多层及高层钢筋混凝土结构房屋的抗震等级 表4.4

结构类型		设防烈度							
		6		7			8		9
框架结构	高度	≤24	>24	≤24		>24	≤24	>24	≤24
	框架	四	三	三		二	二	一	一
	大跨度框架	三		二			一		一
框架－抗震墙结构	高度（m）	≤60	>60	≤24	25～60	>60	≤24	25～60	>60	≤24	25～50
	框架	四	三	四	三	二	三	二	一	二	一
	抗震墙	三		三		二	二		一	一	
抗震墙结构	高度（m）	≤80	>80	≤24	25～80	>80	≤24	25～80	>80	≤24	25～60
	抗震墙	四	三	四	三	二	三	二	一	二	一

结构类型			设防烈度						
			6		7			8	9
部分框支抗震墙结构	高度（m）		≤80 / >80		≤24	25~80	>80	≤24 / 25~80	／
	抗震墙	一般部位	四 / 三		四	三	二	三 / 二	／
		加强部位	三 / 二		三	二	一	二 / 一	／
	框支层框架		二		二		一	一	／
框架—核心筒结构	框架		三					二	一
	核心筒		二					二	一
筒中筒结构	外筒		三					二	一
	内筒		三					二	一
板柱—抗震墙结构	高度（m）		≤35 / >35		≤35	>35		≤35 / >35	／
	框架、板柱的柱		三 / 二		二	二		二 / 一	／
	抗震墙		二 / 二		二	二		二 / 二	／

其他类建筑采取的抗震措施应按有关规定和表 4.4 确定对应的抗震等级。由表 4.4 可见，在同等设防烈度和房屋高度的情况下，对于不同的结构类型，其次要抗侧力构件抗震要求可低于主要抗侧力构件，即抗震等级低些。如框架—抗震墙结构中的框架，其抗震要求低于框架结构中的框架；相反，其抗震墙则比抗震墙结构有更高的抗震要求。框架—抗震墙结构中，当取基本振型分析时，若抗震墙部分承受的地震倾覆力矩不大于结构总地震倾覆力矩的 50%，考虑到此时抗震墙的刚度较小，其框架部分的抗震等级应按框架结构划分。

另外，对同一类型结构抗震等级的高度分界，《抗震规范》主要按一般工业与民用建筑的层高考虑，放对层高特殊的工业建筑应酌情调整。设防烈度为 6 度、建于Ⅰ~Ⅱ类场地上的结构，不需做抗震验算但需按抗震等级设计截面，满足抗震构造要求。

不同场地对结构的地震反应不同，通常Ⅳ类场地较高的高层建筑的抗震构造措施与Ⅰ~Ⅱ类场地相比应有所加强，而在建筑抗震等级的划分中并未引入场地参数，没有以提高或降低一个抗震等级来考虑场地的影响，而是通过提高其他重要部位的要求（轴压比、柱纵筋配筋率控制；加密区箍筋设置等）来加以考虑。

4.3 框架内力与位移计算

结构计算考虑地震作用时，一般可不考虑风荷载的影响。整个设计步骤如图 4.7 所示。

结构抗震计算的内容一般包括：①结构动力特性分析，主要是结构自振周期的确定；②结构地震反应计算，包括常遇烈度下的地震荷载与结构侧移；③结构内力分析；④截面抗震设计等。

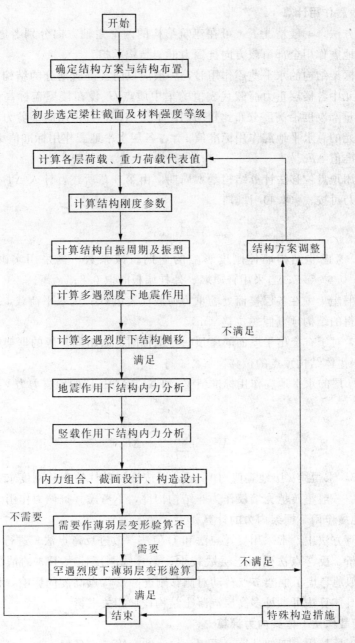

图 4.7 设计步骤框图

随着计算机的普及及结构 CAD 技术的发展，目前我国工程界结构抗震计算基本上实现了电算化。在这些电算方法中，一般将结构简化为质量集中于楼层的多质点体系，运用经典力学的有关原理进行相关计算。如结构动力特性分析乃基于结构动力学的基本原理，通过求解结构振动特征方程求得；结构地震反应计算一般基于反应港理论，运用振型分解法确定；结构内力分析则运用结构矩阵位移法计算。有关这方面的内容请参阅有关力学专著及相关计算软件技术条件说明。

4.3.1 水平地震作用计算

作为手算方法，一般情况下，可在建筑结构的两个主轴方向分别考虑水平地震作用，各方向的水平地震作用全部由该方向抗倒力框架结构承担。

计算多层框架结构的水平地震作用时，一般应以防震缝所划分的结构单元作为计算单元，在计算单元中各楼层重力荷载代表值的集中质点 G_i 设在楼屋盖标高处。对于高度不超过 40m、质量和刚度沿高度分布比较均匀的框架结构，可采用底部剪力法按第 3 章所述原则分别求单元的总水平地震作用标准值 F_{Ek}、各层水平地震作用标准值 F_i 和顶部附加水平地震作用标准值 ΔF_n。

一般多采用顶点位移法计算结构基本周期。由第 3 章所述，计入 ΔT 的影响，框架结构的基本周期乃可按式（4.4）计算：

$$\Delta T_1 = 1.7\varphi_T \sqrt{u_T} \tag{4.4}$$

式中　　ΔT——考虑非结构墙体刚度影响的周期折减系数，当采用实砌填充砖墙时取
0.6~0.7；当采用轻质墙、外挂墙板时取 0.8；

u_T——假想集中在各层楼面处的重力荷载代表值 G_i；为水平荷载，按弹性方法所求得的结构顶点假想位移（m）。

应该指出，对于有突出于屋面的屋顶间（电梯间、水箱间）等的框架结构房屋，结构假想位移 u_T 指主体结构顶点的位移。

当已知第 j 层的水平地震作用标准值 V_j 和 ΔF_n，第 i 层的地震剪力 V_i 按式（4.5）计算：

$$V_i = \sum_{j=i}^{n} F_j + \Delta F_n \tag{4.5}$$

按式（4.5）求得第 i 层地震剪力 V_i 后，再按该层各柱的侧移刚度求其分担的水平地震剪力标准值。一般将砖填充墙仅作为非结构构件，不考虑其抗侧力作用。

4.3.2 水平地震作用下框架内力的计算

在工程手算方法中，常采用反弯点法和 D 值法（改进反弯点法）进行水平地震作用下框架内力的分析。反弯点法适用于层数较少、梁柱线刚度比大于 3 的情况，计算比较简单。D 值法近似地考虑了框架节点转动对侧移刚度和反弯点高度的影响，比较精确，应用比较广泛。其具体算法可参见多高层混凝土结构设计相关书籍。

4.3.3 竖向荷载作用下框架内力计算

竖向荷载下框架内力近似计算可采用分层法和弯矩二次分配法。

分层法，就是将该层梁与上下柱组成计算单元。每单元按双层框架计算其内力。每层只承受该层竖向荷载，不考虑其他各层荷载的影响。由于各个单元上、下柱的远端并不是固定端，而是弹性嵌固的，故在计算简图中除底层外其他各层柱的线刚度均乘以折减系数 0.9，因此柱的弯矩传递系数也相应地由 1/2 改为 1/3。

用弯矩分配法逐层计算各单元框架的弯矩，叠加起来即为整个框架的弯矩。每一层往的最终弯矩由上、下层单元框架所得弯矩叠加。对节点处不平衡弯矩较大的可再分配一次，但不再传递。

弯矩二次分配法，就是将各节点的不平衡弯矩，同时作分配和传递。第一次按梁柱线

刚度分配固端弯矩，将分配弯矩传递一次（传递系数均为1/2），再作一次弯短分配即可。

4.3.4 竖向荷载下的梁端弯矩调幅

由于钢筋混凝土结构具有塑性内力重分布性质，在竖向荷载下可以考虑适当降低梁端弯矩，进行调幅，以减少负弯矩钢筋的拥挤现象。对于现浇框架，调幅系数 β 可取 $0.8\sim0.9$；装配整体式框架由于节点的附加变形，可取 $\beta=0.7\sim0.8$。将调幅后的梁端弯矩叠加简支梁的弯短，则可得到梁的跨中弯矩。

支座弯矩调幅降低后，梁跨中弯矩应相应增加，且调幅后的跨中弯短不应小于简支情况下跨中弯矩的 50%。如图 4.8。

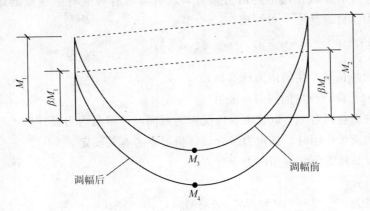

图 4.8　竖向荷载下的弯矩调幅

跨中弯矩为：

$$M_4 = M_3 + \left[\frac{1}{2}(M_1 + M_2) - \frac{1}{2}(\beta M_1 + \beta M_2) \right] \tag{4.6}$$

只有竖向荷载作用下的梁端弯矩可以调幅，水平荷载作用下的梁端弯短不能考虑调幅。因此，必须先将竖向荷载作用下的梁端弯矩调幅后，再与水平荷载产生的梁端弯矩进行组合。

4.3.5 竖向活荷载的最不利布置

据统计，国内高层民用建筑重力荷载约 $12\sim15\text{kN/m}^2$，其中活荷载约为 2kN/m^2 左右，所占比例较小，其不利布置对结构内力的影响并不大。因此，当活荷载不很大时，可按全部满载布置。这样，可不考虑框架的侧移，以简化计算。当活荷载较大时，可将跨中弯矩乘以 $1.1\sim1.2$ 系数加以修正，以考虑活荷载不利布置对跨中弯矩的影响。

4.3.6 内力组合

通过框架内力分析，获得了在不同荷载作用下产生的构件内力标准值。进行结构设计时，应根据可能出现的最不利情况确定构件内力设计值，进行截面设计。在框架抗震设计时，一般应考虑以下两种基本组合。

（1）地震作用效应与重力荷载代表值效应的组合

抗震设计第一阶段的任务，是在多遇地震作用下使结构有足够的承载力。此时，除地震作用外，还认为结构受到重力荷载代表值和其他活荷载的作用。当只考虑水平地震作用与重力荷载代表值时，其内力组合设计值 S 可写成：

$$S = 1.2S_{GE} + 1.3S_{Eh} \tag{4.7}$$

式中　S_{GE}——相应于水平地震作用下重力荷载代表值效应的标准值；

　　　S_{Eh}——水平地震作用效应的标准值。

（2）竖向荷载效应，包括全部恒荷载与活荷载的组合

无地震作用时，结构受到全部恒荷载和活荷载的作用。考虑到全部竖向荷载一般比重力荷载代表值要大，且计算承载力时不引入承载力抗震调整系数。这样，就有可能出现在正常竖向荷载下所需的构件承载力要大于水平地运作用下所需要的构件承载力的情况。因此，应进行正常竖向荷载作用下的内力组合，这种组合有可能对某些截面设计起控制作用。此时，内力组合设计值 S 可写成：

$$S = 1.2S_G + 1.4S_Q \tag{4.8}$$

式中　S_G——由恒荷载产生的内力标准值；

　　　S_Q——由活荷载产生的内力标准值。

在上述两种荷载组合中，取最不利情况作为截面设计用的内力设计值。当需要考虑竖向地震作用或风荷载作用时，其内力组合设计值可参考有关规定。

现以框架梁、柱为例，说明内力组合方法。

（1）梁的组合内力

支座负弯矩为：$-M = -(1.2M_G + 1.3M_E)$

支座正弯矩为：$+M = 1.3M_E - 1.2M_G$

跨间正弯矩取 $+M = M_{GE}$ 或 $+M = 1.2M'_{G中} + 1.4M_{Q中}$ 进行截面配筋，取大值。

梁瑞剪力为：$V = (1.2V_G + 1.3V_E)$

式中　　　M_E、V_E——水平地震作用下梁的支座弯矩和剪力；

　　　　　M_G、V_G——重力荷载代表值作用下梁的支座弯短和剪力；

　　　$M'_{G中}$、$M'_{Q中}$——永久、可变荷载标准值作用下梁跨间最大正弯矩；

　　　　　　$M_{Q中}$——梁跨间在重力荷载与地震作用共同作用下的最大弯矩。

当梁上仅有均布荷载时，可采用数解法计算 M_G。（图4.9）。

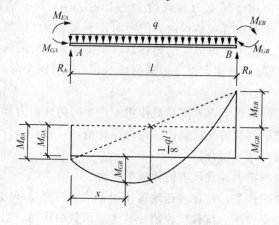

图4.9　框架梁的内力组合

当地震作用自左至右时，可写出高左端点为 x 位置截面的弯矩方程为：

$$M_x = R_A x - qx^2/2 - M_{GA} + M_{EA} \qquad \bullet \qquad (4.9)$$

由 $dM_x/dx = 0$ 解得跨中最大弯矩离 A 支座距离为：

$$x = R_A/q$$

代入上式得

$$M_x = R_A x - qx^2/2 - M_{GA} + M_{EA}$$

式中 R_A——梁在 q、M_G、M_E 作用下左端点的反力。

（2）柱的组合内力

以横向地震作用效应为例，单向偏心受压时，

$$\left. \begin{array}{l} M_x = 1.2M_G + 1.3M_E \\ N = 1.2N_G + 1.3N_E \end{array} \right\}$$

$$\left. \begin{array}{l} M_y = 1.2M'_G + 1.4M_Q \\ N = 1.2N'_G + 1.4N_Q \end{array} \right\}$$

式中 M'_G、N'_G——永久荷载标准值作用下的弯矩、轴力；

M_Q、N_Q——可变荷载标准值作用下的弯矩、轴力。

按上述两种组合求截面配筋，取大值。

双向偏心受压，是由于框架柱在两个主轴方向均承受弯矩而引起的，例如当考虑沿 X 方向有地震作用时，柱内力应考虑以下组合：

$$\left. \begin{array}{l} M_x = 1.2M_{Gx} + 1.3M_{Ey} \\ M_y = 1.2M_{Gy} \\ N = 1.2N_G + 1.3N_E \end{array} \right\}$$

$$\left. \begin{array}{l} M_x = 1.2M'_{Gx} + 1.4M_{Qx} \\ M_y = 1.2M'_{Gy} + 1.4M_{Qy} \\ N = 1.2N'_G + 1.4N_Q \end{array} \right\}$$

按两组内力组合进行双偏压验算或配筋，取不利者。式中角标 x、y 代表平面中两个主轴方向。

根据上述各项要求所确定的组合内力设计值，在满足了内力调整要求以后，即可按现行《混凝土结构设计规范》进行梁柱截面承载力验算。应注意，考虑地震荷载组合时，构件承载力设计值应除以承载力抗震调整系数。

4.3.7 框架结构位移验算

位移计算是框架结构抗震计算的一个重要方面。前已述及，框架结构的构件尺寸往往决定于结构的侧移变形要求。按照我国《抗震规范》二阶段三水准的设计思想，框架结构应进行两方面的侧移验算：①多遇地震作用下层间弹性位移的计算，对所有框架都应进行此项计算；②罕遇地震下层间弹塑性位移验算，一般仅对非规则框架需进行此项计算。

（1）多遇地震作用下层间弹性位移的计算

多遇地震作用下，框架结构的层间弹性位移，可依 D 值法按式（4.10）进行计算：

$$\Delta u_e = \frac{V_i}{\sum_{j=1}^{n} D_i} \tag{4.10}$$

多遇地震作用下的框架结构层间弹性位移，应满足式（4.11）的要求：

$$\Delta u_e \leqslant [\theta_e] h_i \tag{4.11}$$

式中　　Δu_e——多遇地震作用下的标准值产生的弹性层间位移，计算时，各作用分项系数均应采用 1.0，钢筋混凝土构件可取弹性刚度；

　　　　$[\theta_e]$——层间弹性位移角限值，可采用 $\frac{1}{550}$；

　　　　h_i——层高。对于装配整体式框架，考虑节点刚度降低对测移的影响，应将计算所得的 Δu_e 增加 20%。

（2）罕遇地震作用下层间弹塑性位移验算

研究表明，结构进入弹塑性阶段后变形主要集中在薄弱层。因此，《抗震规范》规定对于楼层屈服承载力系数 ξ_y 小于 0.5 的框架结构，尚需进行罕遇地震作用下结构薄弱层弹塑性变形计算。计算包括确定薄弱层位置、薄弱层层间弹塑性位移计算和验算是否满足弹塑性位移限值等，具体计算方法如第 3 章所述。

4.4　钢筋混凝土框架结构构件设计

4.4.1　框架梁截面设计

众所周知，框架结构的合理屈服机制是在梁上出现塑性铰。但在梁端出现塑性铰后，随着反复荷载的循环作用，剪力的影响逐渐增加，剪切变形相应加大。因此，既允许塑性铰在梁上出现又不要发生梁剪切破坏，同时还要防止由于梁筋屈服渗入节点而影响节点核芯区的性能，这就是对梁端抗震设计的基本要求。具体说来，即

①梁形成塑性铰后仍有足够的受剪承载力；

②梁筋屈服后，塑性铁区段应有较好的延性和耗能能力；

③妥善地解决梁筋锚固问题。

（1）框架梁抗剪承载力验算

①梁剪力设计值

为了使梁端有足够的抗剪承载力，实现"强剪弱弯"的设计思想，应充分估计框架梁端实际配筋达到屈服并产生超强时有可能产生的最大剪力。《抗震规范》规定：对于抗震等级为一、二、三级的框架梁端剪力设计值，应按式（4.12）进行调整：

$$V = \eta_{vb}(M_b^l + M_b^r)/l_n + V_{Gb} \tag{4.12}$$

$$V = 1.1(M_{bua}^l + M_{bua}^r)/l_n + V_{Gb} \tag{4.13}$$

式中　　　　　V——梁截面组合的剪力设计值；

　　　　M_b^l，M_b^r——分别为梁左右端反时针或顺时针方向组合的弯矩设计值，一级框架

两端均为负弯矩时，绝对值较小端的弯矩取零；

l_n——梁的净跨；

V_{Gb}——梁上重力荷载代表值（9 度时高层建筑还应包括竖向地震作用标准值）作用下，按简支梁分析的梁端截面剪力设计值；

M_{bua}^l，M_{bua}^r——分别为梁左右端反时针或顺时针方向根据实际钢筋面积（考虑受压筋和相关楼板钢筋）和材料强度标准值计算的正截面抗震受弯承载力所对应的弯矩值；

η_{vb}——梁端剪力增大系数，一级为 1.3，二级为 1.2，三级为 1.1。

②剪压比限值

剪压比是截面上平均剪应力与混凝土轴心抗压强度设计值的比值，以 V/f_cbh_0 表示，用以说明截面上承受名义剪应力的大小。

梁塑性铰区的截面剪应力大小对梁的延性、耗能及保持梁的刚度和承载力有明显影响。根据反复荷载下配箍率较高的梁剪切试验资料，其极限剪压比平均值约为 0.24。当剪压比大于 0.30 时，即使增加配箍，也容易发生斜压破坏。

为了保证梁截面不至于过小，使其不产生过高的主压应力，规范规定：对于跨高比大于 2.5 的框架梁，其截面尺寸与剪力设计值应符合式（4.14）的要求：

$$V \leqslant \frac{1}{\gamma_{RE}}(0.2f_cbh_0) \tag{4.14}$$

根据工程实践经验，一般受弯构件当截面尺寸满足此要求时，可以防止在使用荷载下出现过宽的斜裂缝。

对于跨高比不大于 2.5 的框架梁，其截面尺寸与剪力设计值应符合式（4.15）的要求：

$$V \leqslant \frac{1}{\gamma_{RE}}(0.15f_cbh_0) \tag{4.15}$$

③梁斜截面受剪承载力

与非抗震设计类似，梁的受剪承载力可归结为由混凝土和抗剪钢筋两部分组成。但是在反复荷载作用下，混凝土的抗剪作用将有明显的削弱，其原因是梁的受压区混凝土不再完整，斜裂缝的反复张开与闭合，使骨料咬合作用下降，严重时混凝土将剥落。根据试验资料，在反复荷载下梁的受剪承载力比静载下约低 20%～40%。《混凝土结构设计规范》规定，对于矩形、T 形和 I 字形截面的一般框架梁，斜截面受剪承载力应按式（4.16）验算：

$$V_b \leqslant \frac{1}{\gamma_{RE}}\left(0.42f_tbh_0 + 1.2f_{yv}\frac{A_{sv}}{S}h_0\right) \tag{4.16}$$

$$V_b \leqslant \frac{1}{\gamma_{RE}}(0.2\beta_cf_cbh_0) \tag{4.17}$$

式中　β_c——混凝土强度影响系数，当混凝土强度等级不超过 C50 时，β_c 取为 1.0，当混凝土强度等级为 C80 时，β_c 取为 0.8，其间按线性内插法确定；

f_{yv}——箍筋抗拉强度设计值；

A_{sy}——同一截面箍筋各肢的全部截面面积；

γ_{RE}——承载力抗震调整系数，一般取 0.85；对于一、二级框架短梁，取 1.0。

对集中荷载作用下的框架梁（包括有多种荷载，且集中荷载对节点边缘产生的贾占总剪力值的 75％ 以上的情况），其斜截面受剪承载力应按下式验算：

$$V_b \leqslant \frac{1}{\gamma_{RE}} \left(\frac{1.05}{\lambda+1} f_t b h_0 + f_{yv} \frac{A_{sy}}{S} h_0 \right) \tag{4.18}$$

式中　γ_{RE}——取为 0.85；

　　　λ——梁的剪跨比，当 $\lambda > 3$ 时，取 $\lambda = 3$；当 $\lambda < 1.5$ 时，取 $\lambda = 1.5$。

（2）提高梁延性的措施

由于影响地震作用和结构承载能力的因素十分复杂，人们对地震破坏的机理尚不十分清楚，对之目前还难以做出精细的计算与评估。在不可能进行大规模地震模拟试验的情况下，从大量的震害调查中总结经验，提出合理的抗震措施，以提高结构的抗地震能力，往往较之截面计算更显得重要。

另一方面，从我国《建筑抗震规范》"二阶段三水准"的设防原则来看，前面的地震反应计算及截面承载力计算，仅仅解决了众值烈度下第一水准的设防问题，对于基本烈度下的非弹性变形及罕遇烈度下的防倒塌问题，尚有赖于合理的概念设计及正确的构造措施。

对钢筋混凝土框架结构来说，构造设计的目的，主要在于保证结构在非弹性变形阶段有足够的延性，使之能吸收较多的地震能量。因此在设计中应注意防止结构发生剪切破坏或混凝土受压区脆性破坏。

试验和理论分析表明，影响梁截面延性的主要因素有梁的截面尺寸、纵向钢筋配筋率、剪压比、配箍率、钢筋和混凝土的强度等级等。

①梁截面尺寸

在地震作用下，梁端塑性铰区混凝土保护层容易剥落。如果梁截面宽度过小则截面损失比例较大，故一般框架梁宽度不宜小于 200mm。为了对节点核芯区提供约束以提高节点受剪承载力，梁宽不宜小于柱宽的 1/2。狭而高的梁不利混凝土约束，也会在梁刚度降低后引起侧向失稳，故梁的高宽比不宜大于 4。另外，梁的塑性铰区发展范围与梁的跨高比有关，当跨高比小于 4 时，属于短梁，在反复弯剪作用下，斜裂缝将沿梁全长发展，从而使梁的延性及承载力急剧降低。所以，《建筑抗震规范》规定，梁净跨与截面高度之比不宜小于 4。

②梁纵筋配筋率

试验表明，当纵向受拉钢筋配筋率很高时，梁受压区的高度相应加大，截面上受到的压力也大。在弯矩达到峰值时，弯短—曲率曲线很快出现下降（图 4.10）；但当配筋率较低时，达到弯矩峰值后能保持相当长的水平段，因而大大提高了梁的延性和耗散能量的能力。因此，梁的变形能力随截面混凝土受压区的相对高度 ξ 的减小而增大。当 $\xi = 0.20 \sim 0.35$ 时，梁的位移延性可达 3～4。控制梁受压区高度，也就控制了梁的纵向钢筋配筋率。《抗震规范》规定，截面相对受压区高度（可考虑受压钢筋影响），一级框架梁不应大于 0.25，二、三级框架梁不应大于 0.35，且梁端纵向受拉钢筋的配筋率均不应大于 2.5％。

限制受拉配筋率是为了避免剪跨比较大的梁在未达到延性要求之前，梁端下部受压区混凝土过早达到极限压应变而破坏。

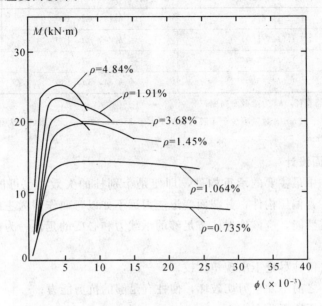

图 4.10 纵向受拉配筋率对截面延性的影响

③梁纵筋配置

梁端截面上纵向受压钢筋与纵向受拉钢筋保持一定的比例，对梁的延性也有较大的影响。其一，一定的受压钢筋可以减小混凝土受压区高度；其二，在地震作用下，梁端可能会出现正弯矩，如果梁底面钢筋过少，梁下部破坏严重，也会影响梁的承载力和变形能力。所以在梁端箍筋加密区，受压钢筋面积和受拉钢筋面积的比值，一级不应小于0.5，二、三级不应小于0.3。在计算该截面受压区高度时，由于受压钢筋在梁铰形成时呈现不同程度的压曲失效，一般可按受压钢筋面积的60%且不大于同截面受拉钢筋的30%考虑。

考虑到地震弯短的不确定性，梁顶面和底面应配置一定的通长钢筋，对于一、二级抗震等级不应小于2Φ14，且分别不应小于梁两端顶面和底面纵向配筋中较大截面面积的1/4，三、四级不应小于2Φ12。

一、二级框架梁内贯通中柱节点的每根纵向钢筋直径，分别不宜大于柱在该方向截面尺寸的1/25和1/20。

④梁端箍筋加密

在梁端预期塑性铰区段加密箍筋，可以起到约束混凝土，提高混凝土变形能力的作用，从而可获得提高梁截面转动能力，增加其延性的效果。《抗震规范》对梁端加密区的范围和构造要求所作的规定详见表4.5。《抗震规范》还规定，当梁端纵向受拉钢筋配筋率大于2%时，表4.5中箍筋最小直径数值应增大2mm；加密区箍筋肢距，一级不宜大于200mm和20倍箍筋直径的较大值，二、三级不宜大于250mm和20倍箍筋直径的较大值，四级不应大于300mm。

在梁端箍筋加密区内，一般不宜设置纵筋接头。

梁端箍筋加密区的长度、箍筋的最大间距和最小直径 表 4.5

抗震等级	加密区长度（采用较大值）（mm）	箍筋最大间距（采用最小值）（mm）	箍筋最小直径（mm）
一	$2h_b$，500	$h_b/4$，$6d$，100	10
二	$1.5h_b$，500	$h_b/4$，$8d$，100	8
三	$1.5h_b$，500	$h_b/4$，$8d$，150	8
四	$1.5h_b$，500	$h_b/4$，$8d$，150	6

注：1. d 为纵向钢筋直径，h_b 为梁截面高度；

　　2. 箍筋直径大于 12mm、数量不少于 4 肢且肢距不大于 150mm 时，一、二级的最大间距允许适当放宽，但不得大于 150mm。

4.4.2 框架柱截面设计

柱是框架结构中最主要的承重构件，即使是个别柱的失效，也可能导致结构全面倒塌；另一方面，柱为偏压构件，其截面变形能力远不如以弯曲作用为主的梁。要使框架结构具有较好的抗震性能，应该确保柱有足够的承载力和必要的延性。为此，柱的设计应遵循以下设计原则：

①强柱弱梁，使柱尽量不出现塑性铰；

②在弯曲破坏之前不发生剪切破坏，使柱有足够的抗剪能力；

③控制柱的轴压比不要太大；

④加强约束，配置必要的约束箍筋。

（1）强柱弱梁

"强柱弱梁"的概念要求在强烈地震作用下，结构发生较大侧移进入非弹性阶段时，为使框架保持足够的竖向承载能力而免于倒塌，要求实现梁铰侧移机构，即塑性铰应首先在梁上形成，尽可能避免在破坏后在危害更大的柱上出现塑性铰。

为此，就承载力而言，要求同一节点上、下柱端截面极限抗弯承载力之和应大于同一平面内节点左、右梁端截面的极限抗弯承载力之和。《建筑抗震规范》规定：一、二、三级框架的梁柱节点处，除框架顶层和柱轴压比小于 0.15 外，柱端弯矩设计值应符合式（4.19）的要求：

$$\sum M_c \geqslant \eta_c \sum M_b \qquad (4.19)$$

9 度和一级框架结构尚应符合：

$$\sum M_c \geqslant 1.2 \sum M_{bua} \qquad (4.20)$$

式中　　$\sum M_c$——节点上下柱端截面顺时针或反时针方向组合的弯矩设计值之和，上下柱端的弯矩，一般情况可按弹性分析分配；

　　　　$\sum M_b$——节点左右梁端截面顺时针或反时针方向组合的弯矩设计值之和，节点左右梁端均为负弯矩时，绝对值较小一端的弯矩应取零；

　　　　$\sum M_{bua}$——节点左右梁端截面顺时针或反时针方向根据实配钢筋面积（考虑受压钢筋）和材料强度标准值计算的受弯承载力所对应的弯矩设计值之和；

　　　　η_c——框架柱端弯矩增大系数，对框架结构，一、二、三、四级可分别取 1.7、

1.5、1.3、1.2;其他结构类型中的框架,一级可取 1.4,二级可取 1.2,三、四级可取 1.1。

当反弯点不在柱高范围内时,柱端的弯矩设计值可乘以上述强柱系数。对于轴压比小于 0.15 的柱,包括顶层柱,因其具有与梁相近的变形能力,故可不必满足上述要求。

试验表明,即使满足上述强柱弱梁的计算要求,要完全避免柱中出现塑性铰仍是很困难的。对于某些柱端,特别是底层柱的底端很容易形成塑性铰。因为地震时往的实际反弯点会偏离柱的中部,使柱的某一端承受的弯短很大,超过了其权限抗弯能力。另外,地震作用可能来自任意方向,柱双向偏心受压会降低柱的承载力,而楼板钢筋参加工作又会提高梁的受弯承载力。凡此种种原因,都会使柱出现塑性铰难以完全避免。国内外研究表明,要真正达到强柱弱梁的目的,柱与梁的极限抗弯承载力之比要求在 1.60 以上。而按《抗震规范》设计的框架结构这个比值大约在 1.25 左右。因此,按式(4.19)设计时只能取得在同一楼层中部分为梁铰,部分为柱铰以及不至于在柱上、下两端同时出现铰的混合机制。故对框架柱的抗震设计还应采取其他措施,尽可能提高其极限变形能力,如限制轴压比和剪压比,加强柱端约束箍筋等。

试验研究还表明,框架底层柱根部对整体框架延性起控制作用,柱脚过早出现塑性铰将影响整个结构的变形及耗能能力。随着底层框架梁铰的出现,底层挂根部弯矩亦有增大趋势。为了延缓底层根部柱铰的发生,使整个结构的塑化过程得以充分发展,而且底层往计算长度和反弯点有更大的不确定性,故应当适当加强底层柱的抗弯能力。为此,《建筑抗震规范》规定:一、二、三、四级框架结构的底层,柱下端截面组合的弯矩设计值,应分别乘以薨增大系数 1.7、1.5、1.3 和 1.2。对其他结构的框架,其主要抗侧力构件为抗震墙,对其框架嵌固端截面,可不作要求。

《建筑抗震规范》还规定;按两个主轴方向分别考虑地震作用时,一、二级框架结构的角柱按调整后的弯矩设计值宜乘以增大系数 1.30。底层角柱下端的弯短设计值应取本规定及前述规定的较大者。

(2) 强剪弱弯——在弯曲破坏之前不发生剪切破坏

①柱剪力设计值

为防止框架柱出现剪切破坏,应充分估计到柱端出现塑性铰即达到极限抗弯承载力时有可能产生的最大剪力,并以此进行柱斜截面计算。《抗震规范》规定:对于抗震等级为一、二、三级的框架柱端剪力设计值,应按式(4.21)进行调整:

$$V = \frac{\eta_{tc}(M_c^t + M_c^b)}{H_n} \tag{4.21}$$

$$V = 1.2 \frac{(M_{cua}^t + M_{cua}^b)}{H_n} \tag{4.22}$$

式中　　　　H_n——柱的净高;

　　M_c^t,M_c^b——柱的上下端顺时针方向或反时针方向截面组合的弯矩设计值,应符合强柱弱梁和底层柱底的调整要求;

　　M_{cua}^t,M_{cua}^b——柱的上下端顺时针方向或反时针方向根据实际配筋面积、材料强度标准值和轴压力等计算的偏压抗震受弯承载力所对应的弯矩值;

η_{tb}——柱剪力增大系数，对框架结构，一、二、三、四级可分别取 1.5、1.3、1.2、1.1；其他结构类型中的框架，一级可取 1.4，二级可取 1.2；三、四级可取 1.1。

《建筑抗震规范》还规定：按两个主轴方向分别考虑地震作用时，一、二级框架结构的角柱按调整后的剪力设计值宜乘以增大系数 1.30。

②剪压比限值

剪压比是截面上平均剪应力与混凝土轴心抗压强度设计值的比值，以 V/f_cbh_0 表示，用以说明截面上承受名义剪应力的大小。

试验表明，在一定范围内可通过增加箍筋以提高构件的抗剪承载力，但作用在构件上的剪力最终要通过混凝土来传递。如果剪压比过大，混凝土就会过早地产生脆性破坏，使箍筋不能充分发挥作用。因此必须限制剪压比，实质上也就是构件最小截面尺寸的限制条件。

《规范》规定：对于剪跨比大于 2 的矩形截面框架柱，其截面尺寸与剪力设计值应符合式（4.22）的要求：

$$V \leqslant \frac{1}{\gamma_{RE}}(0.2f_cbh_0) \tag{4.23}$$

对于剪跨比不大于 2 的框架短柱其截面尺寸与剪力设计值应符合式（4.24）的要求：

$$V \leqslant \frac{1}{\gamma_{RE}}(0.15f_cbh_0) \tag{4.24}$$

③柱斜截面受剪承载力

试验证明，在反复荷载下，框架柱的斜截面破坏，有斜拉、斜压和剪压等几种破坏形态。当配箍率能满足一定要求时，可防止斜拉破坏；当截面尺寸满足一定要求时，可防止斜压破坏。而对手剪压破坏，应通过配筋计算来防止。

研究表明，影响框架柱受剪承载力的主要因素除混凝土强度外，尚有剪跨比、轴压比和配箍特征值（$\rho_{sv}f_y/f_c$）等。剪跨比越大，受剪承载力越低。轴压比小于 0.4 时，由于轴向压力有利于骨料咬合，可以提高受剪承载力；而轴压比过大时混凝土内部产生微裂缝，受剪承载力反而下降。在一定范围内，配箍越多，受剪承载力提高越多。在反复荷载下，截面上混凝土反复开裂和剥落，混凝土咬合作用有所削弱，因而构件抗剪承载力会有所降低。与单调加载相比，在反复荷载下的构件受剪承载力要降低 10%～30%，因此，《混凝土结构设计规范》规定，框架柱斜截面受剪承载力按式（4.25）计算：

$$V_c \leqslant \frac{1}{\gamma_{RE}}\left(\frac{1.05}{\lambda+1}f_tbh_0 + f_{yv}\frac{A_{sv}}{S}h_0 + 0.056N\right) \tag{4.25}$$

式中　　N——考虑地震作用组合的柱轴压比设计值，当 $N>0.3f_cbh$ 时，取 $N=.3f_cbh$；

　　　　λ——框架柱的计算剪跨比，$\lambda = M_c/(V_ch_0)$，应按柱端截面组合的弯矩计算值 M_c、对应的截面组合剪力计算值 V_c 及截面有效高度 h_0 确定，并取上下端计算结果的较大者；反弯点位于柱高中部的框架柱可按柱净高于 2 倍柱截面高度之比计算；当 $\lambda<1$，取 $\lambda=1$；当 $\lambda>3$ 时，取 $\lambda=3$；

　　　　γ_{RE}——取为 0.85。

（3）控制柱轴压比

轴压比 μ_N 是指柱组合的轴压力设计值与柱的全截面面积和混凝土轴心抗压强度设计值乘积之比值，以 $N/f_cb_ch_c$ 表示。轴压比是影响柱子破坏形态和延性的主要因素之一。试验表明，柱的位移延性随轴压比增大而急剧下降，尤其在高轴压比条件下，箍筋对柱的变形能力的影响越来越不明显。随轴压比的大小，柱将呈现两种破坏形态，即混凝土压碎而受拉钢筋并未屈服的小偏心受压破坏和受拉钢筋首先屈服具有较好延性的大偏心受压破坏。框架柱的抗震设计一般应控制在大偏心受压破坏范围。因此，必须控制轴压比。

综合考虑不同抗震等级的延性要求，对于考虑地震作用组合的各种柱轴压比限值见表4.6。Ⅳ类场地上较高的高层建筑的柱轴压比限值应适当减小。

轴压比限值　　　　　　　　　　　　　　　　　　　　　表4.6

结构类型	抗震等级			
	一	二	三	四
框架结构	0.65	0.75	0.85	0.90
框架—抗震墙、板柱—抗震墙、框架—核心筒、筒中筒	0.75	0.85	0.90	0.95
部分框支抗震墙	0.6	0.70		

注：1. 轴压比指柱组合的轴压力设计值与柱的全截面面积和混凝土轴心抗压强度设计值乘积之比值；对本规范规定不进行地震作用计算的结构，可取无地震作用组合的轴力设计值计算；

2. 表内限值适用于剪跨比大于2、混凝土强度等级不高于C60的柱；剪跨比不大于2的柱，轴压比限值应降低0.05；剪跨比小于1.5的柱，轴压比限值应专门研究并采取特殊构造措施；

3. 沿柱全高采用井字复合箍且箍筋肢距不大于200mm、间距不大于100mm、直径不小于12mm，或沿柱全高采用复合螺旋箍、螺旋间距不大于100mm、箍筋肢距不大于200mm、直径不小于12mm，或沿柱全高采用连续复合矩形螺旋箍、螺旋净距不大于80mm、箍筋肢距不大于200mm、直径不小于10mm，轴压比限值均可增加0.10；

4. 在柱的截面中部附加芯柱，其中另加的纵向钢筋的总面积不少于柱截面面积的0.8%，轴压比限值可增加0.05；此项措施与注3的措施共同采用时，轴压比限值可增加0.15，但箍筋的体积配箍率仍可按轴压比增加0.10的要求确定；

5. 柱轴压比不应大于1.05。

（4）柱内纵向钢筋配置

根据国内外270余根柱的试验资料，发现柱屈服位移角大小主要受受拉钢筋配筋率支配，并且大致随配筋率线性增大。

为了避免地震作用下柱过早进入屈服，并获得较大的屈服变形，必须满足柱纵向钢筋的最小总配筋率要求（表4.7）。总配筋率按柱截面中全部纵向钢筋的面积与截面面积之比计算。柱纵向钢筋直对称配置，截面尺寸大于400mm的柱，纵向钢筋间距不宜大于200mm。

框架柱纵向钢筋的最大总配筋率也应受到控制。过大的配筋率易产生粘结破坏并降低柱的延性。因此，对采用HRB335、HRB400级钢筋的往，总配筋率不应大于5%。一级且剪跨比不大于2的柱，其纵向受拉钢筋单边配筋率不宜大于1.2%，并应沿柱全高采用复合箍筋，以防止粘结型剪切破坏。

（5）加强柱端约束

根据震害调查，框架柱的破坏主要集中在柱端1.0～1.5倍柱截面高度范围内。加密柱端箍筋可以有3方面作用：①承担柱子剪力；②约束混凝土，提高混凝土的抗压强度及变形能力；③为纵向钢筋提供侧向支承，防止纵筋压曲。试验表明，当箍筋间距小于6～8倍柱纵筋直径时，在受压混凝土压溃之前，一般不会出现钢筋压曲现象。

柱纵向钢筋最小总配筋率（%）　　　　　　　表4.7

类别	抗震等级			
	一	二	三	四
中柱和边柱	0.9 (1.0)	0.7 (0.8)	0.6 (0.7)	0.5 (0.6)
角柱、框支柱	1.1	0.9	0.8	0.7

注：1. 表中括号内数值用于框架结构的柱；

　　2. 钢筋强度标准值小于400MPa时，表中数值应增加0.1，钢筋强度标准值为400MPa时，表中数值应增加0.05；

　　3. 混凝土强度等级高于C60时，上述数值应相应增加0.1。

柱端箍筋加密区范围，应按下列规定采用：

1）柱端，取截面高度（圆柱直径）、柱净高的1/6和500mm三者的最大值；

2）底层柱的下端不小于柱净高的1/3；

3）刚性地面上下各500mm；

4）剪跨比不大于2的柱、因设置填充墙等形成的柱净高与柱截面高度之比不大于4的柱、框支柱、一级和二级框架的角柱，取全高。

一般情况下，柱端箍筋加密区的箍筋间距和直径，应符合表4.8的要求。一级框架柱的箍筋直径大于12mm且箍筋肢距不大于150mm及二级框架柱的箍筋直径不小于10mm且箍筋肢距不大于200mm时，除底层柱下端外，最大间距应允许采用150mm；三级框架柱的截面尺寸不大于400mm时，箍筋最小直径应允许采用6mm；四级框架柱剪跨比不大于2时，箍筋直径不应小于8mm。框支柱和剪跨比不大于2的框架柱，箍筋间距不应大于100mm。

柱箍筋加密区的箍筋最大间距和最小直径　　　　表4.8

抗震等级	箍筋最大间距（采用较小值，mm）	箍筋最小直径（mm）
一	6d，100	10
二	8d，100	8
三	8d，150（柱根100）	8
四	8d，150（柱根100）	6（柱根8）

注：1. d为柱纵筋最大直径；

　　2. 柱根指框架底层柱的嵌固部位。

柱箍筋加密区的箍筋肢距，一级不宜大于200mm，二、三级不宜大于250mm，四级不宜大于300mm。至少每隔一根纵向钢筋宜在两个方向有箍筋或拉筋约束；采用拉筋复合箍时，拉筋宜紧靠纵向钢筋并钩住箍筋。

试验资料表明，在满足一定位移的条件下，约束箍筋的用量随轴压比的增大而增加，大致呈线性关系。《抗震规范》依柱轴压比的不同，规定柱端箍筋加密区约束箍筋的体积配筋率应符合式（4.26）要求：

$$\rho_v = \lambda f_c / f_{yv} \qquad\qquad (4.26)$$

式中　ρ_v——柱箍筋加密区的体积配箍率，一级不应小于0.8%，二级不应小于0.6%，

130

三、四级不应小于 0.4%；计算复合螺旋箍的体积配箍率时，其非螺旋箍的箍筋体积应乘以折减系数 0.80；

f_c——混凝土轴心抗压强度设计值，强度低于 C35 时，取 C35 计算；

f_{yv}——箍筋或拉筋抗拉强度设计值；

λ——最小配箍特征值，按表 4.9 采用。

柱端加密区箍筋最小配箍特征值　　　　　　　　表 4.9

抗震等级	箍筋形式	柱轴压比								
		≤0.3	0.4	0.5	0.6	0.7	0.8	0.9	1.0	1.05
一	普通箍、复合箍	0.10	0.11	0.13	0.15	0.17	0.20	0.23	—	—
	螺旋箍、复合或连续复合矩形螺旋箍	0.08	0.09	0.11	0.13	0.15	0.18	0.21	—	—
二	普通箍、复合箍	0.08	0.09	0.11	0.13	0.15	0.17	0.19	0.22	0.24
	螺旋箍、复合或连续复合矩形螺旋箍	0.06	0.07	0.09	0.11	0.13	0.15	0.17	0.20	0.22
三、四	普通箍、复合箍	0.06	0.07	0.09	0.11	0.13	0.15	0.17	0.20	0.22
	螺旋箍、复合或连续复合矩形螺旋箍	0.05	0.06	0.07	0.09	0.11	0.13	0.15	0.18	0.20

注：普通箍指单个矩形箍和单个圆形箍，复合箍指由矩形、多边形、圆形箍或拉筋组成的箍筋；复合螺旋箍指由螺旋箍与矩形、多边形、圆形箍或拉筋组成的箍筋；连续复合矩形螺旋箍指用一根通长钢筋加工而成的箍筋。

框支柱宜采用复合螺旋箍或井字复合箍，其最小配箍特征值应比表 4.13 内数值增加 0.02，且体积配箍率不应小于 1.5%。剪跨比不大于 2 的柱宜采用复合螺旋箍或井字复合箍，其体积配箍率不应小于 1.2%，9 度一级时不应小于 1.5%。

柱箍筋非加密区的箍筋体积配箍率不宜小于加密区的 50%；箍筋间距，一、二级框架柱不应大于 10 倍纵向钢筋直径，三、四级框架柱不应大于 15 倍纵向钢筋直径。

4.4.3　框架节点抗震设计

框架节点是框架梁柱构件的公共部分，节点的失效意味着与之相连的梁与柱同时失效。另一方面，众所周知，框架结构最佳的抗震机制是架式侧移机构，但梁端塑性铰形成的基本前提是保证梁纵筋在节点区有可靠的锚固。因而，在框架结构抗震设计中对节点应予以足够的重视。

国内外大地震的震害表明，钢筋混凝土框架节点在地震中多有不同程度的破坏，破坏的主要形式是节点核芯区剪切破坏和钢筋锚固破坏，严重的会引起整个框架倒塌。节点破坏后的修复也比较困难。根据"强节点弱构件"的设计概念，框架节点的设计准则是：

①点的承载力不应低于其连接构件（梁、柱）的承载力；

②多遇地震时，节点应在弹性范围内工作；

③罕遇地震时，节点承载力的降低不得危及竖向荷载的传递；

④梁柱纵筋在节点区应有可靠的锚固；

⑤节点配筋不应使施工过分困难。

（1）一般框架节点核芯区抗剪承载力验算

①剪力设计值 V_j

节点核芯区是指框架梁与框架往相交的部位。节点核芯区的受力状态是很复杂的，主要是承受压力和水平剪力的组合作用。图 4.11 表示在地震水平作用和竖向荷载的共同作用下，节点核芯区所受到的各种力。作用于节点的剪力来源于梁柱纵向钢筋的屈服甚至超强。对于强柱型节点，水平剪力主要来自框架梁，也包括一部分现浇板的作用。

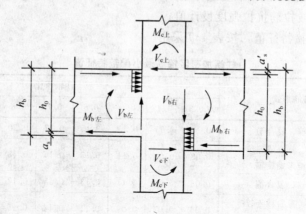

图 4.11　框架节点核芯区受力示意

在确定节点剪力设计值时，应根据不同的抗震等级，分别按式（4.27）与式（4.28）计算：

一级、二级框架：

$$V_j = \frac{\eta_{jb} \sum M_b}{h_{b0} - a'_s} \left(1 - \frac{h_{b0} - a'_s}{H_c - h_b} \right) \tag{4.27}$$

9 度和一级框架结构：

$$V_j = \frac{1.15 \sum M_{bua}}{h_{b0} - a'_s} \left(1 - \frac{h_{b0} - a'_s}{H_c - h_b} \right) \tag{4.28}$$

式中　　　V_j——梁柱节点核芯区组合的剪力设计值；

h_{b0}——梁截面的有效高度，节点两侧梁截面高度不等时可采用平均值；

a'_s——梁受压钢筋合力点至受压边缘的距离；

H_c——柱的计算高度，可采用节点上、下柱反弯点之间的距离；

h_b——梁的截面高度，节点两侧梁截面高度不等时可采用平均值；

η_c——强节点系数，对于框架结构，一级宜取 1.5，二级宜取 1.35，三级宜取 1.2；对于其他结构中的框架，一级宜取 1.35，二级宜取 1.2，三级宜取 1.1；

$\sum M_b$——节点左右梁端反时针或顺时针方向组合弯矩设计值之和；

$\sum M_{bua}$——节点左右梁端反时外或顺时针方向根据实配钢筋面积和材料强度标准值计算的受弯承载力所对应的弯矩设计值之和。

一、二、三级框架的节点核芯区应进行抗震验算；四级框架节点核芯区可不进行抗震验算，但应符合抗震构造措施的要求。

②剪压比限值

为了防止节点核芯区混凝土斜压破坏，同样要控制剪压比不得过大。但节点核芯周围一般都有梁的约束，抗剪面积实际比较大，故剪压比限值可适当放宽，一般应满足：

$$V_j \leqslant \frac{1}{\gamma_{RE}}(0.3\eta_j f_c b_j h_j) \tag{4.29}$$

式中　　η_j——正交梁的约束影响系数，楼板为现浇，梁柱中线重合，四侧各梁截面宽度不少于该侧柱截面宽度的 1/2，且正交方向梁高度不小于框架梁高度的 3/4 时，可采用 1.5，9 度的一级宜采用 1.25，其他情况均可采用 1.0；

　　　　h_j——节点核心区的截面高度，可采用验算方向的柱截面高度；

　　　　γ_{RE}——承载力抗震调整系数，取用 0.85。

③节点受剪承载力

试验表明，节点核芯区混凝土初裂前，剪力主要由混凝土承担，箍筋应力很小，节点受力状态类似一个混凝土斜压杆；节点核芯区出现交叉斜裂缝后，剪力由箍筋与混凝土共同承担，节点受力类似于桁架。

框架节点的受剪承载力可以由混凝土和节点箍筋共同组成。影响受剪承载力的主要因素有柱轴向力、正交梁约束、混凝土强度和节点配箍情况等。

试验表明，与柱相似，在一定范围内，随着柱轴向压力的增加，不仅能提高节点的抗裂度，而且能提高节点极限承载力。另外，垂直于框架平面的正交梁如具有一定的截面尺寸，对核芯区混凝土将具有明显的约束作用，实质上是扩大了受剪面积，因而也提高了节点的受剪承载力。《建筑抗震规范》规定，现浇框架节点的受剪承载力按式（4.30）计算：

$$V_j \leqslant \frac{1}{\gamma_{RE}}\left(0.1\eta_j f_t b_j h_j + f_{yv} A_{svj}\frac{h_{b0} - a_s'}{s} + 0.05\eta_j N \frac{b_j}{b_c}\right) \tag{4.30}$$

9 度时一级：

$$V_j \leqslant \frac{1}{\gamma_{RE}}\left(0.9\eta_j f_t b_j h_j + f_{yv} A_{svj}\frac{h_{b0} - a_s'}{s}\right) \tag{4.31}$$

式中　　η_j——正交梁的约束影响系数，楼板为现浇，梁柱中线重合，四侧各梁截面宽度不少于该侧柱截面宽度的 1/2，且正交方向梁高度不小于柱梁高度的 3/4 时，可采用 1.5，九度时宜采用 1.25，其他情况均可采用 1.0；

　　　　b_j——节点核芯区的截面验算宽度，随验算方向梁、柱截面宽度比值变动；

　　　　N——对应于重力荷载代表值的上柱轴向压力，其值不应大于 $0.5f_c b_c h_c$，当 N 为拉力时，取 $N=0$；

　　　　A_{svj}——核芯区验算宽度 b_j 范围内同一截面验算方向各肢箍筋的总截面面积；

　　　　γ_{RE}——取用 0.85；

　　　　s——箍筋间距；

　　　　h_j——节点核芯区的截面高度，可采用验算方向的柱截面高度。

④节点截面有效宽度

在式（4.53）中，$b_c h_c$ 为柱截面面积，$b_j h_j$ 为节点截面受剪的有效面积，二者有时并不完全相等。其中节点截面有放宽度 b_j 应视梁柱的轴线是否重合等情况，分别按下列公式确定：

a. 当梁柱轴线重合且验算方向的梁截面宽度不小于该侧柱截面宽度的 1/2 时，b_j 可采用该侧柱截面宽度：

$$b_j = b_c \tag{4.32}$$

b. 当梁柱轴线重合但验算方向的梁截面宽度小于该侧柱截面宽度的 1/2 时，可采用下列二者的较小值：

$$b_j = b_b + 0.5h_c \tag{4.33}$$

$$b_j = b_c \tag{4.34}$$

c. 当梁柱轴线不重合时，如偏心距 e 较大，则梁传到节点的剪力将偏向一侧，这时节点有效宽度 b_j 将比 b_c 小。当偏心距不大于柱宽的 1/4 时，核芯区的截面验算宽度可采用 b 和式（4.35）计算结果的较小值，此时柱箍筋宜沿柱全高加密：

$$b_j = 0.5(b_b + b_c) + 0.25h_c - e \tag{4.35}$$

式中　e——梁与柱中线偏心距。

⑤框架节点构造要求

为保证节点核芯区的抗剪承载力，使框架梁、柱纵向钢筋有可靠的锚固条件，对节点核芯区混凝土进行有效的约束是必要的。框架节点核芯区箍筋的最大间距和最小直径宜表 4.12 采用；一、二、三级框架节点核芯区配箍特征值分别不宜小于 0.12、0.10 和 0.08，且体积配箍率分别不宜小于 0.6%、0.5% 和 0.4%。柱剪跨比不大于 2 的框架节点核芯区，体积配箍率不宜小于核芯区上、下柱端的较大体积配箍率。

此外，也可利用纵向钢筋进行约束，因此柱的纵筋间距不宜大于 200mm。还可以在节点核芯两侧的梁高度范围内设置竖向剪力钢筋，形成笼状约束，这样，也可同样提高节点的承载力。

封闭箍筋应有 135° 弯钩，弯钩末端直线延长段不宜小于 10 倍箍筋直径并锚入核芯区混凝土内。箍筋的无支承长度不得大于 350mm，否则应配置辅助拉条。

柱中的纵向受力钢筋，不宜在节点中切断。

（2）梁柱纵筋在节点区的锚固

在反复荷载作用下，钢筋与混凝土的粘结强度将发生退化，梁筋锚固破坏是常见的脆性破坏形式之一。锚固破坏将大大降低梁截面后期抗弯承载力及节点刚度。当梁端截面的底面钢筋面积比顶面钢筋面积相差较多时，底面钢筋更容易产生滑动，应设法防止。

梁筋的锚固方式一般有两种：直线锚固和弯折锚固。在中柱常用直线锚固，在边柱常用 90° 弯折锚固。

试验表明，直线筋的粘结强度主要与锚固长度、混凝土抗拉强度和箍筋数量等因素有关，也与反复荷载的循环次数有关。反复荷载下粘结强度退化率约为 0.75 左右。因此，可在单调加载的受拉筋最小锚固长度 l_a 的基础上增加一个附加锚固长度 Δl_a，以满足抗震要求。

弯折锚固可分为水平锚固段和弯折锚固段两部分。试验表明，弯折筋的主要持力段是水平段。只是到加载后期，水平段发生粘结破坏、钢筋滑移量相当大时，锚固力才转移由弯折段承担。弯折段对节点核芯区混凝土有挤压作用，因而总锚固力比只有水平段要高。但弯折段较短时，其弯折角度有增大趋势，造成节点变形大幅度增加。若无足够的箍筋约束或柱侧面混凝土保护层较弱都将会发生锚固破坏。因此，弯折段长度不能太短，一般不小于15d（d为纵向钢筋直径）。另外，如无适当的水手段长度，只增加弯折段的长度对提高粘结强度并无显著作用。

根据试验结果，《规范》规定：框架梁纵向钢筋在边柱节点的锚固长度 l_{aE} 应按式（4.36）确定：

$$l_{aE} = l_a + \Delta l_a \qquad (4.36)$$

式中　l_a——纵向受拉钢筋非抗震设计的最小锚固长度；

　　　Δl_a——附加锚固长度，一级取 $10d$，二级取 $5d$；三、四级可不考虑。

除满足式（4.36）的要求外，梁筋尚应伸过节点中心线不少于 $5d$。当梁筋在节点内水平锚固长度 $l_h < l_{aE}$ 时，应沿柱外边弯折，并满足以下要求：$l_h \geqslant 0.45 l_{aE}$ 且 $l_h \geqslant 15h$。

在中柱，框架梁的上部钢筋应贯穿中柱节点。为防止纵筋的过大滑移，梁内贯通中柱的每根纵筋直径，一、二级均不宜大于该方向柱截面高度的1/20。当不能满足上述要求时宜在柱轴线附近增加特殊锚固措施（如帮条、锚板等）。梁的下部钢筋伸入中柱节点的锚固长度也不应小于 l_{aE}，且伸过柱中心线不应小于 $5d$。当钢筋直径较大时，可在梁筋端部沿 $45°$ 弯起 $6d$ 以改善锚固。

对框架顶层的边柱，除梁筋锚固外，还有柱纵向钢筋的锚固问题。由于顶层边柱节点的柱梁弯短相等、方向相反，一般情况下，梁端正弯矩（张开弯矩）较负弯矩（闭合弯矩）要小。此时，梁的正弯矩钢筋锚固要求可与中间层的边柱相同，对柱正弯短钢筋，若所需锚固长度小于梁高，仍应伸到柱顶切断；若所需锚固长度大于梁高，则应在伸到柱顶后水平弯折并满足锚固长度要求。

4.5　抗震墙结构的基本抗震构造措施

4.5.1　抗震墙的厚度及墙肢长度

抗震墙厚度的要求，主要是为了使墙体有足够的稳定性。试验研究表明，有约束边缘构件的矩形截面抗震墙与无约束边缘构件的矩形截面抗震墙相比，极限承载力约提高40%，极限层间位移角约增加一倍，对地震能量的消耗能力增大20%左右，且有利于墙板的稳定。对一、二级抗震墙底部加强部位，当无端柱或翼墙时，墙厚需适当增加。

《建筑抗震规范》对抗震墙的厚度规定为：抗震墙的厚度，一、二级不应小于160mm且不宜小于层高或无支长度的1/20，三、四级不应小于140mm且不小于层高或无支长度的1/25；无端柱或翼墙时，一、二级不宜小于层高或无支长度的1/16，三、四级不宜小于层高或无支长度的1/20。

底部加强部位的墙厚，一、二级不应小于200mm且不宜小于层高或无支长度的1/16，三、四级不应小于160mm且不宜小于层高或无支长度的1/20；无端柱或翼墙时，一、二级不宜小于层高或无支长度的1/12，三、四级不宜小于层高或无支长度的1/16。

抗震墙的墙肢长度不大于墙厚的3倍时，应按柱的有关要求进行设计，矩形墙肢度不大于300mm时，尚宜全高加密箍筋。

4.5.2　抗震墙的分布钢筋

抗震墙分布钢筋的作用是多方面的：抗剪、抗弯、减少收缩裂缝等。试验研究明，分布筋过少，抗震墙会由于纵向钢筋拉断而破坏，需要给出抗震墙分布钢筋最小率。另外，由于泵送混凝土组分中的粗骨料减少等原因，使得混凝土的收缩量增大，控制因温度和收缩等产生的裂缝。具体规定为：

（1）抗震墙竖向、横向分布钢筋的配筋，应符合下列要求：

1）一、二、三级抗震墙的竖向和横向分布钢筋最小配筋率均不应小于0.25%，四级抗震墙分布钢筋最小配筋率不应小于0.20%。高度小于24m且剪压比很小的四级抗震墙，其竖向分布筋的最小配筋率应允许按0.15%采用。

2）部分框支抗震墙结构的落地抗震墙底部加强部位，竖向和横向分布钢筋配筋率均不应小于0.3%。

（2）抗震墙竖向和横向分布钢筋的配置，尚应符合下列规定：

1）抗震墙的竖向和横向分布钢筋的间距不宜大于300mm，部分框支抗震墙结构的落地抗震墙底部加强部位，竖向和横向分布钢筋的间距不宜大于200mm。

2）抗震墙厚度大于140mm时，其竖向和横向分布钢筋应双排布置，双排分布钢筋间拉筋的间距不宜大于600mm，直径不应小于6mm。

3）抗震墙竖向和横向分布钢筋的直径，均不宜大于墙厚的1/10且不应小于8mm；竖向钢筋直径不宜小于10mm。

4.5.3 轴压比限值

随着建筑结构高度的增加，抗震墙底部加强部位的轴压比也随之增加，统计表明际工程中抗震墙在重力荷载代表值作用下的轴压比已超过0.6。

影响压弯构件的延性或屈服后变形能力的因素有：截面尺寸、混凝土强度等级、配筋、轴压比、箍筋量等，其主要因素是轴压比和配箍特征值。抗震墙墙肢的试验研表明，轴压比超过一定值，很难成为延性抗震墙。

《建筑抗震规范》规定：一、二、三级抗震墙在重力荷载代表值作用下墙肢的轴压比，一级时，9度不宜大于0.4，7、8度不宜大于0.5；二、三级时不宜大于0.6（墙肢轴压比指墙的轴压力设计值与墙的全截面面积和混凝土轴心抗压强度设计值乘积之比值）。抗震墙的墙肢长度小于墙厚的3倍时，在重力荷载代表值作用下的轴压比，一、二级仍按上述要求，三级限值为0.6，且均应按柱的要求进行设计。

4.5.4 边缘构件

新的《建筑抗震规范》规定，抗震墙墙肢两端和洞口两侧应设置边缘构件。抗震边缘构件分为约束边缘构件和构造边缘构件两类。约束边缘构件是指用箍筋约束的暗柱、墙柱和翼墙，其混凝土用箍筋约束，有比较大的变形能力；构造边缘构件的混凝土约束较差。

边缘构件应符合下列要求：

（1）对于抗震墙结构，底层墙肢底截面的轴压比不大于表4.10规定的一、二、三级抗震墙及四级抗震墙，墙肢两端可设置构造边缘构件，构造边缘构件的范围可按图4.12采用，构造边缘构件的配筋除应满足受弯承载力要求外，并宜符合表4.11的要求。

抗震墙设置构造边缘构件的最大轴压比　　　　　　　　　　　表4.10

抗震等级或烈度	一级（9度）	一级（7、8度）	二、三级
轴压比	0.1	0.2	0.3

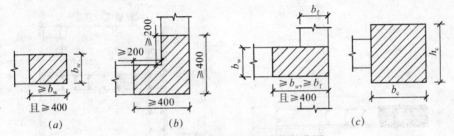

图 4.12 抗震墙的构造边缘构件范围

(a) 暗柱；(b) 翼柱；(c) 端柱

抗震墙构造边缘构件的配筋要求   表 4.11

抗震等级	底部加强部位			其他部位		
	纵向钢筋最小量（取较大值）	箍筋		纵向钢筋最小量（取较大值）	箍筋	
		最小直径（mm）	沿竖向最大间距（mm）		最小直径（mm）	沿竖向最大间距（mm）
一	$0.010A_c$，$6\phi16$	8	100	$0.008A_c$，$6\phi14$	8	150
二	$0.008A_c$，$6\phi14$	8	150	$0.006A_c$，$6\phi12$	8	200
三	$0.006A_c$，$6\phi12$	6	150	$0.005A_c$，$4\phi12$	6	200
四	$0.005A_c$，$4\phi12$	6	200	$0.004A_c$，$4\phi12$	6	250

注：1. A_c 为边缘构件的截面面积；

　　2. 其他部位的拉筋，水平间距不应大于纵筋间距的 2 倍；转角处宜采用箍筋；

　　3. 当端柱承受集中荷载时，其纵向钢筋、箍筋直径和间距应满足柱的相应要求。

（2）底层墙肢底截面的轴压比大于表 4.14 规定的一、二、三级抗震墙，以及部分框支抗震墙结构的抗震墙，应在底部加强部位及相邻的上一层设置约束边缘构件，在以上的其他部位可设置构造边缘构件。约束边缘构件沿墙肢的长度、配箍特征值、箍筋和纵向钢筋宜符合表 4.12 的要求（图 4.13）。

抗震墙约束边缘构件的范围及配筋要求   表 4.12

项目	一级（9度）		一级（8度）		二、三级	
	$\lambda \leqslant 0.2$	$\lambda > 0.2$	$\lambda \leqslant 0.3$	$\lambda > 0.3$	$\lambda \leqslant 0.4$	$\lambda > 0.4$
l_c（暗柱）	$0.20h_w$	$0.25h_w$	$0.15h_w$	$0.20h_w$	$0.15h_w$	$0.20h_w$
l_c（翼墙或端柱）	$0.15h_w$	$0.20h_w$	$0.10h_w$	$0.15h_w$	$0.10h_w$	$0.15h_w$
λ_v	0.12	0.20	0.12	0.20	0.12	0.20
纵向钢筋（取较大值）	$0.012A_c$，$8\phi16$		$0.012A_c$，$8\phi16$		$0.010A_c$，$6\phi16$（三级 $6\phi14$）	
箍筋或拉筋沿竖向间距	100mm		100mm		150mm	

注：1. 抗震墙的翼墙长度小于其 3 倍厚度或端柱截面边长小于 2 倍墙厚时，按无翼墙、无端柱查表；

　　2. l_c 为约束边缘构件沿墙肢长度，且不小于墙厚和 400mm；有翼墙或端柱时不应小于翼墙厚度或端柱沿墙肢方向截面高度加 300mm；

　　3. λ_v 为约束边缘构件的配箍特征值，体积配箍率可按式（4.26）计算，并可适当计入满足构造要求且在墙端有可靠锚固的水平分布钢筋的截面面积；

　　4. h_w 为抗震墙墙肢长度；

　　5. λ 为墙肢轴压比；

　　6. A_c 为图 6.4.5-2 中约束边缘构件阴影部分的截面面积。

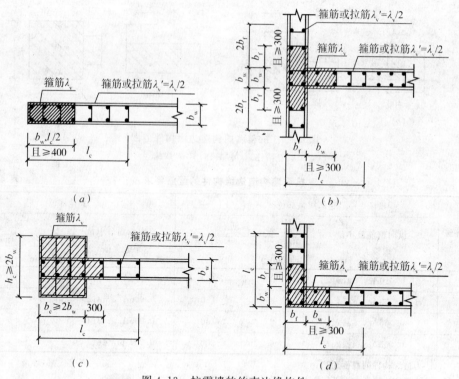

图 4.13　抗震墙的约束边缘构件

(*a*) 暗柱；(*b*) 有翼墙；(*c*) 有端柱；(*d*) 转角墙（L形墙）

4.5.5　连梁

连梁是对抗震墙结构抗震性能影响比较大的构件，一般连梁的跨高比较小，容易出现剪切斜裂缝，为了防止斜裂缝出现后的脆性破坏，除了减少其名义剪应力，并加大其箍筋配置外，可设水平缝形式多连梁。顶层连梁的纵向钢筋伸入墙的锚固长度的范围内应设置箍筋，其箍筋间距可采用150mm，箍筋直径应与连梁的箍筋直径相同。

4.6　框架—抗震墙结构抗震构造措施

高层钢筋混凝土框架—抗震墙结构中的抗震墙为第一道防线的主要抗侧力构件提高其变形和耗能能力，对框架—抗震墙结构中的抗震墙的墙体厚度、墙体最小配端柱设计等作出了较严格的规定。

（1）抗震墙的厚度不应小于160mm且不应小于层高或无支长度的1/20，底部位的抗震墙厚度，不应小于200mm且不应小于层高或无支长度的1/16。

（2）抗震墙端部设置端柱时，墙体在楼盖处宜设置暗梁，暗梁的截面高度不宜小于墙厚和400mm的较大值。

（3）端柱的截面宜与同层框架柱相同，并应符合有关框架构造配筋规定；抗震墙底部加强部位的端柱和紧靠抗震墙洞口的端柱宜按柱箍筋加密区的要求沿全高加密箍筋。

（4）抗震墙的横向和竖向分布钢筋，配筋率均不应小于0.25%，钢筋直径不宜小于10mm，间距不宜大于300mm，并应双排布置，拉筋间距不应大于600mm，直径不应小于

6mm。

（5）楼面梁与抗震墙平面外连接时，不宜支承在洞口连梁上；沿梁轴线方向宜设置与梁连接的抗震墙，梁的纵筋应锚固在墙内；也可在支承梁的位置设置扶壁柱或暗柱，并应按计算确定其截面尺寸和配筋。

（6）框架一抗震墙结构的其他抗震构造措施应符合本章第4节和第5节对框架及抗震墙的有关要求。

4.7 多层框架结构抗震设计

4.7.1 工程概况

本例题为某企业办公楼。办公楼平面图见例题图4.14。建筑沿X方向长度为27.2m；Y方向长度为17.8m。建筑层数为三层，各层层高均为3.6m，室外地面至屋面的总高度为11.1m，无地下室。上部主体结构为钢筋混凝土框架结构体系。基础采用钢筋混凝土柱下独立基础。基础顶面（相对一层室内地面标高±0.000）的标高为－0.800米。

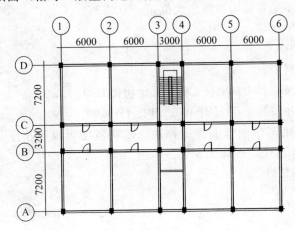

图4.14　建筑标准层平面图

4.7.2 设计依据

（1）主体结构设计使用年限为50年

（2）自然条件：

①当地的基本风压 $W_0 = 0.35 \mathrm{kN/m^2}$；

②基本雪压 $S_0 = 0.30 \mathrm{kN/m^2}$；

③抗震设防烈度7度；

④依据所提供的工程地质勘察报告：

可采用天然地基上浅基础，基础底面置于地质勘察报告的第②层，圆砾层。基础范围内的圆砾层的分布均匀，厚度大于15米。承载力标准值为 $f_k = 350 \mathrm{kPa}$。

（3）设计所采用的主要标准

①《建筑结构荷载规范》（GB50009）

②《建筑抗震设计规范》（GB50011－2010）

③《混凝土结构设计规范》（GB50010－2010）

④《建筑地基基础设计规范》(GB50007)

（4）建筑分类等级

①建筑结构安全等级为二级；

②建筑抗震设防类别为丙类；

③钢筋混凝土结构的抗震等级为三级；

④地基基础的设计等级为丙级；

⑤建筑防火分类为多层民用建筑、耐火等级为二级。

（5）主要荷载（作用）取值

①楼面活荷载取 $2.0kN/m^2$；上人屋面活荷载取 $2.0kN/m^2$；

②基本雪压 $S_0 = 0.30kN/m^2$。

（6）抗震设计参数

①抗震设防烈度 7 度（0.15g）；

②设计地震分组为第二组；

③场地类别为Ⅱ类、场地属抗震有利地段；

④多遇地震的水平地震影响系数最大值 $\alpha_{max} = 0.12$；

⑤特征周期 $T_g = 0.4s$；

⑥结构阻尼比 0.05。

（7）主要结构材料

①混凝土强度等级柱 C30、梁板 C25、其他构件 C20；

②纵向受力钢筋和箍筋采用 HRB400、其他 HPB300；

③填充墙砌体采用蒸压加气混凝土砌块，砌块强度等级不小于 MU5.0、砂浆强度 M5.0，混凝土砌块容重不大于 $6kN/m^3$。

4.7.3 截面尺寸初步估计

（1）柱截面设计

采用 C30 混凝土

柱截面：根据轴压比 $[n] = \dfrac{N}{f_c A}$，高宽要求 b_c、$h_c \geqslant \left(\dfrac{1}{15} \sim \dfrac{1}{20}\right) H_c$，初步估计柱的截面尺寸为 (1/10−1/15) 的柱高，而柱高最大值为底层的柱高，为 $3600 + 800 = 4400mm$，故取 $b = h = 400mm$。

（2）梁的截面设计

梁的截面宽度 b：框架梁取 300mm，楼面连系梁取 200mm。

梁的截面高度 h 取值如下：

横向框架梁：$h_1 = \left(\dfrac{1}{8} \sim \dfrac{1}{12}\right) L$

AB、CD 跨：$h_1 = \dfrac{1}{12}L = \dfrac{6600}{12} = 550mm$，取 $h_1 = 600mm$

BC 跨：在 AB 和 CD 之间，取 $h_1 = 400mm$

横向框架梁：$h_1 = \left(\dfrac{1}{8} \sim \dfrac{1}{12}\right) L$，取 500mm

连系梁：$H_2 \geqslant \dfrac{1}{12}L$，$h_2 = \dfrac{1}{12}L = \dfrac{3000}{12} = 250mm$

取 $h_2 = 400mm$。$b = (1/2 \sim 1/3)\ h$，且高度不宜大于 1/4 净跨，宽度不宜小于 $\frac{1}{4}h$，且不应小于 200mm

综上可知，各梁的截面如下：

框架梁：横向 $b_1 \times h_1 = 250mm \times 600mm$（AB 跨、BC 跨、CD 跨），BC 跨 $b_2 \times h_2 = 250mm \times 600mm$

纵向 $b_3 \times h_3 = 250mm \times 500mm$

次梁：$b_3 \times h_3 = 200mm \times 400mm$

4.7.4 荷载计算

（1）永久荷载

屋面恒载

保温防水		$3.13kN/m^2$
结构层：现浇钢筋混凝土板	100mm	$2.5kN/m^2$
顶面抹灰：10 厚水泥砂浆		$0.2kN/m^2$

合计 $5.82kN/m^2$

（2）标准层楼面恒载

楼面装修：西南 04J312－8－3131a		$1.2kN/m^2$
结构层：现浇钢筋混凝土板	100mm	$2.5kN/m^2$
顶面抹灰： 10 厚水泥砂浆		$0.2kN/m^2$

合计 $3.9kN/m^2$

（3）梁自重

横向框架梁 KL1 自重

$b \times h = 250mm \times 600mm$	$(0.60 - 0.1) \times 0.25 \times 25 = 3.125kN/m$
抹灰：10 厚水泥砂浆	$0.01 \times (0.50 \times 2 + 0.25) \times 20 = 0.25kN/m$

合计 $3.375kN/m$

横向框架梁 KL2 自重

$b \times h = 250mm \times 400mm$	$(0.4 - 0.1) \times 0.25 \times 25 = 1.88kN/m$
抹灰：10 厚水泥砂浆	$0.01 \times (0.3 \times 2 + 0.25) \times 20 = 0.17kN/m$

合计 2.05kN/m

纵向框架梁 KL3 自重

b×h＝250mm×500mm   (0.5－0.1)×0.25×25＝2.5kN/m

抹灰：10 厚水泥砂浆   0.01×(0.4×2＋0.25)×20＝0.21kN/m

合计 2.71kN/m

次梁 L1 自重

b×h＝200mm×400mm   (0.40－0.1)×0.20×25＝1.5kN/m

抹灰：10 厚水泥砂浆   0.01×(0.3×2＋0.20)×20＝0.16kN/m

合计 1.66kN/m

（4）柱自重

b×h＝400mm×500mm   0.40×0.50×25＝5kN/m

抹灰   0.01×(0.4＋0.5)×2×20＝0.36kN/m

合计 5.36kN/m

（5）墙体自重

外纵墙自重

标准层：（层高 3.6m）

纵墙   0.24×(3.6－0.5)×6＝4.46kN/m

内外侧抹灰：   0.02×2×(3.6－0.5)×20＝2.48kN/m

合计 6.94kN/m

考虑窗折减：6.94kN/m×0.9＝6.25kN/m

内纵墙自重：

顶层：（层高 3.6m）

纵墙   0.12×(3.6－0.5)×6＝2.23kN/m

双面抹灰：   0.02×2×(3.6－0.5)×20＝2.48kN/m

合计 4.71kN/m

考虑窗折减：4.71kN/m×0.9＝4.24kN/m

内横墙自重：

标准层：（层高 3.6m）

横墙   0.12×(3.6－0.6)×6＝2.16kN/m

双面抹灰：	$0.02 \times 2 \times (3.6 - 0.6) \times 20 = 2.4\text{kN/m}$
	合计 4.56kN/m

外横墙自重：

标准层：（层高 3.6m）

横墙	$0.24 \times (3.6 - 0.6) \times 6 = 4.32\text{kN/m}$
双面抹灰：	$0.02 \times 2 \times (3.6 - 0.6) \times 20 = 2.4\text{kN/m}$
	合计 6.72kN/m
	考虑窗折减：6.72kN/m×0.9=6.05kN/m

女儿墙自重（墙高 1000mm，200m 混凝土压顶）	$0.2 \times 1.0 \times 6 + 0.3 \times 0.2 \times 25 = 2.7\text{kN/m}$
10 厚混合砂浆两面抹灰	$1.2 \times 0.01 \times 2 \times 20 = 0.48\text{kN/m}$
	合计 3.18kN/m

（6）活载标准值计算

查荷载规范：

楼面均布活荷载标准值为 2.0N/m^2

上人屋面均布活荷载标准值为 2.0kN/m^2

走廊均布活荷载标准值为 2.5kN/m^2

雪荷载为 0.3kN/m^2

雪荷载与屋面活荷载不同时考虑，两者取大。

4.7.5 梁、柱刚度计算

根据规范可知，对于现浇楼板其梁的线刚度应进行修正：

$$\text{边框架} \quad I = 1.5I_0 \qquad \text{中框架} \quad I = 2I_0$$

取结构图中 4 号轴线的一榀框架进行计算

（1）横梁线刚度 i_b 的计算

采用混凝土 C25，$E_c = 2.8 \times 10^4 \text{N/mm}^2$

横梁线刚度 i_b 计算表 表 4.13

类别	E_c (N/mm²)	b (mm)	h (mm)	$I_0 = \dfrac{bh^3}{12}$ (mm⁴)	L (mm)	$E_c I_0 / l$ (N·mm)	$1.5 E_c I_0 / l$ (N·mm)	$2 E_c I_0 / l$ (N·mm)
AB、CD 跨	2.8×10^4	250	600	4.5×10^9	7200	1.75×10^{10}	2.6×10^{10}	3.5×10^{10}
BC 跨	2.8×10^4	250	400	1.33×10^9	3200	1.16×10^{10}	1.7×10^{10}	2.3×10^{10}

（2）柱线刚度 i_c 的计算

柱线刚度 i_c 计算表　　　　　　　　　　　　　　　　表 4.14

层次	E_c （N/mm²）	b （mm）	h （mm）	l_c （mm）	$I_c=\dfrac{bh^3}{12}$ （mm⁴）	$E_c I_o/l$ （N·mm）
1	3.0×10^4	400	500	4400	4.2×10^9	2.86×10^{10}
2~3	3.0×10^4	400	500	3600	4.2×10^9	3.5×10^{10}

（3）各层横向侧移刚度计算

底层

中框架 A、D 柱

$$K=\frac{i_1+i_2+i_3+i_4}{i_c}=\frac{3.5}{2.86}=1.22 \qquad \alpha_c=(0.5+k)/(2+k)=0.54$$

$D11=\alpha_c\times12\times i_c/h^2=0.54\times12\times2.86\times10^{10}/4400^2=9573$

中框架 B，C 柱

$$k=(3.5+2.3)/2.86=2.03 \qquad \alpha_c=(0.5+k)/(2+k)=0.63$$

$D12=\alpha_c\times12\times i_c/h^2=0.63\times12\times2.86\times10^{10}/4400^2=11168$

边框架 A、D 柱

$$K=\frac{i_1+i_2+i_3+i_4}{i_c}=\frac{2.6}{2.86}=0.91 \qquad \alpha_c=(0.5+k)/(2+k)=0.485$$

$D11=\alpha_c\times12\times i_c/h^2=0.485\times12\times2.86\times10^{10}/4400^2=8598$

边框架 B，C 柱

$$k=(2.6+1.7)/2.86=1.50 \qquad \alpha_c=(0.5+k)/(2+k)=0.57$$

$D12=\alpha_c\times12\times i_c/h^2=0.57\times12\times2.86\times10^{10}/4400^2=10148$

第二、三层

中框架 A、D 柱

$$k=3.5\times2/(3.5\times2)=1 \qquad \alpha_c=k/(2+k)=0.333$$

$D21=\alpha_c\times12\times i_c/h^2=0.333\times12\times3.5\times10^{10}/3600^2=10802$

中框架 B、C 柱

$$k=3.5\times2+2.3\times2/(3.5\times2)=1.66 \qquad \alpha_c=k/(2+k)=0.45$$

$D22=\alpha_c\times12\times i_c/h^2=0.45\times12\times3.5\times10^{10}/3600^2=14698$

边框架 A、D 柱

$$k=2.6\times2/(3.5\times2)=0.74 \quad \alpha_c=k/(2+k)=0.27$$

$D21=\alpha_c\times12\times i_c/h^2=0.27\times12\times3.5\times10^{10}/3600^2=8750$

边框架 B、C 柱

$$k=2.6\times2+1.7\times2/(3.5\times2)=1.23 \qquad \alpha_c=k/(2+k)=0.55$$

$D22=\alpha_c\times12\times i_c/h^2=0.55\times12\times3.5\times10^{10}/3600^2=17854$

层次	1	2	3
$\sum D_i(N/mm)$	$(9573+11168) \times 8 + (8598+10148)$ $\times 4 = 240912$	$(10802+14698) \times 8 + (8750+17854)$ $\times 4 = 310416$	310416

该框架为横向承重框架,不计算纵向侧移刚度。

$\sum D_1 / \sum D_2 = 240912/310416 = 0.78 > 0.7$,故该框架为规则框架。

4.7.6 水平地震作用计算及侧移验算

(按经验公式计算 $T_1 = 0.25 + 0.00053 \dfrac{H^2}{\sqrt[3]{B}}$;$H$,$B$ 为建筑物总高度和总宽度)

(1) 重力荷载代表值计算

集中于各楼层标高处的重力荷载代表值 G_i 的计算结果如表 4.16 所示(计算过程从略):

各层重力荷载代表值 表 4.16

层次	G_i/Kn
3	5338.96
2	4871.86
1	4974.68

(2) 水平地震作用及楼层地震剪力的计算

$$T_1 = 0.25 + 0.00053 \frac{H^2}{\sqrt[3]{B}} = 0.25 + 0.00053 \frac{(11.1+0.8)^2}{\sqrt[3]{17.6}} = 0.279s$$

本结构高度不超过 40m,质量和刚度沿高度分布比较均匀,变形以剪切型为主,故可用底部剪力法计算水平地震作用,即:

1)结构等效总重力荷载代表值 G_{eq}

$$G_{eq} = 0.85 \sum G_i = 0.85 \times (4974.68 + 4871.86 + 5338.96 = 12907.68(Kn)$$

2)计算水平地震影响系数 a_1

查表得二类场地近震特征周期值 $T_g = 0.4s$。

查表得设防烈度为 7 度的 $a_{max} = 0.12$。

3)总的水平地震作用标准值 F_{Ek}

$$F_{Ek} = a_1 G_{eq} = 0.12 \times 12907.68 = 1548.92 \text{ (Kn)}$$

因 $1.4 T_g = 1.4 \times 0.4 = 0.56s > T_1 = 0.279s$,所以不考虑顶部附加水平地震作用,即 $\delta n = 0$。

4)各质点横向水平地震作用按下式计算:

$$F_1 = \frac{G_i H_i}{\sum\limits_{j=1}^{n} G_j H_j} F_{EK}(1-\delta n)$$

5)地震作用下各楼层水平地震层间剪力 V_i 为

$$V_i = \sum F_k (i = 1, 2, \cdots, n)$$

145

计算过程如表 4.17：

各质点横向水平地震作用及楼层地震剪力计算表 表 4.17

层次	G_i (Kn)	H_i (m)	G_iH_i (kN·m)	$\sum G_jH_j$ (kN·m)	$G_iH_i/\sum G_jH_j$	F_{Ek} (kN)	F_i (kN)	V_i (kN)
3	5338.96	11.6	61931.94	122795.41	0.50	1548.92	781.20	781.20
2	4871.86	8	38974.88	120551.5	0.32	1548.92	500.77	1281.97
1	4974.68	4.4	21888.59	120551.5	0.18	1548.92	281.24	1563.21

6）多遇水平地震作用下的位移验算

水平地震作用下框架结构的层间位移 $(\Delta u)_i$ 和顶点位移 u_i 分别按下列公式计算：

$$(\Delta u_i) = V_i / \sum D_{ij}$$

$$u_i = \sum (\Delta u_i)$$

各层的层间弹性位移角 $\theta_e = (\Delta u)_i / h_i$，根据《抗震规范》，考虑砖填充墙抗侧力作用的框架，层间弹性位移角限值 $[\theta_e] < 1/550$。

计算过程如表 4.18：

横向水平地震作用下的位移验算 表 4.18

层次	V_i (N)	$\sum D_i$ (N/mm)	Δu_i (mm)	u_i (mm)	h_i (mm)	$\theta_e = (\Delta u)_i/h_i$
3	781200	310416	2.517	13.135	3600	1/999
2	1281970	310416	4.130	10.619	3600	1/872
1	1563210	240912	6.489	6.489	4400	1/678

由此可见，最大层间弹性位移角发生在第一层，1/678 < 1/550，满足规范要求。

4.7.7 内力计算

一榀框架内力计算可采用手算或电算方法得到（计算过程略）。考虑钢筋混凝土框架结构塑性内力重分布的性质，对竖向荷载下的梁端弯矩进行调幅，根据规范的相关规定，本算例调幅系数取 0.8。

由于楼板长短边之比均小于 2，故按双向板计算和传递荷载；并将其传到梁上的梯形荷载或三角形荷载转化为均布荷载。

各种荷载下弯矩图如图 4.15 所示：

4.7.8 荷载组合及调整

根据内力计算结果，进行各梁柱各控制截面上的内力组合，按《抗规》规定，多层结构的风荷载与地震作用不同时考虑，所以组合时仅考虑了地震作用参与的组合。

框架在各种荷载作用下，其组合为：

（A）1.35 恒 +1.4×0.7 活；　　（B）1.2 恒 +1.4 活；　　（C）1.0 恒 +1.4 活；

（D）1.2（恒 +0.5 活）+1.3 左地震；　（E）1.2（恒 +0.5 活）+1.3 右地震；

（F）1.0（恒 +0.5 活）+1.3 左地震；　（G）1.0（恒 +0.5 活）+1.3 右地震。

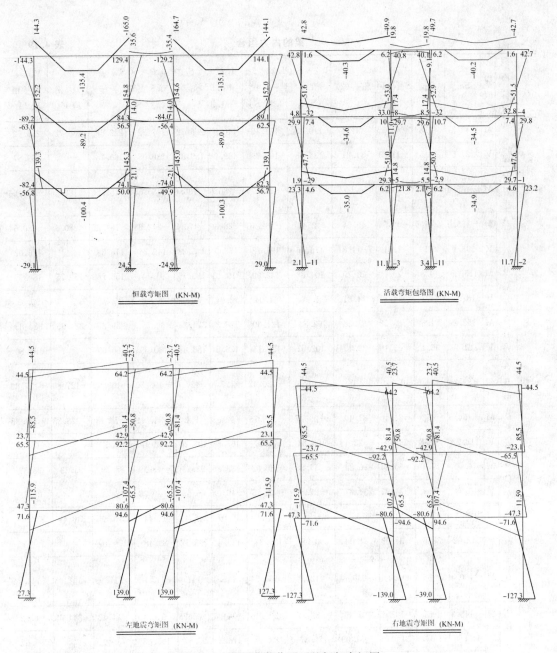

图 4.15 各种荷载作用下的框架弯矩图

同时为了简化计算，荷载组合值取轴线处的内力值。

内力组合过程见表 4.19～表 4.21。

梁的内力组合　　　　　　　　　　　　　　表 4.19

层次	截面位置	内力	S_{Gk}	S_{Qk}	$S_{Ek}(1)$	$S_{Ek}(2)$	$1.2*S_{Gk}+1.4*S_{Qk}$	$1.35*S_{Gk}+1.4*0.7*S_{Qk}$	$1.2*(S_{Gk}+0.5*S_{Qk})+1.3*S_{Ek}$		$1.0*(S_{Gk}+0.5*S_{QK})+1.3*S_{EK}$		M_{max}及相应V	V_{max}及相应M
3	AB左	M	144.3	42.8	−44.52	44.52	110.83	151.18	140.9	256.72	107.82	223.58	256.72	256.72
	AB左	V	127.6	35.5	−11.81	11.81	136.68	160.79	159.1	189.87	130.08	160.78		189.87
	AB中	M	−135.4	−40.3	0.00	0.00	−162.4	−182.79	−186.6	−186.6	−155.55	−155.55	−186.66	−186.66
	AB右	M	−165.0	−49.9	−40.54	40.54	−254.7	−262.48	−280.6	−175.2	−242.65	−137.25	−280.64	−280.64
	AB右	V	133.4	0.9	11.81	−11.81	176.66	191.72	176.0	145.32	149.24	118.54		176.02
	BC左	M	115.05	19.8	−23.70	23.70	104.88	132.09	119.13	180.75	94.14	155.76	180.75	180.75
	BC左	V	18.93	14.3	−14.81	14.81	1.98	11.04	12.04	50.55	6.83	45.33		50.55
2	AB左	M	152.2	51.6	−85.58	85.58	62.83	121.60	102.3	324.85	66.75	289.25	324.85	324.85
	AB左	V	112.49	36.1	−23.19	23.19	102.52	129.14	126.5	186.80	100.39	160.69		186.80
	AB中	M	−89.20	−34.6	0.00	0.00	−107.0	−120.42	−127.8	−127.8	−106.50	−106.50	−127.80	−127.80
	AB右	M	−154.8	−53	−81.40	81.40	−299.7	−288.75	−323.3	−111.7	−287.12	−75.48	−323.38	−323.38
	AB右	V	113.22	−0.8	23.19	−23.19	168.33	175.57	165.5	105.24	142.97	82.67		165.53
	BC左	M	14.00	17.4	−50.84	50.84	−54.38	−30.92	−38.85	93.33	−43.39	88.79	93.33	93.33
	BC左	V	13.99	14.1	−31.77	31.77	−27.69	−12.25	−16.05	66.55	−20.26	62.34		66.55
1	AB左	M	139.3	47.7	−115.9	115.93	4.86	74.44	45.07	346.49	12.44	313.86	346.49	346.49
	AB左	V	112.02	35.6	−31.03	31.03	90.98	120.82	115.4	196.12	89.48	170.16		196.12
	AB中	M	−100.4	−35	0.00	0.00	−120.4	−135.54	−141.4	−141.4	−117.90	−117.90	−141.48	−141.48
	AB右	M	−145.3	−51	−107.4	107.45	−324.7	−301.46	−344.6	−65.28	−310.49	−31.12	−344.65	−65.28
	AB右	V	113.69	−0.7	31.03	−31.03	179.87	183.89	176.3	95.67	153.68	73.00		95.67
	BC左	M	21.16	14.8	−65.54	65.54	−66.36	−35.66	−50.93	119.47	−56.64	113.76	119.47	119.47
	BC左	V	14.00	11.9	−40.96	40.96	−40.54	−21.24	−29.31	77.19	−33.30	73.20		77.19

148

层次	截面位置	内力	S_{Gk}	S_{QK}	S_{Wk}(1)	S_{Wk}(2)	1.2*S_{Gk}+1.4*S_{Qk}	1.35*S_{Gk}+1.4*0.7*S_{Qk}	1.2*(S_{Gk}+0.5*S_{Qk})+1.3*S_{Ek}		1*(S_{Gk}+0.5*S_{QK})+1.3*S_{EK}		M_{max}及相应 V,N	N_{max}及相应 V,M	N_{min}及相应 V,M
3	柱顶	M	-144.3	42.80	44.5	-44.5	-113.2	-152.86	-89.60	-205.36	-78.3	-167.4	-205.36	-205.36	-78.38
		N	-199.0	47.00	11.8	-11.81	-173.1	-222.70	-195.3	-226.05	-163	-187.3	-226.05	-226.05	-163.77
		V	64.90	1.70	-18	18.74	80.26	89.28	54.54	103.26	47.01	84.49	103.26	103.26	47.01
	柱底	M	217.08	-32.00	23.7	-23.7	215.70	261.70	272.22	210.37	224.8	177.2	272.22	261.70	177.29
		N	337.41	47.00	-11	11.81	470.69	501.56	417.74	448.45	349.1	372.7	417.74	501.56	372.72
		V	-64.90	1.70	18.7	-18.7	-75.50	-85.95	-52.50	-101.22	-45.3	-82.79	-52.50	-85.95	-82.79
2	柱顶	M	-63.00	29.90	65.5	-65.5	-33.74	-55.75	27.57	-142.89	17.51	-113.6	-142.89	-142.89	17.51
		N	-408.3	94.20	34.9	-34.9	-358.0	-458.89	-388.0	-478.82	-326	-396.1	-478.82	-478.82	-326.29
		V	40.42	2.60	-31	31.16	52.14	57.12	9.56	90.57	10.56	72.88	90.57	90.57	10.56
	柱底	M	-82.40	-29.00	47.3	-47.3	-139.4	-139.66	-54.73	-177.84	-49.5	-144.2	-177.84	-139.66	-49.55
		N	426.27	94.20	-34	34.91	643.40	667.78	522.66	613.43	438.4	508.2	613.43	667.78	438.46
		V	-40.42	2.50	31.1	-31.1	-45.00	-52.12	-6.50	-87.51	-8.01	-70.33	-87.51	-52.12	-8.01
1	柱顶	M	-56.80	23.30	71.7	-71.7	-35.54	-53.85	39.03	-147.39	26.55	-116.8	-147.39	-147.39	26.55
		N	-616.9	141.0	65.4	-65.4	-542.9	-694.76	-570.7	-740.85	-481.	-611.9	-740.85	-740.85	-481.06
		V	19.54	1.50	-45	45.21	25.55	27.85	-34.43	83.12	-24.9	65.50	83.12	83.12	-24.92
	柱底	M	-29.10	-11.00	127	-127	-50.32	-50.07	124.07	-207.11	92.78	-161.9	-207.11	-207.11	92.78
		N	638.99	141.0	-65	65.43	964.19	1000.8	766.33	936.45	644.0	774.9	936.45	936.45	644.06
		V	-19.54	1.50	45.2	-45.2	-21.35	-24.91	36.23	-81.32	26.42	-64.00	-81.32	-81.32	26.42

层次	截面位置	内力	S_{Gk}	S_{QK}	S_{Wk}(1)	S_{Wk}(2)	1.2*S_{Gk}+1.4*S_{Qk}	1.35*S_{Gk}+1.4*0.7*S_{Qk}	1.2*(S_{Gk}+0.5*S_{Qk})+1.3*S_{Ek}		1*(S_{Gk}+0.5*S_{QK})+1.3*S_{EK}		M_{max}及相应 V,N	N_{max}及相应 V,M	N_{min}及相应 V,M
3	柱顶	M	129.40	-42.8	164.0	-64.24	-215.20	-216.63	-264.7	97.45	-215.04	86.56	264.47	-216.63	215.04
		N	-245.5	49.9	3.00	-3.00	-224.82	-282.62	-260.8	-268	-217.62	-223	-260.8	-282.62	-217.6
		V	-59.39	20.1	-29.6	29.69	-43.13	-60.48	-97.81	-20.6	-79.03	-19.6	-97.81	-60.48	-79.03
	柱底	M	84.30	-32.0	42.95	-42.95	56.36	82.45	137.80	26.13	111.25	25.35	137.80	102.45	111.25
		N	263.57	79.9	-3.00	3.00	428.14	434.12	360.32	368.1	300.52	306.5	360.32	434.12	300.52
		V	59.39	19.7	29.69	-29.69	98.85	99.48	121.69	44.49	98.93	39.55	121.69	99.48	98.93

层次	截面位置	内力	S_{Gk}	S_{Qk}	S_{Wk}(1)	S_{Wk}(2)	1.2*S_{Gk}+1.4*S_{Qk}	1.35*S_{Gk}+1.4*0.7*S_{Qk}	1.2*(S_{Gk}+0.5*S_{Qk})+1.3*S_{Ek}		1*(S_{Gk}+0.5*S_{QK})+1.3*S_{EK}		M_{max}及相应V,N	N_{max}及相应V,M	N_{min}及相应V,M
2	柱顶	M	56.50	29.9	92.25	−92.25	109.66	105.58	205.67	−34.1	163.70	−20.8	205.67	105.58	109.66
		N	−484.8	149	11.55	−11.55	−373.10	−508.46	−477.3	−507	−398.77	−421	−477.3	−508.46	−373.1
		V	−36.30	16.0	−47.9	47.95	−21.16	−33.33	−96.30	28.38	−76.25	19.65	−96.30	−33.33	−21.16
	柱底	M	74.10	−29.0	80.62	−80.62	48.32	71.62	176.33	−33.2	140.22	−21.0	176.33	71.62	140.22
		N	502.87	149	−11.55	11.55	812.18	824.99	677.89	707.9	565.87	588.9	677.89	824.99	565.87
		V	36.30	16.0	47.95	−47.95	65.96	64.69	115.50	−9.18	92.25	−3.65	115.50	64.69	92.25
1	柱顶	M	50.00	23.3	94.64	−94.64	92.62	90.33	197.01	−49.0	156.29	−32.9	197.01	90.33	92.62
		N	−724.6	218	21.37	−21.37	−563.27	−763.87	−710.5	−766	−593.89	−636	−710.5	−763.87	−563.2
		V	−17.05	7.40	−53.1	53.10	−10.10	−15.77	−85.05	53.01	−66.45	39.75	−85.05	−15.77	−10.10
	柱底	M	24.90	−11.0	139.0	−139.0	14.48	22.84	204.08	−157	158.48	−119	204.08	28.84	158.48
		N	746.66	218	−21.3	21.37	1202.31	1222.42	999.49	1055	834.69	877.4	999.49	1222.4	834.69
		V	17.05	7.30	53.10	−53.10	30.68	30.17	93.87	−44.1	73.80	−32.4	93.87	30.17	73.80

4.7.9 框架梁配筋计算

框架梁截面设计

C25，HRB400

以第 1 层 AB 跨框架梁的计算为例。

梁的最不利内力：经以上计算可知，梁的最不利内力如下：

跨间：$M_{max} = -141.48$Kn·m

支座 A：$M_{max} = 346.49$Kn·m

支座 B：$M_{max} = -344.65$Kn·m

1) 梁正截面受弯承载力计算

抗震设计中，对于楼面现浇的框架结构，梁支座负弯矩按矩形截面计算纵筋数量。跨中正弯矩按 T 形截面计算纵筋数量，跨中截面的计算弯矩，应取该跨的跨间最大正弯矩或支座弯矩与 1/2 简支梁弯矩之中的较大者，依据上述理论，得：

考虑跨间最大弯矩处：

按 T 形截面设计，翼缘计算宽度 b_f'，按跨度考虑，取 b_f'，= L/3 = 7.2/3 = 2.4m = 2400mm，梁内纵向钢筋选 HRB400，（$f_y = f_y'$，= 360N/mm²），$h_0 = h - a = 600 - 40 = 560$mm，因为 $f_c b_f'$，h_f'，（$h_0 - h_f'$，/2）= 11.9 × 2400 × 100 × （560 - 100/2）= 1456.666kN·m＞141.48kN·m 属第一类 T 形截面。下部跨间截面按单筋 T 形截面计算：

$$\alpha_s = M/（f_c b_f'，h_0^2）= 141.48 \times 10^6/11.9/2400/560^2 = 0.016$$

$$\xi = 1 - （1 - 2\alpha s）^{1/2} = 0.016$$

$$A_s = \xi f_c b_f'，h_0/f_y = 0.016 \times 11.9 \times 2400 \times 560/360 = 711 \text{mm}^2$$

实配钢筋 3Φ18，$A_s = 763\text{mm}^2$。

$\rho = 763/250/560 = 0.54\% > \rho_{\min} = 0.215\%$，满足要求。

对于第一类 T 形截面，$\xi < \xi_b$ 均能满足，可不用验算。

考虑两支座处：

将下部跨间截面的 3Φ18 钢筋伸入支座，作为支座负弯矩作用下的受压钢筋，$A_s' = 763\text{mm}^2$，再计算相应的受拉钢筋 A_s，支座 A 上部：

$$\alpha_s = M/(f_c b_f' h_0^2) = 346.49 \times 10^6/11.9/2400/560^2 = 0.039$$

$$\xi = 1 - (1 - 2\alpha s)^{1/2} = 0.04$$

可近似取

$$A_s = \xi f_c b_f' h_0/f_y = 0.04 \times 11.9 \times 2400 \times 560/360 = 1777\text{mm}^2$$

实配钢筋 2Φ28，1Φ25，$A_s = 1723\text{mm}^2$

支座 B 上部，

$$\alpha_s = -M/(f_{cm} b_f' h_0^2) = 344.65 \times 10^6/11.9/2400/560^2 = 0.037$$

$$\xi = 1 - (1 - 2\alpha s)^{1/2} = 0.038$$

可近似取

$$A_s = \xi f_{cm} b_f' h_0/f_y = 0.038 \times 11.9 \times 2400 \times 560/360 = 1675\text{mm}^2$$

实配钢筋 2Φ25，1Φ28，$A_s = 1598\text{mm}^2$。

$\rho = 1598/250/560 = 1.1\% > \rho_{\min} = 0.3\%$，

2) 箍筋选择

梁端加密区箍筋取 Φ8@150，箍筋用 I 级 HPB400，加密区长度取 0.90m，非加密区箍筋取 Φ8@250。箍筋配置，满足构造要求。

其余配筋过程见表 4.22

梁的配筋计算　　　　　　　　　　　　　　　　表 4.22

层次	截面		M 或 $\gamma_{RE} M$kN·m	α_s	ξ	A_s'/mm²	A_s/mm²	$A_{\min}$/mm²	实配钢筋 A_s/mm²
3	支座	A	256.72	0.0287	0.0291	1292		430	3Φ25（1473）
		B	−280.64	0.0313	0.0318		1415	430	3Φ25（1473）
	AB、CD 跨间		−186.66	0.0208	0.0211		936	430	3Φ20（942）
	支座 B、C		180.75	0.0202	0.0204	906		430	3Φ20（942）
2	支座	A	324.85	0.0363	0.0370	1642		430	2Φ25，1Φ28（1598）
		B	−323.38	0.0361	0.0368		1634	430	2Φ25，1Φ28（1598）
	AB、CD 跨间		−127.8	0.0143	0.0144		639	430	3Φ18（763）
	支座 B、C		93.33	0.0104	0.0105	465		430	2Φ18（509）
1	支座	A	346.49	0.0387	0.0395	1753		430	2Φ28，1Φ25（1723）
		B	−344.65	0.0385	0.0393		1744	430	2Φ28，1Φ25（1723）
	AB、CD 跨间		−141.48	0.0158	0.0159		707	430	3Φ18（763）
	支座 B、C		119.47	0.0133	0.0134	597		430	2Φ18（509）

4.7.10 框架柱配筋计算

（1）剪跨比和轴压比计算

表 4.23 给出了框架柱各层剪跨比和轴压比计算结果，由表可见，各柱的剪跨比和轴压比均满足规范要求。

柱的剪跨比和轴压比验算

表 4.23

柱号	层次	b/mm	h_0/mm	f_c/ (N/mm²)	M/ (Nmm)	V/ (N)	N/ (N)	M/Vh_0	N/f_cbh
A	3	400	460	11.9	261700000	85950	501560	6.62	0.23
	2	400	460	11.9	139660000	52120	667780	5.83	0.30
	1	400	460	11.9	207110000	81320	936450	5.54	0.43
B	3	400	460	11.9	102450000	99480	434120	2.24	0.20
	2	400	460	11.9	71620000	64690	824990	2.41	0.38
	1	400	460	11.9	28840000	30170	1122420	2.08	0.51

$M/Vh_0 > 2$. 满足，$N/f_cbh < 0.9$ 满足

（2）柱正截面承载力计算

先以第 5 层 A、D 号柱为例，

最不利组合一（调整后）：$M_{max} = 272.22$kN·m，$N = 417.74$kN，轴向力对截面重心的偏心矩 $e_0 = M/N = 272.22 \times 10^6 / (417.74 \times 10^3) = 651.65$mm，附加偏心矩 e_a 取 20mm 和偏心方向截面尺寸的 1/30 两者中的较大值，即 $400/30 = 13.3$mm，故取 $e_a = 20$mm。柱的计算长度，根据《混凝土设计规范》，对于现浇楼盖的顶层柱，$l_0 = 1.0H = 3.6$m，

初始偏心矩：$e_i = e_0 + e_a = 651.65 + 20 = 671.65$mm，增大系数 η，

$$\xi_1 = \frac{0.5f_cA}{N} = \frac{0.5 \times 14.3 \times 400 \times 500}{417.74 \times 10^3} = 2.4 > 1.0,$$

取 $\xi_1 = 1.0$，又 $l_0/h < 15$，取 $\xi_2 = 1.0$，

得 $\eta = \dfrac{1}{1400e_i/h_0}\left(\dfrac{l_0}{h}\right)^2 \xi_1\xi_2 = \dfrac{1}{1400 \times 671.65/460}\left(\dfrac{3.6}{0.5}\right)^2 \times 1 \times 1 = 0.02$

轴向力作用点至受拉钢筋 A_s 合力点之间的距离

$$e = \eta e_i + \frac{h}{2} - \alpha_s$$
$$= 0.02 \times 671.65 + 500/2 - 40$$
$$= 223\text{mm}$$

对称配筋：

$$\xi = \frac{N}{f_cbh_0} = \frac{417.74 \times 10^3}{14.3 \times 400 \times 460} = 0.16 < 0.55$$

为大偏心受压情况。

$$A_s = A'_s = \frac{Ne - \alpha_1 f_cbh_0^2\xi (1-0.5\xi)}{f'_y (h_0 - a'_0)}$$
$$= \frac{4.17.74 \times 10^3 \times 223 - 1 \times 14.3 \times 400 \times 460^2 \times 0.05 \times (1-0.5 \times 0.05)}{360 \times (460-40)}$$
$$= 321.38 \text{ (mm)}$$

最不利组合二（调整后）：$M = 261.70$kN·m，$N_{max} = 501.56$kN，此组内力是非地震组合情况，故不必进行调整。轴向力对截面重心的偏心矩 $e_0 = M/N = 261.70 \times 10^6/$

$(501.56×10^3)＝521.77$mm

初始偏心矩：$e_i＝e_0＋e_a＝521.77＋20＝541.77$mm，增大系数 η,

$$\xi_1＝\frac{0.5f_{cm}A}{N}＝\frac{0.5×14.3×400×500}{501.56×10^3}＝2.85＞1.0,$$

取 $\xi_1＝1.0$，又 $l_0/h＜15$，取 $\xi_2＝1.0$,

得 $\eta＝\dfrac{1}{1400e_i/h_0}\left(\dfrac{l_0}{h}\right)^2\xi_1\xi_2＝\dfrac{1}{1400×541.77/460}\left(\dfrac{3.6}{0.5}\right)^2 1×1＝0.03$

轴向力作用点至受拉钢筋 A_s 合力点之间的距离

$$e＝\eta e_i＋\frac{h}{2}－a_s$$

$$＝0.03×541.77＋500/2－40$$

$$＝227\text{mm}$$

对称配筋：

$$\xi＝\frac{N}{f_{cm}bh_0}＝\frac{501.56×10^3}{14.3×400×460}＝0.19＜0.55$$

为大偏心受压情况。

$$A_s＝A'_s＝\frac{Ne－\alpha_1 f_c bh_0^2\xi(1－0.5\xi)}{f'_y(h_0－a'_0)}$$

$$＝\frac{501.56×10^3×227－1×14.3×400×460^2×0.05×(1－0.5×0.05)}{360×(460－40)}$$

$$＝362.76\text{(mm)}$$

选 3 Φ 18，$A'_s＝A_s＝763$mm²，总配筋率 $\rho_s＝2×763/400/460＝0.83\%＞0.8\%$。

具体计算过程如表 4.24 所示。

柱的配筋计算　　　　　　　　　　　　　　　　　　表 4.24

柱号	层次	M (kN·m)	N (kN)	h (m)	e_0	e_a	e_i	L_0	ζ_1	ζ_2	$\dot\eta$	e	ξ	$A_S＝A'_S$	配筋
A、D 柱	3	272.22	417.74	0.5	651.65	20	671.65	3.6	1	1	0.025	226.6629	0.16	242	3Φ18（763）
		261.7	501.56	0.5	521.77	20	541.77	3.6	1	1	0.031	226.6629	0.19	370	3Φ18（763）
	2	177.84	613.43	0.5	289.91	20	309.91	4.5	1	1	0.084	236.0357	0.23	581	3Φ18（763）
		139.66	667.78	0.5	209.14	20	229.14	4.5	1	1	0.114	236.0357	0.25	668	3Φ18（763）
	1	207.11	936.45	0.5	221.17	20	241.17	5.5	1	1	0.161	248.8929	0.36	1179	3Φ22（1140）
		207.11	936.45	0.5	221.17	20	241.17	5.5	1	1	0.161	248.8929	0.36	1179	3Φ22（1140）
B、C 柱	3	264.47	260.84	0.5	1013.92	20	1033.92	3.6	1	1	0.016	226.6629	0.10	1	3Φ18（763）
		102.45	434.12	0.5	235.99	20	255.99	3.6	1	1	0.065	226.6629	0.16	267	3Φ18（763）
	2	205.67	477.37	0.5	430.84	20	450.84	4.5	1	1	0.058	236.0357	0.18	364	3Φ20（942）
		71.62	824.99	0.5	86.81	20	106.81	4.5	1	1	0.244	236.0357	0.31	920	3Φ20（942）
	1	204.08	999.49	0.5	204.18	20	224.18	5.5	1	1	0.173	248.8929	0.38	1286	2Φ28，1Φ25 （1723）
		28.84	1222.42	0.5	23.59	20	43.59	5.5	1	1	0.892	248.8929	0.46	1662	2Φ28，1Φ25 （1723）

思 考 题

1. 多层和高层钢筋混凝土结构房屋主要有哪几种结构体系？各有何特点及适用范围？

2. 多层和高层钢筋混凝土结构房屋的震害主要有哪些表现？

3. 为什么要限制各种结构体系的最大高度及高宽比？

4. 框架结构、框架－剪力墙结构、剪力培结构的布置分别应着重解决哪些问题？

5. 多层和高层钢筋混凝土结构房屋的抗震等级是如何确定的？

6. 如何计算框架结构的自振周期？如何确定框架结构的水平地震作用？

7. 为什么要进行结构的侧移计算？框架结构的侧移计算包括哪几个方面？各如何计算？

8. 框架结构在水平地震作用下的内力如何计算？在紧向荷载作用下的内力如何计算？

9. 如何进行框架结构的内力组合？

10. 框架结构抗震设计的基本原则是什么？

11. 如何进行框架梁、柱、节点设计？

第5章 多层砌体结构房屋的抗震设计

5.1 概述

砌体房屋是指由烧结普通黏土砖、烧结多孔黏土砖、蒸压砖、混凝土砖或混凝土小型空心砌块等块材，通过砂浆砌筑而成的房屋。砌体结构在我国建筑工程中，特别是在住宅、办公、学校、医院、商店等建筑中，获得了广泛应用。据统计，砌体结构在整个建筑工程中，占 80% 以上。由于砌体结构材料的脆性性质，其抗剪、抗拉和抗弯强度很低，所以砌体房屋的抗震能力较差。在国内外历次强烈地震中，砌体结构破坏率都是相当高的。1906 年美国旧金山地震，砖石房屋破坏十分严重，如典型砖结构的市府大楼，全部倒塌，震后一片废墟。1923 年日本关东大地震，东京约有 7000 幢砖石房屋，大部分遭到严重破坏，其中仅有 1000 余幢平房可修复使用。又如，1948 年苏联阿什哈巴地震，砖石房屋破坏率达 70%～80%。我国近年来发生的一些破坏性地震，特别是 1976 年的唐山大地震，砖石结构的破坏率也是相当高的。据对唐山烈度为 10 度及 11 度区 123 幢 2～8 层的砖混结构房屋的调查，倒塌率为 63.2%；严重破坏的为 23.6%，尚可修复使用的为 4.2%，实际破坏率，高达 91.0%。另外根据调查，该次唐山地震 9 度区的汉沽和宁河，住宅的破坏率分别为 93.8% 和 83.5%，8 度区的天津市区及塘沽区，仅市房管局管理的住宅中，受到不同程度损坏占 62.5%；6、7 度区的北京砖混结构也遭到不同程度的损坏。

震害调查表明，不仅在 7、8 度区，甚至在 9 度区，砖混结构房屋受到轻微损坏，或者基本完好的例子也是不少的。通过对这些房屋的调查分析，其经验表明，只要经过合理的抗震设防，构造得当，保证施工质量，则在中、强地震区，砖混结构房屋是具有一定抗震能力的。

从我国国情出发，在今后一定时间内，砌体结构仍将是城乡建筑中的主要结构形式之一。因此，如何提高砌体结构房屋的抗震能力，将是建筑抗震设计中一个重要课题。

同时，震害调查表明，不仅在 7、8 度区，甚至在 9 度区，砌体结构房屋震害较轻，或者基本完好的也不乏其例。实践证明，只要经过认真的抗震设计，通过合理的抗震设防、得当的构造措施、良好的施工质量保证，则即使在中、强地震区，砌体结构房屋也能够不同程度地抵御地震的破坏。

5.2 震害及其分析

在强烈地震作用下，多层砌体房屋的破坏部位，主要是墙身和构件间的连接处，楼盖、屋盖结构本身的破坏较少。下面根据历次地震宏观调查结果，对多层砖房的破坏规律及其原因作一简要说明。烧结普通黏土砖、蒸压砖、混凝土砖、烧结多孔黏土砖和混凝土小型空心砌块，本章分别简称为普通砖、多孔砖和小砌块。

5.2.1 墙体的破坏

在砌体房屋中，与水平地震作用方向平行的墙体是主要承担地震作用的构件。这类墙体往往因为主拉应力强度不足而引起斜裂缝破坏。由于水平地震反复作用，两个方向的斜裂缝组成交叉型裂缝。这种裂缝在多层砌体房屋中一般规律是下重上轻。这是因多层房屋墙体下部地震剪力大的缘故。

5.2.2 墙体转角处的破坏

由于墙角位于房屋尽端，房屋对它的约束作用减弱，使该处抗震能力相对降低，因此较易破坏。此外，在地震过程中当房屋发生扭转时，墙角处位移反应较房屋其他部位大，这也是造成墙角破坏的一个原因。

5.2.3 楼梯间的破坏

主要是墙体破坏，而楼梯本身很少破坏。这是因为楼梯在水平方向刚度大，不易破坏，而墙体在高度方向缺乏有力支撑，空间刚度差，且高厚比较大，稳定性差，容易造成破坏。

5.2.4 内外墙连接处的破坏

内外墙连接处是房屋的薄弱部位，特别是有些建筑内外墙分别砌筑，以直槎或马牙槎连接，这些部位在地震中极易拉开。造成外纵墙和山墙外闪、倒塌等现象。

5.2.5 屋盖的破坏

在强烈地震作用下，坡屋顶的木屋盖常因屋盖支撑系统不完善，或采用硬山搁檩而山尖未采取抗震措施，造成屋盖丧失稳定性。

5.2.6 突出屋面的屋顶间等附属结构的破坏

在房屋中，突出屋面的屋顶间（电梯机房、水箱间等）、烟囱、女儿墙等附属结构，由于地震"鞭端效应"的影响，所以一般较下部主体结构破坏严重，几乎在6度区就发现有所破坏。特别是较高的女儿墙、出屋面的烟囱，在7度区普遍破坏，8～9度区几乎全部损坏或倒塌。

5.3 结构方案与结构布置

5.3.1 结构方案与结构布置

多层砌体房屋应优先采用横墙承重或纵横墙共同承重的结构体系；纵横墙的布置宜均匀对称，沿平面内宜对齐，沿竖向应上下连续；同一轴线上的窗间墙宽度宜均匀。当房屋立面高差在6m以上，或有错层且楼板高差较大，或房屋各部分结构的刚度、质量截然不同时，宜在上述部位设防震缝。楼梯间不宜设置在尽端和转角处。烟道、风道、垃圾道等不应削弱墙体。当墙体被削弱时，应对墙体采取加强措施；不宜采用无竖向配筋的附墙烟囱及出屋面烟囱。亦不宜采用无锚固的钢筋混凝土预制挑檐。

5.3.2 房屋总高度和层数限值

历次震害调查表明，砌体房屋的高度越大、层数越多，震害越严重，破坏和倒塌率也越高。同时，由于我国目前砌体的材料强度较低，随着房屋层数增多，墙体截面加厚，结构自重和地震作用都将相应加大，对抗震十分不利。因此，对这类房屋的总高度和层数应予以限制，不应超过表 5.1 的限值，且砖房层高不宜超过 4m，砌块房屋层高不宜超过 3.6m。

对医院、教学楼等及横墙较少（同一层内开间大于 4.2m 的房间占该层总面积的 40％ 以上）的多层砌体房屋总高度，应比表 5.1 的规定降低 3m。层数相应减少一层；各层横墙很少的多层砌体房屋，还应根据具体情况再适当降低总高度和减少层数；但对横墙较少的多层住宅楼，当按规定采取加强措施并满足抗震承载力要求时，其高度和层数仍可按表 5.1 的规定采用。

针对汶川地震中小学校舍建筑暴露的问题，为加强对未成年人在地震等突发事件中的保护，中小学校舍按乙类建筑设防，乙类的多层砌体房屋应允许按本地区设防烈度查表 5.1，但层数应减少一层且总高度应降低 3m。

房屋的层数和总高度限值　　　　　　　　　　　表 5.1

房屋类型		最小抗震墙厚度 (mm)	烈度和设计基本地震加速度											
			6		7				8				9	
			0.05g		0.10g		0.15g		0.20g		0.30g		0.40g	
			高度	层数	高度	层数	高度	层数	高度	层数	高度	层数	高度	层数
多层砌体房屋	普通砖	240	21	7	21	7	21	7	18	6	15	5	12	4
	多孔砖	240	21	7	21	7	18	6	18	6	15	5	9	3
	多孔砖	190	21	7	18	6	15	5	15	5	12	4	—	—
	小砌块	190	21	7	21	7	18	6	18	6	15	5	9	3
底部框架-抗震墙房屋	普通砖、多孔砖	240	22	7	22	7	19	6	16	5	—	—	—	—
	多孔砖	190	22	7	19	6	16	5	13	4	—	—	—	—
	小砌块	190	22	7	22	7	19	6	16	5	—	—	—	—

注：1. 房屋的总高度指室外地面到主要屋面板板顶或檐口的高度，半地下室从地下室室内地面算起，全地下室和嵌固条件好的半地下室应允许从室外地面算起；对带阁楼的坡屋面应算到山尖墙的 1/2 高度处；

2. 室内外高差大于 0.6m 时，房屋总高度应允许比表中的数据适当增加，但增加量应少于 1.0m；

3. 乙类的多层砌体房屋仍按本地区设防烈度查表，其层数应减少一层且总高度应降低 3m；不应采用底部框架-抗震墙砌体房屋；

4. 本表小砌块砌体房屋不包括配筋混凝土小型空心砌块砌体房屋。

5.3.3　房屋最大高宽比

多层砌体房屋的高宽比较小时，地震作用引起的变形以剪切为主。随高宽比增大，变形中弯曲效应增加，因此在墙体水平截面产生的弯曲应力也将增大，而砌体的抗拉强度较低，故很容易出现水平裂缝，发生明显的整体弯曲破坏。为此，多层砌体房屋的最大高宽比应符合表 5.2 的规定，以限制弯曲效应，保证房屋的稳定性。

房屋最大高宽比　　　　　　　　　　　表 5.2

烈度	6	7	8	9
最大高宽比	2.5	2.5	2	1.5

注：1. 单面走廊房屋的总宽度不包括走廊宽度；

2. 点式、墩式建筑的高定比直适当减小。

5.3.4 房屋抗震横墙最大间距

在横向水平地震作用下，砌体房屋的楼（屋）盖和横墙是主要的抗侧力构件。对于横墙，一方面应通过抗震强度验算，保证具有足够的承载力；另一方面，必须使横墙间距能满足楼盖传递水平地震力所需的刚度要求。如横墙间距过大，楼盖的水平刚度较差，不能将地震力传给横墙，同时使纵墙因层间变形过大而产生平面外弯曲破坏。

多层砌体房屋的横向地震力是通过楼盖传递给横墙的，所以楼盖须具有传递地震力给横墙的水平刚度，为了满足楼盖对传递水平地震力所需的刚度，抗震规范对房屋抗震横墙的最大间距规定见表 5.3。

表 5.3

房屋抗震横墙最大间距（m）

房屋类型		烈度			
		6	7	8	9
多层砌体房屋	现浇或装配整体式钢筋混凝土楼、屋盖	15	15	11	7
	装配式钢筋混凝土楼、屋盖	11	11	9	4
	木屋盖	9	9	4	—
底部框架-抗震墙房屋	上部各层	同多层砌体房屋			—
	底层或底部两层	18	15	11	

注：1. 多层砌体房屋的顶层，除木屋盖外的最大横墙间距应允许适当放宽，但应采取相应加强措施；

2. 多孔砖抗震横墙厚度为 190mm 时，最大横墙间距应比表中数值减少 3m。

5.3.5 房屋局部尺寸

多层砌体房屋的窗间墙、墙端至门窗洞边间的墙段，突出屋面的女儿墙等部位是房屋抗震的薄弱环节，地震时往往首先破坏，甚至导致整幢房屋的破坏。《抗震规范》通过对震害的宏观调查，规定这些部位的局部尺寸限值，宜符合表 5.4 的要求。

表 5.4

房屋的局部尺寸限值（m）

部位	6 度	7 度	8 度	9 度
承重窗间墙最小宽度	1.0	1.0	1.2	1.5
承重外墙尽端至门窗洞边的最小距离	1.0	1.0	1.2	1.5
非承重外墙尽端至门窗洞边的最小距离	1.0	1.0	1.0	1.0
内墙阳角至门窗洞边的最小距离	1.0	1.0	1.5	2.0
无锚固女儿墙（非出入口处）的最大高度	0.5	0.5	0.5	0.0

注：1. 局部尺寸不足时，应采取局部加强措施弥补，且最小宽度不宜小于 1/4 层高和表列数据的 80%；

2. 出入口处的女儿墙应有锚固。

5.4 多层砌体房屋抗震计算

地震时，在水平及垂直方向都有地震作用，某些情况下还有地震扭转作用。一般来讲，对地震的垂直作用，仅在长悬臂和其他大跨度结构以及烟囱等高耸结构、高层建筑中才加以考虑，对于多层砌体房屋不要求进行这方面的计算。对地震的扭转作用，在多层砌体房屋中亦可不作计算，仅在进行建筑平面、立面布置及结构布置时尽量做到质量、刚度均匀，一方面减少扭转的影响，另一方面增强抗扭能力。因此，对多层砌体房屋抗震计算，一般只需验算房屋在横向和纵向水平地震力作用下，横墙和纵墙在其自身平面内的剪切强度。同时《抗震规范》规定，进行多层砌体房屋抗震强度验算时，可只选择承载面积较大或竖向压力较小的墙段进行截面抗震承载力验算。

5.4.1　计算简图

在确定多层砌体结构房屋的计算简图时，主要有以下考虑：

（1）将水平地震作用在建筑物两个主轴方向分别进行抗震验算；

（2）地震作用下结构的变形为剪切型。这是因为对多层砌体结构房屋的高度、高宽比及横墙间距都有一定的规定和限制，且房屋高度较低，可以认为砌体房屋在水平地震作用下的变形以层间剪切变形为主；

（3）房屋各层楼盖水平刚度无限大，仅做平移运动，因此各抗侧力构件在同一楼层标高处侧移相同。在计算多层砌体房屋地震作用时，应以防震缝所划分的结构单元作为计算单元，在计算单元中各楼层的集中质点设在楼、屋盖标高处，各楼层质点重力荷载应包括：楼、屋盖上的重力荷载代表值，墙体上、下层各半的重力荷载。图 5.1 为多层砌体房屋的计算简图。

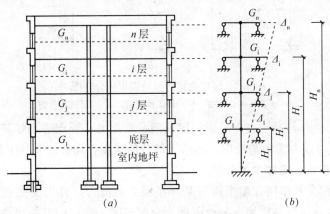

图 5.1　多层砌体房屋的计算简图

(a) 多层砌体房屋；(b) 计算简图

计算简图中结构底部固定端标高的取法：对于多层砌体结构房屋，当基础埋置较浅时，取为基础顶面；当基础埋置较深时，可取为室外地坪下 0.5 处；当设有整体刚度很大的全地下室时，则取为地下室顶板顶部；当地下室整体刚度较小或为半地下室时，则应取为地下室室内地坪处。

5.4.2　地震作用

因为多层砌体结构房屋的质量和刚度沿高度分布均匀，且以剪切变形为主，故可以按底部剪力法来确定其地震作用。结构底部总水平地震作用的标准值 F_{EK} 为：

$$F_{EK} = \alpha_1 G_{eq} \tag{5.1}$$

考虑到多层砌体房屋中纵向或横向承重墙体的数量较多，房屋的侧移刚度很大，因而其纵向和横向基本周期较短，一般均不超过 0.25s。所以《建筑抗震规范》规定：对于多层砌体房屋确定水平地震作用时，采用 $\alpha_1 = \alpha_{max}$，α_{max} 动水平地震影系数最大值。这是偏于安全的。

计算质点 i 的水平地震作用标准值 F_i 时，考虑到多层砌体房屋的自振周期短，地震作用采用倒三角形分布，其顶部误差不大，放取入 $\delta_n = 0$，则 F_i 的计算公式为：

$$F_i = \frac{G_i H_i}{\sum\limits_{j=1}^{n} G_j H_j} F_{EK} \tag{5.2}$$

如图 5.2，作用在第 i 层的地震剪力 V_i 为 i 层以上各层地震作用之和，即：

$$V_i = \sum_{i=i}^{n} F_i = \left(\sum_{i=i}^{n} H_i \bigg/ \sum_{j=1}^{n} G_j H_j \right) F_{EK} \tag{5.3}$$

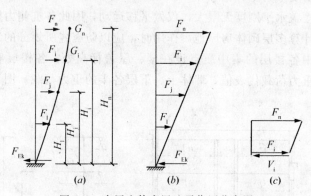

图 5.2　多层砌体房屋地震作用分布图

(a) 地震作用分布图；(b) 地震作用图；(c) i 层地震剪力

采用底部剪力法时，对于突出屋面的屋顶间、女儿墙、烟囱等小建筑的地震作用效应宜乘以增大系数 3，以考虑鞭鞘效应。此增大部分的地震作用效应不往下层传递。

5.4.3　楼层地震剪力在墙体中的分配

楼层地展剪力 V_i 是作用在整个房屋某一楼层上的剪力。首先要把它分配到同一楼层的各道墙上去，进而再把每道墙上的地震剪力分配到同一道墙的某一墙段上。这样，当某一道墙或某一墙段的地震剪力已知后，才可能按砌体结构的方法对墙体的抗震承载力进行验算。

楼层地震剪力 V_i 在同一层各墙体间的分配主要取决于楼盖的水平刚度及各墙体的侧移刚度。

(1) 墙体侧移刚度

在多层砌体房屋的抗震分析中，如各层楼盖仅发生平移而不发生转动，确定墙体的层间抗侧力等效刚度时，视其为下端固定、上端嵌固的构件，即一般假定；各层墙体或开洞墙中的窗间墙，门间墙上、下端均不发生转动（图 5.3）。对于这类构件在单位水平力作用下由弯曲引起的变形与由剪切引起的变形（图 5.4）分别为：

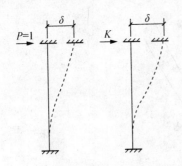

图 5.3　构件的侧移柔度、侧移刚度图

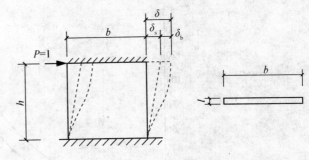

图 5.4　单位水平力作用下构件的弯曲、剪切变形

弯曲变形为：

$$\delta_b = \frac{h^3}{12EI} = \frac{1}{Et} \cdot \frac{h}{b} \cdot \left(\frac{h}{b}\right)^2 \tag{5.4}$$

剪切变形为：

$$\delta_s = \frac{\xi h}{AG} = 3 \cdot \frac{1}{Et} \cdot \frac{h}{b} \tag{5.5}$$

式中　　　h——墙体、门间墙或窗间墙高度；

A——墙体、门间墙或窗间墙的水平截面面积，$A = bt$；

I——墙体、门间墙或窗间墙的水平截面惯性矩，$I = \frac{1}{12}b^3 t$；

b，t——墙体、墙段的宽度和厚度；

ξ——截面剪应力分布不均匀系数，对矩形截面取 $\xi = 1.2$；

E——砌体弹性模量；

G——砌体剪变模量，一般取 $G = 0.4E$。

总变形为：

$$\delta = \delta_b + \delta_s \tag{5.6}$$

将 A、I、G 的表达式和 ξ 代入式（5.6），得到构件在单位水平力作用下的总变形为：

$$\delta = \frac{1}{Et} \cdot \frac{h}{b} \cdot \left(\frac{h}{b}\right)^2 + 3 \cdot \frac{1}{Et} \cdot \frac{h}{b} \tag{5.7}$$

图 5.5 给出不同高宽比墙段，其剪切变形和弯曲变形的数量关系以及在总变形中所占的比例。从图 5.5 中可以看出：当 $h/b < 1$ 时，弯曲变形占总变形的 10% 以上；当 $h/b > 4$ 时，剪切变形在总变形中所占的比例很小，其侧移柔度值很大；当 $l \leqslant h/b \leqslant 4$ 时，剪切变形和弯曲变形在总变形中均占有相当的比例。为此《建筑抗震规范》规定：

①高宽比小于 1 时，可以只考虑剪切变形，有：

$$K_s = \frac{1}{\delta_s} = \frac{Et}{3h/b} \tag{5.8}$$

②高宽比不大于 4 且不小于 1 时，应同时考虑弯曲和剪切变形，即：

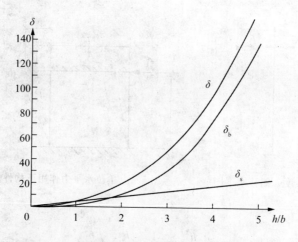

图 5.5　剪切变形与弯曲变形在总变形中的比例关系

$$K_{bs} = \frac{1}{\delta} = \frac{Et}{(h/b)\,[3 + (h/b)^2]} \tag{5.9}$$

③高宽比大于 4 时，由于侧移柔度值很大，可不考虑其刚度，即取 $K=0$。

（2）楼层地震剪力 V_i 的分配原则

当地震作用沿房屋横向作用时，由于横墙在其平面内的刚度很大，而纵墙在其平面内的刚度很小，所以，地震作用的绝大部分由横墙承担。反之，当地震作用沿房屋纵向作用时，则地震作用的绝大部分由纵墙承担。因此，在抗震设计中，当抗震横墙间距不超过规定的限值时，则假定 V_i 由各层与 V_i 方向一致的抗震墙体共同承担，即横向地震作用全部由横墙承担，而不考虑纵墙的作用。同样，纵向地震作用全部由纵墙承担，而不考虑横墙的作用。

（3）横向楼层地震剪力的分配

横向楼层地震剪力在横向各抗倒力墙体之间的分配，不仅取决于每片墙体的层间抗侧力等效刚度，而且取决于楼盖的整体水平刚度。楼盖的水平刚度，一般取决于楼盖的结构类型和楼盖的宽长比。对于横向计算若近似认为楼盖的宽长比保持不变，则楼盖的水平刚

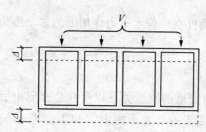

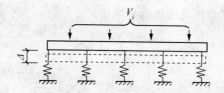

图 5.6　刚性楼盖计算简图

度仅与楼盖的结构类型有关。

①刚性楼盖房屋

刚性楼盖房屋是指抗震横墙间距符合《建筑抗震规范》规定的现浇及装配整体式钢筋混凝土楼盖房屋。当受到横向水平地震作用时，可以认为楼盖在其水平面内无变形，即将楼盖视为在其平面内绝对刚性的连续梁，而横墙为其弹性支座（图 5.6）。当结构、荷载都对称时，楼盖仅发生整体平移运动，各横墙将产生相等的水平位移 Δ，作用于刚性梁上的地震作用所引起的支座反力即为抗震横墙所承受的地震剪力，它与支座的弹性刚度成正比，即各墙所承受的地震剪力按各墙的侧移刚度比例进行分配。

第 i 层各抗震横墙所分担的地震剪力 V_{im} 之和即为该楼层总地震剪力 V_i：

$$\sum_{m=1}^{s} V_{im} = V_i \quad (i = 1, 2, \cdots, n) \tag{5.10}$$

式中 V_{im}——第 i 层中第 m 道墙所分担的地震剪力。

V_{im} 即为该墙的侧移值 Δ 与其侧移刚度 K_{im} 的乘积：

$$V_{im} = \Delta K_{im} \tag{5.11}$$

即

$$\sum_{m=1}^{s} \Delta K_{im} = V_i \tag{5.12}$$

则有

$$\Delta = \frac{V_i}{\sum\limits_{m=1}^{s} K_{im}} \tag{5.13}$$

将式（5.13）代入式（5.11）得：

$$V_{im} = \frac{K_{im}}{\sum\limits_{m=1}^{s} K_{im}} V_i \tag{5.14}$$

当计算墙体在其平面内的侧移刚度 K_{im} 时，因其弯曲变形小，故一般可只考虑剪切变形的影响，即：

$$K_{im} = \frac{A_{im} G_{im}}{\xi h_{im}}$$

式中 G_{im}——第 i 层第 m 道墙砌体的剪变模量；

A_{im}——第 i 层第 m 道墙的净横截面面积；

h_{im}——第 i 层第 m 道墙的高度。

若各墙的高度 h_{im} 相同，材料相同，从而 G_{im} 相同，则：

$$V_{im} = \frac{A_{im}}{\sum\limits_{m=1}^{s} A_{im}} V_i \tag{5.15}$$

式中 $\sum\limits_{m=1}^{s} A_{im}$——第 i 层各抗震横墙净横截面面积之和。

式（5.15）表明，对于刚性楼盖，当各抗震墙的高度、材料相同时，其楼层水平地震剪力可按各抗震墙的横截面面积比例进行分配。

②柔性楼盖房屋

柔性楼盖房屋是指以木结构等柔性材料为楼盖的房屋。由于楼盖在其自身平面内的水平刚度很小，因此，当受到横向水平地震作用时，楼盖变形除平移外还有弯曲变形，在各横墙处的变形不相同，变形曲线不连续，因而可近似地视整个楼盖为分段简支于各片横墙的多跨简支梁（图 5.7）。

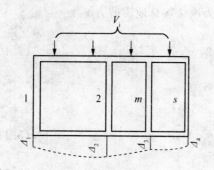

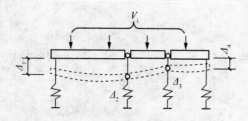

图 5.7 柔性楼盖计算简图

各片横墙可独立地变形。各根墙所承担的地震作用为该墙两侧横墙之间各一半楼（屋）盖面积的重力荷载所产生的地震作用。因此，各横墙所承担的地震作用即可按各墙所承担的上述重力荷载代表值的比例进行分配，即：

$$V_{im} = \frac{G_{im}}{G_i} V_i \qquad (5.16)$$

式中 G_i——第 i 层楼（屋）盖上所承担的总重力荷载代表值；

G_{im}——第 i 层楼（屋）盖上，第 m 道墙与左右两侧相邻横墙之间各一半楼（屋）盖面积上所承担的重力荷载代表值之和。

当楼（屋）盖上重力荷载均匀分布时，各横墙所承担的地震剪力可换算为按该墙与两侧横墙之间各一半楼（屋）盖面积比例进行分配，即：

$$V_{im} = \frac{F_{im}}{F_i} V_i \qquad (5.17)$$

式中 . F_{im}——第 i 层楼盖上第 m 道墙与左右两侧相邻横墙之间各一半楼（屋）盖面积之和；

F_i——第 i 层楼盖的总面积。

③中等刚性楼盖房屋

装配式钢筋混凝土楼盖属于中等刚性楼盖，其楼（屋）盖的刚度介于刚性与柔性楼（屋）盖之间，既不能把它假定为绝对刚性水平连续梁，也不能假定为多跨简支梁。在横向水平地震作用下，楼盖的变形状态不同于刚性楼盖和柔性楼盖，在各片横墙间将产生一定的相对水平变形，各片横墙产生的位移并不相等，因而，各片横墙所承担的地震剪力，不仅与横墙抗侧力等效刚度有关，而且与楼盖的水平变形有关。可以合理地选择楼盖的刚度参数按精确计算模型进行空间分析，从而得到各片横墙所承担的地震剪力。在一般多层砌体的设计中，对于中等刚性楼盖房屋，第 i 层第 m 片横墙所承担的地震剪力，可取刚性楼盖和柔性楼盖房屋两种计算结果的平均值：

$$V_{im} = \frac{1}{2} \left(\frac{K_{im}}{\sum\limits_{m=1}^{s} K_{im}} + \frac{G_{im}}{G_i} \right) V_i \qquad (5.18)$$

对于一般房屋，当墙高 h_{im} 相同，所用材料相同，楼（屋）盖上重力荷载均匀分布时，V_{im} 也可为：

$$V_{im} = \frac{1}{2} \left(\frac{A_{im}}{\sum\limits_{m=1}^{s} A_{im}} + \frac{F_{im}}{F_i} \right) V_i \qquad (5.19)$$

（4）纵向楼层地震剪力的分配

一般房屋纵向往往较横向的长度大几倍，且纵墙的间距小。无论何种类型楼盖，其纵向水平刚度都很大，在纵向地震作用下，楼盖的变形小，可认为在其自身平面内无变形，因而，在纵向地震作用下，纵墙所承担的地震剪力，不论哪种楼盖，均可按刚性楼盖考虑，即纵向地震剪力可按纵墙的刚度比例进行分配。

（5）同一道墙上各墙段间地震剪力的分配

在同一道墙上，门窗洞口之间墙段所承担的地震剪力可按墙段的侧移刚度进行分配。由于各墙段的高宽比 h/b 不同，其侧移刚度的求法也不同。当墙段高宽比 $h/b \leqslant 1$ 时，墙段以剪切变形为主；当 $1 < h/b \leqslant 4$ 时，弯曲变形与剪切变形在总变形中均占有相当的比例；当 $h/b > 4$ 时，主要以弯曲变形为主，剪切变形所占比例很小，可以忽略不计，故可近似认为，对于 $h/b > 4$ 的墙段，不计刚度，不分配剪力。因此，在求各墙段所分配的地震剪力时，按下列原则进行：

① 若各墙段高宽比 h/b 均小于 1 时，则计算各墙段的侧移刚度时仅考虑剪切变形的影响，即对于第 r 墙段其抗剪强度 K_{imr}：

$$K_{imr} = \frac{A_{imr} G_{imr}}{\xi h_{imr}}$$

第 r 墙段所分配的地震剪力为：

$$V_{imr} = \frac{K_{imr}}{\sum\limits_{r=1}^{n} K_{imr}} V_{im}$$

当各墙段的材料、高度均相同时，各墙段的地震剪力分配可按各墙段的横截面面积比例进行，即对于第 r 墙段其分配的地震剪力为：

$$V_{imr} = \frac{A_{imr}}{\sum\limits_{r=1}^{n} A_{imr}} V_{im}$$

式中　　K_{imr}、A_{imr}、h_{imr}、G_{imr}——第 i 层第 m 道墙第 r 墙段的侧移刚度、横截面面积、墙段高度、墙段剪变模量；

V_{imr}——第 i 层第 m 道墙第 r 墙段所分配的地震剪力。

② 当各墙段高宽比相差较大，求各墙段侧移刚度时，有的墙段需考虑弯曲变形及剪切变形的影响，有的墙段仅需考虑剪切变形的影响，因此，各墙段的地震剪力应按墙段的侧移刚度比例进行分配：

对于需同时考虑弯曲变形及剪切变形影响的墙段：

$$V_{imb} = \frac{K_{bs}}{\sum K_{bs} + \sum K_s} V_{im}$$

对于仅需考虑剪切变形影响的墙段：

$$V_{ims} = \frac{K_s}{\sum K_{bs} + \sum K_s} V_{im}$$

式中 V_{imb}——需同时考虑弯曲变形及剪切变形的影响的墙段所分配的地震剪力；

V_{ims}——仅需考虑剪切变形的影响的墙段所分配的地震剪力；

K_{bs}——同时考虑弯曲变形及剪切变形影响的墙段的侧移刚度；

K_s——仅需考虑剪切变形的影响的墙段的侧移刚度；

V_{im}——第 i 层第 m 道墙所分配的地震剪力。

5.4.4 墙体抗震承载力验算

对于多层砌体房屋，可只选择承载面积较大或竖向应力较小的墙段进行截面抗震承载力验算。

各类砌体沿阶梯形截面破坏的抗震抗剪强度设计值，按式（5.20）计算：

$$f_{vE} = \zeta_N f_v \tag{5.20}$$

式中 f_{vE}——砌体滑阶梯形截面破坏的抗震抗剪强度设计值；

f_v——非抗震设计的砌体抗剪强度设计值，应按国家标准《砌体结构设计规范》（GB50003）采用；

ζ_N——砌体强度的正应力影响系数，可按表5.5采用。

表 5.5

砌体强度的正应力影响系数

砌体类别	σ_0/fV							
	0.0	1.0	3.0	5.0	7.0	10.0	12.0	$\geqslant 15.0$
普通砖，多孔砖	0.80	0.99	1.25	1.47	1.65	1.90	2.05	—
小砌块	—	1.23	1.69	2.15	2.57	3.02	3.32	3.92

注：σ_0 为对应于重力荷载代表值的砌体截面平均压应力。

（1）粘土砖、多孔砖墙体的截面抗震承载力，应按下列规定验算：

①一般情况下，应按式（5.21）验算：

$$V \leqslant f_{vE} A/\gamma_{RE} \tag{5.21}$$

式中 V——墙体剪力设计值；

f_{vE}——砖砌体沿阶梯形截面破坏的抗震抗剪强度设计值；

A——墙体横截面面积，多孔砖取毛截面面积；

γ_{RE}——承载力抗震调整系数，承重墙按第3.9节采用，自承重墙按0.75采用。

②当按式（5.21）验算不满足要求时，除按规定计算水平配筋的提高作用外，尚可计入设置于墙段中部、截面不小于 $240mm \times 240mm$、且纵向钢筋配筋率不小于 0.6% 的构造柱对承载力的提高作用，按下列简化方法验算：

$$V \leqslant [\eta_c f_{vE}(A - A_c) + \zeta_c f_t A_c + 0.08 f_{yc} A_{sc} + \zeta_s f_{yh} A_{sh}] f/\gamma_{RE} \tag{5.22}$$

式中 A_c——中部构造柱的横截面总面积（对横墙和内纵墙，$A_c > 0.15A$ 时，取 $0.15A$；对外纵墙，$A_c > 0.25A$ 时，取 $0.25A$）；

f_t——中部构造柱的混凝土轴心抗拉强度设计值；

A_{sc}——中部构造柱的纵向钢筋截面总面积（配筋率不小于 0.6%，大于 1.4% 时，取 1.4%）；

f_{yh}、f_{yc}——分别为墙体水平钢筋、构造柱钢筋抗拉强度设计值；

ζ_c——中部构造柱参与工作系数，居中设一根时取 0.5，多于一根时取 0.4；

η_c——墙体约束修正系数，一般情况取 1.0，构造柱间距不大于 3.0m 时取 1.1；

A_{sh}——层间竖向截面的总水平钢筋截面面积，无水平钢筋时取 0.0。

（2）水平配筋粘土砖、多孔砖墙体的截面抗震承载力，应按式（5.23）验算：

$$V \leqslant \frac{1}{\gamma_{RE}} (f_{vE}A + \xi_s f_{yh} A_{sh}) \qquad (5.23)$$

式中 A——墙体横截面面积，多孔砖取毛截面面积；

A_{sh}——层间墙体竖向截面的总水平钢筋面积，其配筋率应不小于 0.07% 且不大于 0.17%；

f_{yh}——水平钢筋抗拉强度设计值；

ζ_s——钢筋参与工作系数，可按表 5.6 采用。

钢筋参与工作系数　　　　　　　　　　表 5.6

墙体高厚比	0.4	0.6	0.8	1.0	1.2
ζ_s	0.10	0.12	0.14	0.15	0.12

（3）混凝土小砌块墙体的截面抗震承载力，应按式（5.24）验算：

$$V \leqslant [f_{vE}A + (0.3 f_t A_c + 0.05 f_y A_s)\zeta_c]/\gamma_{RE} \qquad (5.24)$$

式中 f_c——芯柱混凝土轴心抗压强度设计值；

A_c——芯柱截面总面积；

A_s——芯柱钢筋截面总面积；

ζ_c——芯柱影响系数，可按表 5.7 采用。

芯柱参与工作系数　　　　　　　　　　表 5.7

填孔率 ρ	$\rho < 0.15$	$0.15 \leqslant \rho < 0.25$	$0.25 \leqslant \rho < 0.5$	$\rho \geqslant 0.5$
ζ_c	0.0	1.0	1.10	1.15

注：填孔率指芯柱根数与孔洞总数之比。

5.5 多层砌体结构房屋的抗震构造措施

在多层砌体结构房屋的震害中，有相当大的部分是因为构造不合理或不符合抗震要求而造成的，震害经验表明，未经合理抗震设计的多层砌体结构房屋，抗震性能较差，在历次地震中多层砌体结构房屋的破坏率都较高，6 度区已有震害，随烈度的增加，破坏也越严重，特别是在强烈地震下极易倒塌，因此，防倒塌是多层砌体结构房屋抗震设计的重要问题。多层砌体结构房屋的抗倒塌，主要通过抗震构造措施以提高房屋的变形能力来保证。

结构的抗震构造措施主要包括以下几个方面：

5.5.1 多层砖房构造措施

5.5.1.1 构造柱设置

设置钢筋混凝土构造柱可以明显改善多层砌体结构房屋的抗震性能，其功能和作用为：

（1）砌体的抗剪强度可提高10%～30%左右，提高幅度与墙体高宽比、竖向压力和开洞情况有关；

（2）其作用主要是对砌体起约束作用，提高其变形能力；

（3）设置在震害较重、连接构造比较薄弱和易于应力集中部位的构造柱可起到减轻震害的作用。构造柱的设置要求，见表5.8。

多层砖砌体房屋构造柱设置要求　　　　　　　　　　　　　表5.8

房屋层数				设置部位	
6度	7度	8度	9度		
四、五	三、四	二、三		楼、电梯间四角、楼梯斜梯段上下端对应的墙体处；外墙四角和对应转角；错层部位横墙与外纵墙交接处；较大洞口两侧	隔12m或单元横墙与外纵墙交接处；楼梯间对应的另一侧内横墙与外纵墙交接处
六	五	四	二		隔开间横墙（轴线）与外墙交接处；山墙与内纵墙交接处
七	≥六	≥五	≥三		内墙（轴线）与外墙交接处；内横墙的局部较小墙垛处；内纵墙与横墙（轴线）交接处

注：较大洞口，内墙指不小于2.1m的洞口；外墙在内外墙交接处已设置构造柱时应允许适当放宽，但洞侧墙体应加强。

外廊式和单面走廊式的多层房屋，应根据房屋增加一层后的层数，按表5.8的要求设置构造柱，且单面走廊两侧的纵墙均应按外墙处理。

教学楼、医院等横墙较少的房屋，应根据房屋增加一层后的层数，按表5.8的要求设置构造柱；当教学楼、医院等横墙较少的房屋为外廊式或单面走廊式时，应按要求设置构造柱，但6度不超过4层、7度不超过3层和8度不超过2层时，应按增加2层后的层数考虑。

构造柱最小截面可采用240mm×180mm，纵向钢筋宜采用4φ12，箍筋间距不宜大于250mm，且在住上下端宜适当加密；7度时超过6层、8度时超过5层和9度时，构造柱纵向钢筋宜采用4φ14，箍筋间距不应大于200mm；房屋四角的构造柱可适当加大截面及配筋。

钢筋混凝土构造柱必须先砌墙，后浇柱，构造柱与墙连接处宜砌成马牙槎，并应沿墙高每隔500mm设2φ6拉结钢筋，每边伸入墙内不宜小于1m（图5.8）。

构造柱应与圈梁连接，以增加构造柱的中间支点。构造柱与圈梁连接处，构造柱的纵筋应穿过圈梁的主筋，保证构造柱纵筋上下贯通。

构造柱可不单独设置基础，但应伸入室外地面下500mm，或锚入浅于500mm的基础圈梁内。

房屋高度和层数接近表5.1的限值时，纵、横墙内构造柱间距尚应符合下列要求：

（1）横墙内的构造柱间距不宜大于层高的2倍；下部1/3楼层的构造柱间距适当减小；

（2）外纵墙的构造柱应每开间设置一柱，当开间大于3.9m时，应另设加强措施。内纵墙的构造柱间距不宜大于4.2m。

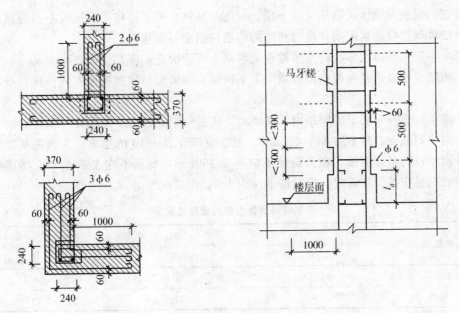

图 5.8 构造柱与墙体连接构造（单位：mm）

5.5.1.2 圈梁设置

圈梁对房屋抗震有重要的作用，且是多层砌体结构房屋的一种经济有效的抗震措施，其主要功能为：

①加强房屋的整体性。由于圈梁的约束作用，减小了预制板散开以及墙体出平面倒塌的危险性，使纵、横墙能保持为一个整体的箱形结构，充分发挥各片墙体的平面内抗剪强度，有效抵御来自任何方向的水平地震作用；

②作为楼盖的边缘构件，提高了楼盖的水平刚度，同时箍住楼（屋）盖，增强楼盖的整体性；

③限制墙体斜裂缝的开展和延伸，使墙体裂缝仅在两道圈梁之间的墙段内发生，墙体抗剪强度得以充分发挥，同时提高了墙体的稳定性；

④减轻地震时地基不均匀沉陷对房屋的影响；

⑤减轻和防止地震时的地表裂隙将房屋撕裂。

（1）多层粘土砖、多孔砖房的现浇混凝土圈梁设置应符合下列要求：

①装配式钢筋混凝土楼、屋盖或木楼、屋盖的砖房，横墙承重时应按表5.9的要求设置圈梁；纵墙承重时每层均应设置圈梁，且抗震横墙上的圈梁间距应比表5.9内要求适当加密。

多层砖砌体房屋现浇钢筋混凝土圈梁设置要求　　　　　　　　　　表 5.9

墙类	烈度		
	6、7	8	9
外墙和内纵墙	屋盖处及每层楼盖处	屋盖处及每层楼盖处	屋盖处及每层楼盖处
内横墙	同上； 屋盖处间距不应大于4.5m； 楼盖处间距不应大于7.2m； 构造柱对应部位	同上； 各层所有横墙，且间距不应大于4.5m； 构造柱对应部位	同上； 各层所有横墙

②现浇或装配整体式钢筋混凝土楼、屋盖与墙体有可靠连接的房屋可不另设圈梁，但楼板沿墙体周边应加强配筋并应与相应的构造柱钢筋可靠连接。

（2）多层粘土砖、多孔砖房屋的现浇混凝土圈梁构造，应符合下列要求：

①圈梁应团合，遇有洞口，圈梁应上下措接。圈梁宜与预制板设在同一标高处或紧靠板底；

②圈梁在表5.9要求的间距内无横墙时，应利用梁或板缝中配筋替代圈梁；

③圈梁的截面高度不应小于120mm，配筋应符合表5.10的要求；为加强基础整体性和刚性而增设的基础圈梁，截面高度不应小于180mm，配筋不应少于4φ12。砖拱楼、屋盖房屋的圈梁应按计算确定，但配筋不应少于4φ10。

多层砖砌体房屋圈梁配筋要求 表5.10

配筋	烈度		
	6、7	8	9
最小纵筋	4φ10	4φ12	4φ14
箍筋最大间距（mm）	250	200	150

5.5.1.3 楼（屋）盖结构及其连接

（1）现浇钢筋混凝土楼板或屋面板伸进纵、横墙内的长度，不宜小于120mm。

（2）装配式钢筋混凝土楼板或屋面板，当圈梁未设在板的同一标高时，板端伸进外墙的长度不应小于120mm，伸进内墙的长度不宜小于100mm，且不应小于80mm，在梁上不应小于80mm。

（3）当板的跨度大于4.8m并与外墙平行时，靠外墙的预制板侧边应与墙或圈梁拉结。

（4）房屋端都大房间的楼盖，8度时房屋的屋盖和9度时房屋的楼、屋盖，当圈架设在板底时，钢筋混凝土预制板应相互拉结，并应与梁、墙或圈梁拉结。

（5）楼、屋盖的钢筋混凝土梁或屋架应与墙、柱（包括构造柱）或圈梁可靠连接，梁与砖柱的连接不应削弱柱截面，各层独立砖柱顶部应在两个方向均有可靠连接。

（6）横墙较少的多层粘土砖、多孔砖住宅楼的总高度和层数接近或达到表5.1规定限值，应采取加强措施：

①房屋的最大开间尺寸不得大于6.6m；

②一个结构单元内横墙错位数量不宜超过总墙数的1/3且连续错位不宜多于两道；错位的墙体交接处均应增设构造柱，且楼、屋面板应采用现浇钢筋混凝土板；

③横墙和内纵墙上洞口的宽度不宜大于1.5m；外纵墙上洞口的宽度不宜大于2.1m或开间尺寸的一半；内外墙上洞口位置不应影响外纵墙和横墙的整体连接；

④所有纵横墙均应在楼、屋盖标高处设置加强的现浇钢筋混凝土圈梁；圈梁的截面高度不宜小于150mm，上下纵筋各不应少于3φ10；

⑤所有纵横墙交接处及横墙的中部，均应增设满足下列要求的构造柱：在横墙内的柱距不宜大于层高，在纵墙内的柱距不宜大于4.2m，最小截面尺寸不宜小于240mm×240mm，配筋宜符合表5.11的要求；

增设构造柱的纵筋和箍筋设置要求　　　　　　　表 5.11

位置	纵向钢筋			箍筋		
	最大配筋率（%）	最小配筋率（%）	最小直径（mm）	加密区范围	加密区间距	最小直径（mm）
角柱	1.8	0.8	14	全高	100	6
边柱			14	上端 700		
中柱	1.4	0.6	12	下端 500		

⑥同一结构单元的楼、屋面板间应设置在同一标高处；

⑦房屋的底层和顶层，在窗台板处宜设置现浇钢筋混凝土带，其厚度为 60mm，宽度不小于 240mm，纵向钢筋不少于 $3\phi6$，两端伸入墙体不宜小于 360mm。

（7）7 度时层高超过 3.6m 或长度大于 7.2m 的大房间及 8 度和 9 度时外墙转角及内外墙交接处，应沿墙高每隔 500mm 配置 $2\phi6$ 拉结钢筋，并每边伸入墙内不宜小于 1m。

（8）坡屋顶房屋的屋架应与顶层圈梁可靠连接，檩条或屋面板应与墙及屋架可靠连接，房屋出入口处的檐口瓦应与屋面构件锚固；8 度和 9 度时，顶层内纵墙顶直增砌支撑山墙的踏步式墙垛。

（9）门窗洞处不应采用无筋砖过梁；过梁支承长度，6～8 度时不应小于 240mm。9 度时不应小于 360mm。

（10）预制阳台应与圈梁和楼板的现浇板带可靠连接。

5.5.1.4　对楼梯间的要求

楼梯间是地震时的疏散通道，同时，历次地震震害表明，由于楼梯间比较空旷常常破坏严重，在 9 度及 9 度以上地区曾多次发生楼梯间的局部倒塌，当楼梯间设置在房屋尽端时破坏尤为严重。

（1）8 度和 9 度时，顶层楼梯间横墙和外墙直沿墙高每隔 500mm 设 $2\phi6$ 通长钢筋，9 度时其他各层楼梯间可在休息平台或楼层半高处设置 60mm 厚的配筋砂浆带，砂浆强度等级不宜低于 M5，钢筋不宜少于 $2\phi10$。

（2）8 度和 9 度时，楼梯间及门厅内墙阳角处的大梁支承长度不应小于 500mm，并应与圈梁连接。

（3）装配式楼梯段应与平台板的梁可靠连接；不应采用墙中悬挑式踏步或踏步竖肋插入墙体的楼梯，不应采用无筋砖砌拦板。

（4）突出屋顶的楼、电梯间，构造柱应伸到顶部，并与顶部圈梁连接，内外墙交接处应沿墙高每隔 500mm 设 $2\phi6$ 拉结钢筋，且每边伸入墙内不应小于 1m。

5.5.2　多层砌块结构房屋的抗震构造措施

混凝土小型空心砌块房屋，应按表 5.12 的要求设置钢筋混凝土芯柱，对医院、教学楼等横墙较少的房屋，应根据房屋增加一层后的层数，按表 5.12 的要求设置芯柱。

砌块房屋的芯柱应符合：混凝土小型空心砌块房屋芯柱截面不宜小于 120mm×120mm；芯柱混凝土强度等级不应低于 C15；芯柱竖向钢筋应贯通墙身且与圈梁连接；插筋不应小于 $1\phi12$，7 度 6 层及以上、8 度 5 层及以上和 9 度 3 层及以上，插筋不应小于 $1\phi14$；芯柱应伸入室外地面下 500mm 或锚入浅予 500mm 的基础圈梁内；为提高墙体抗震承载力而设置的芯柱，宜在墙体内均匀布置，最大净距不宜大于 2.0m。

房屋层数				设置部位	设置数量
6度	7度	8度	9度		
四、五	三、四	二、三		外墙转角，楼、电梯间四角、楼梯斜梯段上下端对应的墙体处；大房间内外墙交接处；错层部位横墙与外纵墙交接处；隔12m或单元横墙与外纵墙交接处	外墙转角，灌实3个孔；内外墙交接处，灌实4个孔；楼梯斜梯段上下端对应的墙体处，灌实2个孔
六	五	四		同上；隔开间横墙（轴线）与外纵墙交接处	
七	六	五	二	同上各内墙（轴线）与外纵墙交接处；内纵墙与横墙（轴线）交接处和洞口两侧	外墙转角，灌实5个孔；内外墙交接处，灌实4个孔；内墙交接处，灌实2个孔；洞口两侧各灌实1个孔
	七	≥六	≥三	同上；横墙内芯柱间距不大于2m	外墙转角，灌实7个孔；内外墙交接处，灌实5个孔；内墙交接处，灌实4~5个孔；洞口两侧各灌实1个孔

注：外墙转角、内外墙交接处、楼电梯间四角等部位，应允许采用钢筋混凝土构造柱替代部分芯柱。

砌块房屋均应设置现浇钢筋混凝土圈梁，圈梁宽度不小于190mm，配筋不应少于 $4\phi12$，箍筋间距不应大于200mm，并按多层砖砌体房屋圈梁的要求执行。

砌块房屋墙体交接处或芯柱与墙体连接处应设置拉结钢筋网片，网片可采用 $\phi4$ 钢筋点焊而成，沿墙高每隔600mm设置，每边伸入墙内不宜小于1m。

砌块房屋的层数，6度7层、7度6层及以上、8度5层及以上和9度3层及以上时，在底层和顶层的窗台标高处沿纵横墙应设置通长的水平现浇钢筋混凝土带，其厚度不小于60mm，纵筋不少于 $2\phi10$，并应有分布拉结钢筋；其混凝土强度等级不应低于C20。

思 考 题

1. 多层砌体结构的类型有哪几种？

2. 多层砌体结构抗震设计中，除进行抗震能力的验算外，为何更要注意概念设计及抗震构造措施的处理？

3. 砌体结构房屋的常见震害有哪些？一般会在什么情况下发生？设计时应如何避免破坏的发生？

4. 砌体结构房屋的概念设计包括哪些方面？

5. 多层砌体结构房屋的计算简图如何选取？地震作用如何确定？层间地震剪力在墙体间如何分配？

6. 墙体间抗震承载力如何验算？

7. 多层砌体结构房屋的抗震构造措施包括哪些方面？

第6章　单层钢筋混凝土柱厂房抗震设计

单层工业厂房在我国工业企业中广泛采用。大多数为装配式钢筋混凝土柱厂房；当度在15m以内，高度在6.6m以下，无桥式起重机的中、小型车间和仓库采用砖柱（墙柱）承重的结构；跨度在36m以上且由重型起重机的厂房常采用钢结构。本文重点介绍单层钢筋混凝土柱厂房的抗震设计。

6.1　震害及分析

装配式单层钢筋混凝土柱厂房的震害一般表现是：6度、7度地震区主体结构完好，少数围护砖墙开裂外闪，个别围护砖墙倒塌，突出屋面的Ⅱ形天窗架局部损坏；在8度区，随着场地类别的不同，主体结构有不同程度破坏，与柱和屋盖拉结不好的围护墙大面积倒塌，Ⅱ形天窗架大量倾倒，有的重屋盖厂房屋盖塌落；在9度区（特别是第Ⅲ、Ⅳ类场地）主体结构破坏严重。砌体围护结构大量倒塌，Ⅱ形天窗架普遍倾倒，不少长房屋盖塌落；在10度、11度地区，许多厂房倾倒毁坏。

不少震害资料还表明，震害的轻重与场地类别密切相关。当结构自振周期与场地卓越周期相接近时，建筑物与地基土产生类似共振现象，震害加重。单层钢筋混凝土厂房纵向抗震能力较差。此外还存在一些构件间联结构造单薄、支撑系统较弱、构件强度不足等薄弱环节，当发生地震时首先破坏。钢筋混凝土单层厂房其主要震害表现如下。

6.1.1　屋盖系统

单层钢筋混凝土柱厂房大部分采用无檩屋盖，即大型屋面板，少量为有檩屋盖，地震作用下，无檩屋盖破坏相对严重一些。

屋盖体系在7度区基本完好，仅在个别柱间支撑处由于地震剪力的累积效应而出现屋面板支座酥裂；8度区发生屋面板错动、移位、震落，造成屋盖局部倒塌；9度区发生屋盖倾斜、位移，屋盖有部分塌落，屋面板大量开裂、错位；9度以上地震区则发生屋盖大面积倒塌。各构件震害分析如下：

（1）屋面板。由于屋面板端部预埋件小，且预应力屋面板的预埋件又未与板肋内主钢筋焊接，加之施工中有的屋面板搁置长度不足、屋顶板与屋架的焊点数不足、焊接质量差、板间没有灌缝或灌缝质量很差等连接不牢的原因，造成地震时屋面板焊缝拉开，屋面板滑脱，以致部分或全部屋面板倒塌（图6.1）。

（2）天窗架。天窗架主要有Ⅱ式天窗和井式（下沉式）天窗架二种。井式天窗由于降低了厂房的高度，在7度、8度区一般无震害。目前大量采用的Ⅱ式天窗架，地震时震害普遍。7度区出现天窗架立柱与侧板连接处及立柱与天窗架垂直支撑连接处混凝土开裂的现象；8度区上述裂缝贯穿全截面。天窗架立柱底部折断倒塌；9度、10度区Ⅱ式天窗架大面积倾倒。Ⅱ式天窗架的震害如此严重，主要原因是：门形天窗架突出在屋面上，受到

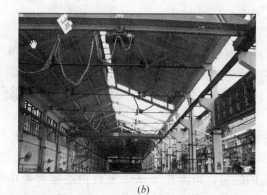

(a)   (b)

图 6.1　屋面板的震害

(a) 屋面板塌落；(b) 连接不牢固

经过主体建筑放大后的地震加速度而强化、激励产生显著的鞭梢效应，随着突出的越高，地震作用也越大。特别是天窗架上的屋面板与屋架上的屋面板不在同一标高，在厂房纵向振动时产生高振型的影响，一旦支撑失效，地震作用全部由天窗架承受，而天窗架在本身平面外的刚度差，强度低联结弱而引起天窗架破坏。此外天窗架垂直支撑布置不合理或不足，也是主要原因（图 6.2）。

(a)   (b)

图 6.2　天窗的震害

(a) 天窗架根部破坏；(b) 天窗破坏

（3）屋架。主要震害发生在屋架与柱的连接部位、屋架与屋面板的焊接处出现混凝土开裂，预埋件拔出等；而当屋架与柱的连接破坏时，有可能导致屋架从柱顶塌落。设计中加强连接，保证埋件的锚固长度是十分重要的。当屋架高度较大，而两端又未设垂直支撑，或砖墙未能起到支撑作用时，屋架有可能发生倾倒（图 6.3）。

（4）支撑。在厂房支撑系统中，主要震害是支撑失稳弯曲，进而造成屋面的破坏或屋面倒塌。在支撑系统震害中，尤以天窗架垂直支撑最为严重，其次是屋盖垂直支撑和柱间支撑。在一般情况下，设计时只按构造设置支撑，可能出现间距过大、支撑数量不足、形式不尽合理、杆件刚度偏弱、承效力偏低、节点构造单薄等情况。地震时普遍发生杆件压曲、焊缝撕开、锚件拉脱、钢筋拉断、杆件拉断等现象。致使支撑部分失效或完全失效，从而造成主体结构错位或倾倒。有时因支撑间距过大而造成撑杆对厂房主体结构的应力集

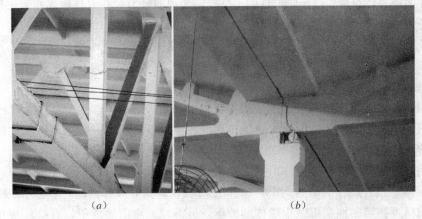

(a)　　　　　　　　　　　　　　(b)

图 6.3　屋架的震害

(a) 屋架斜腹杆破坏；(b) 屋架与柱顶之间发生相对位移

中，也可能导致主体结构的破坏（图 6.4）。

(a)　　　　　　　　　　　　　　(b)

图 6.4　支撑的震害

(a) 柱间支撑压屈；(b) 节点板破坏（焊接强度不足）

6.1.2　柱

排架柱是单层钢筋混凝土厂房的主要抗侧力构件。虽然未经抗震设计，但是在设计中考虑了风荷载和起重机的作用。因此，排架柱具有一定的承载能力和抗侧力刚度，在 7~9 度地震作用下，未发生因排架柱破坏而导致整个厂房倒塌的震害（图 6.5）。

(a)　　　　　　　　　　　　　　(b)

图 6.5　支撑的震害

(a) 牛腿压坏；(b) 下柱主筋压曲

排架柱的震害特点是：（1）阶形柱的土柱根部为薄弱环节，在上柱根部和起重机梁标高处出现水平裂缝；（2）下柱靠近地面处开裂，严重者混凝土剥落，纵向钢筋压曲；（3）不等高厂房高低跨交接处中柱支承低跨屋盖牛腿上截面部位柱截面出现水平裂缝；（4）平腹双肢柱和薄壁开孔预制腹板工字形柱发生剪切破坏；（5）大柱网厂房中部根部破坏等。

6.1.3 山墙和围护墙

山墙和围护墙是单层钢筋混凝土柱厂房较多出现震害的部位。

（1）钢筋混凝土大型墙板与柱柔性连接，或轻质墙板的厂房围护墙，抗震性能即使在8、9度也基本完好。

（2）砌体围护墙，尤其是砌体山墙，凡未与柱可靠拉结或山墙抗风柱不到顶，则地震时就可能外倾，也有局部倒塌的例子；7、8度时往往严重外倾和倒塌；9度时普遍塌落。

（3）砌体围护墙的圈梁可减少墙体的破坏，但海城、唐山地震中，有些厂房角梁因受压、弯、剪、扭的组合作用而破坏。

（4）封檐墙高出屋面，采用砌体材料时破坏尤其严重。

（5）当不设端屋架时，山墙的破坏便导致第一跨间屋盖的塌落。

图 6.6 围护墙的破坏

6.1.4 披屋的震害

在单层钢筋混凝土柱厂房贴建砖混结构的披屋，厂房和披屋的侧移刚度相差较：震作用下变形不协调，加重震害。

（1）披屋的梁、板直接搁置在山墙或纵墙上，在 7、8 度时不仅山墙（或纵墙）出现裂缝，而且出现梁（板）拔出的震害。

（2）坡屋的梁、板搁置于排架柱的牛腿上，地震作用下容易造成牛腿劈裂。

（3）生活间等设置在厂房的角隅局部设置，造成厂房刚度分布不对称和角柱的后力突变，加重厂房主体结构的震害。

（4）生活间等与厂房之间或厂房纵横跨之间设置防震缝，若缝宽不够，也因相护碰撞而破坏。

6.2 抗震设计基本要求

震害和试验研究表明，单层钢筋混凝土柱厂房的抗震能力及其在地震作用下的表现，既取决于结构构件的抗震能力，又取决于结构整体的抗震性能。对于单层钢筋混凝土柱厂房抗震设计的基本要求，应包括厂房的平面和竖向布置、厂房结构的选型、厂房整体性和结构的连接与节点等方面。

单层钢筋混凝土柱厂房的平面和竖向布置尽量简单、规则、对称和均匀，使厂房震作用下各部分结构变形协调，避免局部刚度突变和应力集中。

(1) 厂房结构布置

厂房的结构布置应使整个厂房的质量与刚度分布均匀、对称，尽量使质量中心与刚度中心重合或接近。包括厂房两端的山墙和两侧的纵墙对称布置，厂房的内隔墙尽可能匀布置，以避免由于整个厂房空间刚度不均匀，使地震力的传递和分配复杂化，造成厂房结构相互变形不协调而加重震害。其主要要求为：

①厂房的同一结构单元内不应采用不同的结构形式；厂房端部应设置屋架翻采用山墙承重；厂房单元内不应采用横墙和排架柱混合承重。

②厂房柱距宜相等，各柱列的侧移刚度宜均匀，当有抽柱时，应采取抗震加强。

③两个主厂房之间的过渡跨至少应有一侧采用防震缝与主厂房脱开。

④厂房内上起重机的铁梯不应靠近防震缝设置；多跨厂房各跨上起重机的设置在同一横向轴线附近。

⑤厂房内的工作平台、刚性工作间宜与厂房主体结构脱开。

(2) 厂房的平面布置

为了避免地震扭转效应的影响，厂房的平面布置应力求简单、规则，多跨厂房的各跨宜等长，高低跨厂房不宜采用一端开口的结构布置。厂房的贴建房屋和构筑物，不宜布置在厂房角部和紧邻防震缝处。

(3) 厂房竖向布置

厂房的竖向布置宜避免质量和刚度沿高度的突变，使整个厂房结构沿竖向受力均匀、变形协调，多跨厂房宜尽量采用等高的屋盖布置。

(4) 厂房的防震缝设置

当厂房的平面或竖向布置不规则时，应采用防震缝将其分成对称规则的单元。主要有下列类型：

①厂房体型复杂或有贴建的房屋和构筑物，宜设防震缝。

②两个主厂房之间的过渡跨至少应有一侧采用防震缝与主厂房脱开。

③厂房体型复杂或有贴建的房屋和构筑物时，宜设防震缝。防震缝的宽度：在厂房纵横跨交接处、大柱网厂房或不设柱间支撑的厂房，可采用 100~150mm，其他情况可采用 50~90mm。

(5) 厂房天窗架设置

厂房的天窗开洞范围内会削弱厂房屋盖的整体性，天窗突出屋面时纵向震害比较重，多跨厂房的天窗受力更为复杂。因此，天窗架的设置宜符合下列要求：

①天窗宜采用突出屋面较小的避风型天窗，有条件或 9 度时宜采用下沉式天窗。

②突出屋面的天窗宜采用钢天窗架；6～8 度时，可采用矩形截面杆件的钢筋混凝土天窗架。

③天窗架不宜从厂房结构单元第一开间开始设置；8 度和 9 度时，天窗架宜从厂房单元端部第三柱间开始设置。

④天窗屋盖，端壁板和侧板，宜采用轻型板材。

（6）厂房屋架设置

屋架是单层厂房屋盖的主要承重构件。经过抗震设计的屋架系统都具有一定的抗震能力，但也有差异。如钢屋架可有效降低屋盖自重，减小地震作用，而且这类屋架自身的承载能力也比较强。因此，厂房屋架设置应根据跨度、柱距和所在地区的地震烈度、场地等情况综合考虑，宜采用钢屋架或重心较低的预应力混凝土、钢筋混凝土屋架。建筑抗震设计规范给出的具体要求为：

①跨度不大于 15m 时，可采用钢筋混凝土屋面梁。

②跨度大于 24m，或 8 度Ⅲ、Ⅳ类场地和 9 度时，应优先采用钢屋架。

③柱距为 12m 时，可采用预应力混凝土托架（梁）；当采用钢屋架时，亦可采用钢托架（梁）。

④有突出屋面天窗架的屋盖不宜采用预应力混凝土或钢筋混凝土空腹屋架。

⑤8 度（0.30g）和 9 度时，跨度大于 24m 的厂房不宜采用大型屋面板。

（7）厂房柱

设置排架柱的截面形式很多，大体可分为单肢柱和双肢柱两大类。单肢柱有矩形、普通工字形、薄壁开孔工字形、预制腹板工字形等，双肢柱有斜腹杆和平腹杆两种。

试验研究和震害经验表明：矩形和普通工字形单肢柱的抗震性能优于双肢柱，但自重较大，吊装时难度大，使用上受到一定限制；双肢柱的自重较轻，但抗震性能不如工字形柱，平腹杆双肢柱的震害也较重。因此，要区分不同的部位和地震烈度，合理地确定柱的类型：

①8 度和 9 度时，宜采用矩形、工字形截面柱或斜腹杆双肢柱，不宜采用薄壁工字形柱、腹板开孔工字形柱、预制腹板的工字形柱和管柱。

②柱底至室内地坪以上 500mm 范围内和阶形柱的上柱，宜采用矩形截面。

（8）支撑

支撑的截面形状，要使之用钢量较少又有较大的回转半径，以减少杆件的长细比。

屋盖的交叉支撑，一般多用单角钢，竖杆或系杆则用两个等边或不等边角钢通过垫板组成对称的 T 形或十字形截面。

柱间交叉支撑，一般采用 T 形组合截面或槽钢，当排架柱截面高度较大或两侧均存起重机，往往采用由两个槽钢组成的双片支撑，或由四个角钢组成格构式杆件。

柱间交叉支撑的斜杆与水平面的夹角，不得大于 55°。柱子高度很大时，交叉支撑受有多节。

（9）围护结构

在单层钢筋混凝土柱厂房中，砌体墙不仅是围护结构，而且承担了抗侧力构件的功能；山墙使屋盖的空间作用得以发挥，起了横向第一道防线的作用；纵墙也减轻了边柱列的破坏，使中柱列支撑的破坏率往往是边柱列的 2～6 倍。在抗震设计中必须充分重视墙体的作用。

①一系列震害说明，砌体围护墙的破坏比轻质墙板或与柱柔性连接的大型钢筋混凝土墙板要严重得多。有条件时，要采用轻质墙板或大型墙板。

②高大的山墙，用到顶的抗风柱和墙顶沿屋面的卧梁来改善其出平面的抗震。

③砌体内隔墙要与柱脱开，以减少对柱子的不利影响，可利用压顶梁和钢筋混凝土构造柱来增加其稳定性、提高抗震能力。

④除单跨厂房外，围护砌体墙均应采用外贴式，以减轻墙体给排架柱带来的不利影响，但应加强砌体墙与厂房柱的锚拉。山墙更应增强其顶部与厂房屋盖构件和抗风柱的锚拉。

6.3 钢筋混凝土柱厂房抗震计算

单层厂房地震作用分析应考虑屋盖平面内的弹性变形和山墙可能引起的扭转，其地震作用分析均是以空间分析为基础的简化方法。

（1）厂房横向抗震分析仍以平面排架为主，但要考虑屋盖平面内的变形和气体山墙在地震中开裂后的内力重分布，尤其要考虑仅一端有山墙时带来的扭转效应。重要的和结构复杂的厂房，最好采用空间分析方法。

有桥式起重机的厂房，对起重机桥架在结构自振周期计算和地震力的分析中都要相应处理。

（2）厂房纵向抗震分析，主要是柱间支撑的受力分析。同样要考虑屋盖平面内的变形和砌体围护墙开裂后的内力重分布。不等高厂房在纵向不对称布置时，还要考虑扭转的影响。

（3）双向大柱网且无柱间支撑的单层厂房，要考虑双向水平地震作用的组合效应。

6.3.1 不作内力分析和抗震验算的范围

7 度 I、II 类场地、柱高不超过 10m 且结构单元两端均有山墙的单跨和等高多跨厂房（锯齿形厂房除外）和 7 度及 8 度（0.20g）I、II 类场地的露天吊车栈桥，根据震害和工程实例分析，其地震作用效应不起控制作用，为了减少抗震设计的工作量，其排架的纵、横向可不作抗震分析和截面抗震验算。但应满足《建筑抗震设计规范》GB50011－2010 的有关抗震构造措施。

6.3.2 单层厂房空间结构分析简介

（1）基本假定

①以平面结构（排架、柱列、山墙、纵墙）为基本单元，只考虑平面内的刚度，忽略出平面的刚度，也不考虑杆件本身的抗扭刚度。

②在平面结构对称分布时，只考虑屋盖平面内的剪切变形而忽略其弯曲变形。例如，横向抗震分析时，把两端的山墙和各榀排架视为弹性支承，屋盖等纵向构件视为等截面的剪切梁，忽略了各排架间的相对转动。一般情况下，根据实测试验结果，取无檩体系的剪切刚度为 $2 \times 10^4 \, \text{kN/m}$，有檩体系为 $0.6 \times 10^4 \, \text{kN/m}$。

③在平面结构非对称分布时，考虑各平面结构绕厂房单元质心的扭转刚度，进行扭转

耦联振动分析。但屋盖一般也只考虑剪切变形，相当于附加了一定的约束。例如，仅一端有山墙的厂房，即使只考虑横向地震作用，也同时考虑纵向柱列、山墙、纵墙和排架对厂房质心的扭转刚度。

④砌体山墙和纵墙的侧移刚度，要考虑地震作用下墙体开裂引起的刚度退化。

这种分析，称之为"考虑屋盖剪切变形的空间协同分析"，并不是三维的空间结构分析。其中每个排架柱可形成若干个集中质点沿高度串联，而各排架柱之间，在排架或柱列平面内为铰接刚性杆，出平面仅有屋盖处以剪切梁互相并联。

（2）厂房的空间变形

采用振型分解反应谱法按上述模型进行抗震计算时，首先要求解各阶自振周期和振型。不考虑扭转时，结构的总刚度矩阵由对角形的排架、山墙刚度矩阵和三对角形的屋盖剪切刚度矩阵组成，质量矩阵则是排架和山墙质量组成的对角矩阵。

（3）厂房的空间工作性质

通过空间结构模型的分析计算表明，不论在厂房的横向还是纵向，屋盖变形使排架（中柱列）与山墙（边柱列）相比，二者的侧移有明显的差异，这就是单层厂房屋盖和山墙空间工作的主要特点。

根据对不同跨度、不同长度、不同屋盖和不同山墙等多种情况的计算，厂房空间工作具有下列基本规律：

①两端有山墙（或两侧有纵墙）时，中间排架（相应为中间柱列）的侧移及其与山墙（纵墙）的侧移差，随墙体间距的加大而增加，随屋盖刚度的增加而减少；墙体与排架（柱列）的刚度差别越大，虽然整个结构（包括排架等）的侧移减小，但墙体与排架的侧移差也越大。

②仅一端有山墙时，另一端排架的侧移，随厂房单元长度的加大而增加，并随屋刚度的增加而加大，还随山墙与排架刚度差别的加大而加大。其变形的特征与两端均有墙时不同。

这些规律，为单层厂房考虑空间工作的简化计算提供了基础。

6.3.3 横向抗震计算

6.3.3.1 横向抗震计算分类

厂房的横向地震作用计算可分为以下三种类型：

①混凝土无檩和有檩屋盖厂房，一般情况下，宜计算屋盖的横向弹性变形，按点空间结构分析。

②混凝土屋盖厂房，当符合下列条件时，可采用平面排架计算柱的地震剪力和弯矩，但要进行考虑空间作用和扭转影响的调整。对于 9 度区的单层钢筋混凝土柱厂房，由于砌体墙的开裂，空间作用影响明显减弱，可不考虑调整。

A. 7 度和 8 度柱顶高度不大于 15m 的厂房；

B. 厂房单元屋盖长度与总跨度之比小于 8 或厂房总跨度大于 12m；所谓屋盖长度指山墙到山墙的距离，仅一端有山墙时，应取所考虑排架至山墙的距离；对于总跨度，当高低跨相差较大时，可不包括低跨；

C. 山墙的厚度不小于 240mm，开洞所占的水平截面面积不超过总面积的 50%，并与屋盖系统有良好的连接。

③轻型屋盖（屋面为压型钢板，楞铁，石棉瓦等有檩屋盖）厂房，柱距相等时，可按平面排架计算。

6.3.3.2　平面排架计算简图及质点等效重力荷载标准值

进行单层厂房横向计算时，取一榀排架作为计算单元，它的动力分析计算简图，可根据厂房类型的不同，取为质量集中在不同标高屋盖处的下端固定于基础顶面的弹性竖直杆。这样，对于单跨和多跨等高厂房，可简化为单质点体系，如图 6.7（a）所示；两跨不等高厂房，可简化为二质点体系，如图 6.7（b）所示；三跨不对称升高中跨厂房，可简化为三质点体系，如图 6.7（c）所示。

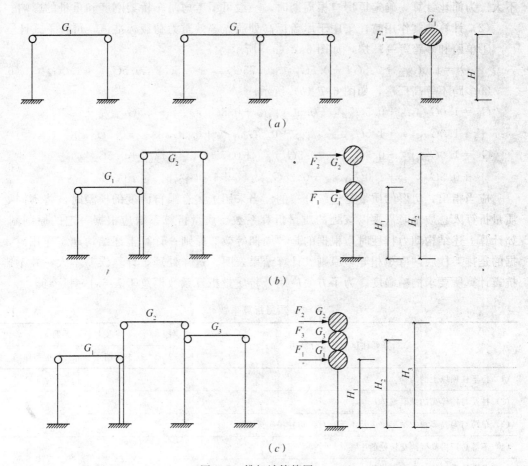

图 6.7　排架计算简图

（a）单跨和多跨等高厂房排架计算简图；（b）两跨不等高厂房排架计算简图；
（c）三跨不对称升高中跨厂房排架计算简图

（1）计算厂房自振周期时，集中于屋盖标高处质点等效重力荷载标准值，可按下式计算：

①单跨和多跨等高厂房，如图 6.7（a）所示。

$$G_1 = 1.0G_{屋盖} + 0.5G_{雪} + 0.5G_{积灰} + 0.5G_{吊车梁} + 0.25G_{柱} + 0.25G_{纵墙} + 1.0G_{檐墙} \quad (6.1)$$

②多跨不等高厂房，如图 6.7（b）所示。

$$G_1 = 1.0G_{\text{低跨屋盖}} + 0.5G_{\text{低跨雪}} + 0.5G_{\text{低跨积灰}} + 0.5G_{\text{低跨吊车梁}} + 0.25G_{\text{低跨边柱}} + 0.25G_{\text{低跨纵墙}}$$
$$+ 1.0G_{\text{低跨檐墙}} + 1.0G_{\text{高跨吊车梁(中柱)}} + 0.25G_{\text{中柱下柱}} + 0.5G_{\text{中柱上柱}} + 0.5G_{\text{高跨封墙}}$$

$$G_2 = 1.0G_{\text{高跨屋盖}} + 0.5G_{\text{高跨雪}} + 0.5G_{\text{高跨积灰}} + 0.5G_{\text{高跨吊车梁(中柱)}} + 0.25G_{\text{高跨边柱}}$$
$$+ 0.5G_{\text{中柱上柱}} + 1.0G_{\text{高跨檐墙}} + 0.25G_{\text{高跨外纵墙}} + 1.0G_{\text{高跨封墙檐墙}} + 0.5G_{\text{高跨封墙}} \tag{6.2}$$

当确定厂房自振周期考虑吊车桥架的影响时，则桥架对厂房横向排架起撑杆作用，使排架的横向刚度增大；而桥架重量又使周期等效重量增大。上述两种影响相互抵消，则考虑吊车桥架时的厂房横向基本周期小于或等于无吊车桥架时的基本周期，两者的变化幅度不大。为简化计算，确定厂房自振周期时，一般可不考虑吊车桥架刚度和重量的影响。

（2）计算地震作用时，集中于屋盖标高处质点等效重力荷载标准值，可按下式计算。

①单跨和多跨等高厂房，如图6.7（a）所示。

$$G_1 = 1.0G_{\text{屋盖}} + 0.5G_{\text{雪}} + 0.5G_{\text{积灰}} + 0.75G_{\text{吊车梁}} + 0.5G_{\text{柱}} + 0.5G_{\text{纵墙}} + 1.0G_{\text{檐墙}} \tag{6.3}$$

②多跨不等高厂房，如图6.7（b）所示。

$$G_1 = 1.0G_{\text{低跨屋盖}} + 0.5G_{\text{低跨雪}} + 0.5G_{\text{低跨积灰}} + 0.5G_{\text{低跨吊车梁}} + 0.5G_{\text{低跨边柱}} + 0.5G_{\text{低跨纵墙}}$$
$$+ 1.0G_{\text{低跨檐墙}} + 1.0G_{\text{高跨吊车梁(中柱)}} + 0.5G_{\text{中柱下柱}} + 0.5G_{\text{中柱上柱}} + 0.5G_{\text{高跨封墙}}$$

$$G_2 = 1.0G_{\text{高跨屋盖}} + 0.5G_{\text{高跨雪}} + 0.5G_{\text{高跨积灰}} + 0.75G_{\text{高跨吊车梁(中柱)}} + 0.5G_{\text{高跨边柱}}$$
$$+ 0.5G_{\text{中柱上柱}} + 1.0G_{\text{高跨檐墙}} + 0.25G_{\text{高跨外纵墙}} + 1.0G_{\text{高跨封墙檐墙}} + 0.5G_{\text{高跨封墙}} \tag{6.4}$$

应当指出，房屋的质量是连续分布的。当采用上述有限自由度的模型时，将不同处的质量折算入总质量时需乘以该处的质量折算系数。质量折算系数应根据一定的原则制定。如计算上述结构动力特性时，根据的是"周期等效"原则；计算上述结构地震作用时，根据的是排架柱底"弯矩相等"原则。计算结果表明，这样处理，计算误差不大，并不影响抗震计算所要求的精确度。为了方便应用，将质量折算系数汇总于表6.1，供参阅。

质量折算系数　　　　　　　　　　　　　　　　　　　　　　　　表6.1

折算到柱顶的各部分结构	质量折算系数 ε	
	基本周期	地震作用
（1）位于柱顶以上的结构	1.0	1.0
（2）柱及与柱等高的纵墙墙体	0.25	0.5
（3）单跨与等高多跨的吊车梁以及不等高厂房边柱吊车梁	0.5	0.75
（4）不等高厂房高低跨交接处的中柱	0.25	0.5
①中柱的下柱，集中到低跨柱顶		
②中柱的上柱，分别集中到高跨和低跨柱顶	0.5	0.5
（5）不等高厂房高低跨交接处中柱的吊车梁	1.0	1.0
①靠近低跨屋盖，集中到低跨柱顶		
②位于高跨及低跨柱顶之间，分别集中到高跨和低跨柱顶	0.5	0.75
（6）不等高厂房高低跨交接处位于高跨及低跨之间的封墙，分别集中到高跨和低跨	0.5	0.5

6.3.3.3 横向基本周期的计算

（1）单跨和等高多跨厂房。如上所述，这类厂房可将其简化为单质点体系。它的横向基本周期可按下式计算：

$$T = 2\pi \sqrt{\frac{G\delta}{g}} \approx 2\sqrt{G\delta} \tag{6.5}$$

式中　G——集中于屋盖处重力荷载代表值（kN）；

　　　δ——作用于排架顶部的单位水平力在该处引起的位移（m/kN），如图 6.8（a）所示。

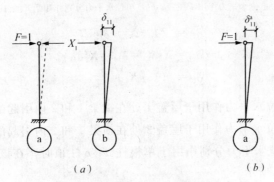

(a)　　　　　　　　　　(b)

图 6.8　单跨排架横梁内力图

(a) 单位水平力在排架顶部引起的位移；(b) a 柱柱顶作用单位水平力该处引起的位移

由图 6.8 可知：

$$\delta_{11} = (1 - X_1) \, \delta_{11}^a$$

式中　X_1——排架横梁的内力（kN）；

　　　δ_{11}^a——在 a 柱柱顶作用单位水平力时，该处引起的位移（m/kN），如图 6.8（b）所示。

（2）两跨不等高厂房。计算这类厂房的横向基本周期时，一般可简化为二质点体系，其基本周期可按下式计算：

$$T_1 = 2\sqrt{\frac{G_1\Delta_1^2 + G_2\Delta_2^2}{G_1\Delta_1 + G_2\Delta_2}} \tag{6.6}$$

$$\begin{cases} \Delta_1 = G_1\delta_{11} + G_2\delta_{12} \\ \Delta_2 = G_1\delta_{21} + G_2\delta_{22} \end{cases}$$

式中　G_1、G_2——分别集中于屋盖 1 处和 2 处重力荷载代表值（kN）；

　　　δ_{11}——作用于屋盖 1 处的单位水平力在该处引起的位移；

　　　δ_{12}、δ_{21}——分别作用于屋盖 1 处和 2 处的单位水平力使屋盖 1 和 2 在该处引起的位移；

　　　δ_{22}——作用于屋盖 2 处的单位水平力在该处引起的位移，如图 6.9（b）所示。

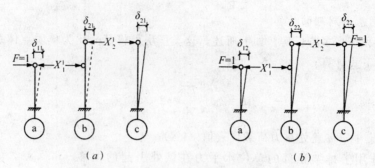

图 6.9 两跨不等高排架横梁内力

（a）单位水平力作用于屋盖；（b）单位水平力分别作用于 a、c 柱顶

$$\begin{cases} \delta_{11} = (1-X_1^1)\,\delta_{11}^a \\ \delta_{21} = X_2^1\delta_{22} = \delta_{12} = X_1^2\delta_{11}^a \\ \delta_{22} = (1-X_2^2)\,\delta_{22}^c \end{cases}$$

式中　X_1^1、X_2^1——单位水平力作用于屋盖 1 处在横梁 1 和 2 内引起的内力；

　　　X_1^2、X_2^2——单位水平力作用于屋盖 2 处在横梁 1 和 2 内引起的内力；

　　　δ_{11}^a、δ_{22}^c——单位水平力分别作用于单根柱 a、c 柱顶时，在该处引起的位移。如图 6.9 所示。

（3）三跨不对称带升高中跨厂房。

计算这类厂房的横向基本周期时，一般可简化为三质点体系，如图 6.10 所示，其基

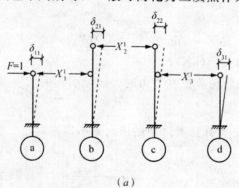

（a）

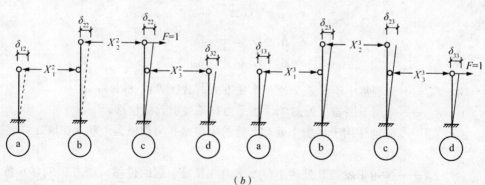

（b）

图 6.10　三跨不等高排架横梁内力

（a）单位水平力作用于屋盖；（b）单位水平力分别作用于 a、b、c 柱顶

本周期可按下式计算：

$$T_1 = 2\sqrt{\frac{G_1\Delta_1^2 + G_2\Delta_2^2 + G_3\Delta_3^2}{G_1\Delta_1 + G_2\Delta_2 + G_3\Delta_3}}$$ (6.7)

式中：

$$\begin{cases} \Delta_1 = G_1\delta_{11} + G_2\delta_{12} + G_3\delta_{13} \\ \Delta_2 = G_1\delta_{21} + G_2\delta_{22} + G_3\delta_{23} \\ \Delta_3 = G_1\delta_{31} + G_2\delta_{32} + G_3\delta_{33} \end{cases}$$

$$\begin{cases} \delta_{11} = (1 - X_1^1)\,\delta_{11}^a \\ \delta_{12} = X_1^2\delta_{21}^a = \delta_{21} = X_1^1\delta_{21}^b - X_2^1\delta_{22}^b \\ \delta_{22} = X_2^2\delta_{22}^b - X_1^2\delta_{21}^b \\ \delta_{23} = X_2^3\delta_{22}^b - X_1^3\delta_{21}^b = \delta_{32} = X_3^2 \cdot \delta_{33}^d \\ \delta_{33} = (1 - X_3^3)\,\delta_{33}^d \end{cases}$$

6.3.3.4 横向自振周期的修正

按平面排架计算厂房的横向地震作用时，排架的基本自振周期应考虑纵墙及屋架与柱连接的固结作用，可按下列规定进行调整。

（1）由钢筋混凝土屋架或钢屋架与钢筋混凝土柱组成的排架，有纵墙时取周期计算值的 80%，无纵墙时取 90%。

（2）由钢筋混凝土屋架或钢屋架与砖柱组成的排架，取周期计算值的 90%。

（3）由木屋架、钢木屋架或轻钢屋架与砖柱组成排架，取周期计算值。

6.3.3.5 排架地震作用的计算

（1）用底部剪力法计算地震作用时，总地震作用的标准值为

$$F_{Ek} = \alpha_1 G_{eq}$$ (6.8)

式中　F_{Ek}——结构总水平地震作用标准值；

α_1——相应于结构基本自振周期的水平地震影响系数值；

G_{eq}——结构等效总重力荷载，单质点应取总重力荷载代表值，多质点可取总重力荷载代表值的 85%。

（2）质点的水平地震作用的标准值为

$$F_i = \frac{G_i H_i}{\sum_{j=1}^{n} G_j H_j} F_{Ek}$$ (6.9)

式中　　　F_i——质点 i 的水平地震作用标准值；

G_i、G_j——分别为集中于质点、的重力荷载代表值；

H_i、H_j——分别为质点的、计算高度。

6.3.3.6 地震作用的空间作用

单层工业厂房的纵向系统一般包括屋盖、纵向支撑、吊车梁等。纵墙一方面增大横向排架的刚度，另一方面也起着纵向联系作用。因此，各横向排架是互相联系和互相制约的，它们与纵向系统一起组成一个复杂的空间体系。我们把这种互相制约的影响叫做厂房的空间作用。在地震作用下，厂房将产生整体振动。若将钢筋混凝土屋盖视为具有很大水平刚度、支承在若干弹性支承上的连续梁，在横向水平地震作用，只要各弹性支承（即排架）的刚度相同，屋盖沿纵向质量分布也较均匀，各排架亦有同样的柱顶位移，则可认为

无空间作用影响。只有当厂房两端无山墙（中间亦无横墙）时，厂房的整体振动（第一振型）才接近单片排架的平面振动，如图 6.11（a）所示。当厂房两端有山墙，如图 6.11（b）所示，且山墙在其平面内刚度很大时，作用于屋盖平面内的地震作用将部分地通过屋盖传给山墙，因而排架所受的地震作用将有所减少。山墙的侧移可近似为零，厂房各排架的侧移将不相等，中间排架处柱顶的侧移最大，即厂房存在空间工作。此时各排架实际承受的地震作用将比按平面排架计算的小。因此，按平面排架简化求得的排架地震作用必须进行调整。如果厂房仅一端有山墙，或虽然两端有山墙，但两山墙的抗侧移刚度相差很大时，厂房的整体振动将复杂化，除了有空间作用影响外，还会出现较大的平面扭转效应，使得排架各柱的柱顶侧移均不相同，如图 6.11（c）所示。在弹性阶段排架承受的地震作用正比于柱顶侧移，既然在空间作用时排架的柱顶的侧移小于无空间作用时排架柱顶侧移，在有扭转作用时有的排架柱顶侧移又大于无空间作用时排架柱顶侧移。因此，按平面排架简图求得的排架地震作用必须进行调整。

《建筑抗震规范》考虑厂房空间作用和扭转影响，是通过对平面排架地震效应（弯矩、剪力）的折减来体现的。为了方便应用，将质量折算系数汇总于表 6.2，供参阅。

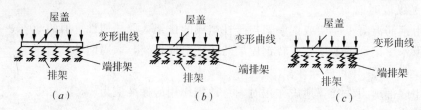

图 6.11　厂房屋盖的变形图

（a）两端无山墙时；（b）两端有山墙时；（c）一端有山墙时

钢筋混凝土柱（除高低跨交接处上柱除外）考虑空间作用和扭转影响的效应调整系数　　表 6.2

屋盖	山墙		屋盖长度（m）											
			≤30	36	42	48	54	60	66	72	78	84	90	96
钢筋混凝土无檩屋盖	两端山墙	等高厂房			0.75	0.75	0.75	0.80	0.80	0.80	0.85	0.85	0.85	0.90
		不等高厂房			0.85	0.85	0.85	0.90	0.90	0.90	0.95	0.95	0.95	1.00
	一端山墙		1.05	1.15	1.20	1.25	1.30	1.30	1.30	1.30	1.35	1.35	1.35	1.35
钢筋混凝土有檩屋盖	两端山墙	等高厂房			0.80	0.85	0.90	0.95	0.95	1.00	1.00	1.00	1.05	1.10
		不等高厂房			0.85	0.90	0.95	1.00	1.00	1.05	1.05	1.10	1.10	1.15
	一端山墙		1.00	1.05	1.10	1.10	1.15	1.15	1.20	1.20	1.20	1.20	1.25	1.25

6.3.3.7　排架内力组合

在求得地震作用后，便可将作用于排架上的地震作用 F_i 视为静力荷载，作用于排架相应的位置，然后按结构力学的方法对此平面排架进行内力分析，求出各主控制截面的地震作用效应。但对某几处截面内力还应作相应修正。

（1）高低跨交接处的钢筋混凝土柱内力调整。

在排架高低跨交接处的支承低跨屋盖牛腿以上各截面，按底部剪力法求得的地震剪力弯矩应乘以增大系数，其值可按下式采用：

$$\eta = \zeta \left(1 + 1.7 \frac{n_h}{n_0} \frac{G_{EL}}{G_{EH}} \right) \tag{6.10}$$

式中　　η——地震剪力和弯矩的增大系数；

ζ——不等高厂房高低跨交接处的空间工作系数，可按表 6.3 采用；

n_h——高跨的跨数；

n_0——计算跨数，仅一侧有低跨时应取总跨数，两侧均有低跨时取总数与高跨跨数之和；

G_{EL}——集中于交接处一侧各低跨屋盖标高处的总重力荷载代表值；

G_{EH}——集中于高跨柱顶标高处的总重力荷载代表值。

高低跨交接处钢筋混凝土上柱空间工作影响系 ζ　　　　表 6.3

屋盖	山墙	屋盖长度（m）										
		≤36	42	48	54	60	66	72	78	84	90	96
钢筋混凝土	两端山墙		0.7	0.76	0.82	0.88	0.94	1.0	1.06	1.06	1.06	1.06
无檩屋盖	一端山墙							1.25				
钢筋混凝土	两端山墙		0.9	1.0	1.05	1.1	1.1	1.15	1.15	1.15	1.2	1.2
有檩屋盖	一端山墙							1.05				

（2）吊车桥架引起的地震作用效应的增大系数。钢筋混凝土柱单层厂房的吊车梁顶标高处的上柱截面，由吊车桥架引起的地震剪力和弯矩应乘以增大系数，当按底部剪力法等简化计算方法计算时，其值可按表 6.4 采用。

桥架引起的地震剪力和弯矩增大系数　　　　表 6.4

屋盖类型	山　墙	边柱	高低跨柱	其他中柱
钢筋混凝土	两端山墙	2.0	2.5	3.0
无檩屋盖	一端山墙	1.5	2.0	2.5
钢筋混凝土	两端山墙	1.5	2.0	2.5
有檩屋盖	一端山墙	1.5	2.0	2.0

6.3.3.8　内力组合

内力组合是指地震作用引起的内力（考虑到地震作用是往复作用，故内力符号可正可负）和与其相应的竖向荷载（即结构自重，雪荷载和积灰荷载，有吊车时还应考虑吊车竖向荷载）引起的内力，根据可能出现的最不利荷载组合情况，进行组合。

进行单层厂房排架的地震作用效应和与其相应的其他荷载效应组合时，一般可不考虑风荷载效应，不考虑吊车横向水平制动力引起的内力，也不考虑竖向地震作用和屋面活载中的施工荷载。

6.3.3.9　天窗架的计算

（1）有斜撑杆的三铰拱式钢筋混凝土和钢天窗架的横向抗震计算可采用底部剪力法；

跨度大于 9m 或抗震设防烈度 9 度时，天窗架的地震作用效应应乘以增大系数，增大系数可采用 1.5。

（2）其他情况下天窗架的横向水平地震作用可采用振型分解反应谱法。

6.3.4 纵向计算

单层厂房从震害情况看，纵向震害是比较严重的，有时甚至要比横向震害严重，设计者应引起重视。地震时厂房的纵向振动比较复杂，对于质量和刚度分布比较均匀的等高厂房，在地震作用下，其上部结构仅产生纵向平移振动。其扭转作用可略去不计；而对质量中心与刚度中心不重合的不等高厂房，在纵向地震作用下，厂房将同时产生平移振动与扭转振动。大量震害表明：地震时，厂房产生平移、扭转振动的同时，屋盖还产生了水平面内纵、横向的弯剪变形。由于纵向围护墙参与工作，致使纵向各柱列的破坏程度不等，空间作用显著。因此，必须建立合理的力学模型进行厂房纵向的空间分析。

6.3.4.1 纵向抗震计算方法的类型

理论分析和震害经验表明，考虑屋盖纵向变形和砖围护墙刚度退化等多种因素的厂房纵向计算方法，其分析结果与震害规律较为一致。单层厂房的纵向抗震计算方法可分为：

①纵墙对称布置的单跨厂房和轻型屋盖的多跨厂房，可按单柱列进行计算。

②钢筋混凝土屋盖厂房、有较完整支撑系统的轻型屋盖厂房，可考虑屋盖平面的弹性变形、围护墙及隔墙的有效刚度以及扭转的影响，按多质点空间结构分析。

③对单跨或等高多跨的钢筋混凝土柱厂房，在柱高不大于 15m 且平均跨度不超过 30mm 时，可按修正刚度法计算。

限于篇幅，只介绍纵向抗震计算的简化方法。

(1) 基本自振周期按经验公式计算：

$$T_1 = \psi_2 \ (0.23 + 0.00025\psi_1 L \ \sqrt{H^3}) \tag{6.11}$$

式中　ψ_1——屋盖类型系数，大型屋面板钢筋混凝土屋架可采用 1.0，钢屋架可采用 0.85；

L——厂房跨度（m），多跨厂房可取各跨的平均值；

H——基础顶面至屋顶的高度（m）；

ψ_2——围护墙对周期的影响系数，砖围护墙取 1.0，钢屋架可采用 0.85；

$$\psi_2 = 2.6 - 0.002L \ \sqrt{H^3} \tag{6.12}$$

(2) 柱列地震作用

各柱列柱顶标高处的地震作用标准值：

$$F_i = \alpha_1 G_{eq} \frac{K_{ai}}{\sum K_{ai}} \tag{6.13}$$

$$K_{ai} = \psi_3 \cdot \psi_4 K_i \tag{6.14}$$

式中　F_i——i 柱列柱顶标高处的纵向地震作用标准值；

G_{eq}——厂房单元柱列总等效重力荷载代表值，应包括屋盖自重，雪载，积灰荷载，吊车荷载等重力荷载代表值，以及 70% 纵墙自重，50% 横墙和山墙自重及折算的柱自重（有吊车时采用 10% 柱自重，无吊车时采用 50% 柱自重）；

K_i——i 柱列柱顶的总侧移刚度，应包括 i 柱列内柱子和上，下柱间支撑的侧移刚度及纵墙的折减侧移刚度的总和，贴砌的砖围墙侧移刚度的折减系数，可根据柱列侧移值的大小取 0.2~0.6；

K_{ai}——i 柱列柱顶的调整侧移刚度；

ψ_3——柱列侧移刚度的围护墙影响系数，可按表 6.5 采用，有纵向砖围墙的四跨或五跨厂房，由边柱列数起的第 3 柱列，可按表 6.5 内相应的数值 1.15 倍采用；

ψ_4——柱列侧移刚度的柱间支撑影响系数，纵向为砖围护墙时，边柱列可采用 1.0，中柱列可按表 6.6 采用。

围护墙影响系数　　　　　　　　　　　　　　　　　　　　表 6.5

围护墙类别和烈度		柱列和屋盖类别				
		边柱列	中柱列			
			无檩屋盖		有檩屋盖	
240 砖墙	370 砖墙		边跨无天窗	边跨有天窗	边跨无天窗	边跨有天窗
	7 度	0.85	1.7	1.8	1.8	1.9
7 度	8 度	0.85	1.5	1.6	1.6	1.7
8 度	9 度	0.85	1.3	1.4	1.4	1.5
9 度		0.85	1.2	1.3	1.3	1.4
无墙、石棉瓦或挂板		0.90	1.1	1.1	1.2	1.2

纵向采用砖围护墙的中柱列柱间支撑影响系数　　　　　　　表 6.6

厂房单元内设置下柱支撑的柱间数	中柱列下柱支撑斜杆的长细比					中柱列无支撑
	≤40	41~80	81~120	121~150	>150	
一柱间	0.9	0.95	1.0	1.1	1.25	1.4
二柱间			0.9	0.95	1.0	

（3）等高多跨钢筋混凝土屋盖厂房，柱列各起重机梁顶标高处的纵向地震作用标准可按下式确定：

$$F_{ci} = \alpha_1 G_{ci} \frac{H_{ci}}{\sum H_i} \tag{6.15}$$

式中　F_{ci}——i 柱列在起重机梁顶标高处的纵向地震作用标准值；

　　　G_{ci}——集中于 i 柱列吊车梁顶处的等效重力荷载代表值，应包括起重机与悬吊物的重力荷载代表值和 40% 柱子自重；

　　　H_{ci}——i 柱列吊车梁顶高度；

　　　H_i——i 柱列柱顶高度。

6.3.4.2　突出屋面天窗架地震作用计算

地震震害表明，没有考虑抗震设防的一般钢筋混凝土天窗架，其横向受损并不明，而纵向破坏却相当普遍。计算分析表明，常用的钢筋混凝土带斜腹杆的天窗架，横向力很大，基本上随屋盖平移。

（1）横向计算

①有斜撑杆的三铰拱式钢筋混凝土和钢天窗架的横向抗震计算可采用底部剪力 i 跨度大于 9m 或 9 度时，天窗架的地震作用效应应乘以增大系数，增大系数可采用 1.5。

②其他情况下天窗架的横向水平地震作用可采用振型分解反应谱法。

（2）纵向计算

①天窗架的纵向抗震计算，可采用空间结构分析法，并计及屋盖平面弹性变形和墙的有效刚度。

②柱高不超过 15m 的单跨和等高多跨混凝土无檩屋盖厂房的天窗架纵向地震作用算，可采用底部剪力法，但天窗架的地震作用效应应乘以效应增大系数，其值可按下列定采用：

A. 单跨、边跨屋盖或有纵向内隔墙的中跨屋盖

$$\eta = 1 + 0.5n \tag{6.16}$$

B. 其他中跨屋盖

$$\eta = 0.5n \tag{6.17}$$

η——效应增大系数；

n——厂房跨数，超过 4 跨时取 4 跨。

6.3.4.3　大柱网厂房

两个主轴方向柱距均不小于 12m，无桥式起重机且无柱间支撑的大柱网厂房，应考虑两个方向的水平地震作用，并应计入重力二阶效应的影响。

6.3.5　截面抗震验算

6.3.5.1　横向

（1）排架柱

对矩形、工字形等柱截面，一般只做柱的正截面验算，不做斜截面验算。鉴于一般单层厂房的上柱和下柱的长细比均大于 8，所以应考虑构件挠曲影响的轴向力偏心距增大系数。

矩形截面对称配筋的受拉（受压）钢筋面积按下式计算：

$$x \leqslant 2a'_s \qquad A_s = A'_s = \gamma_{RE} Ne' / f_y (h_0 - a'_s) \tag{6.18}$$

$$x > 2a'_s \qquad A'_S = A_S = \left[\gamma_{RE} Ne - \alpha_1 f_c bx \left(h_0 - \frac{x}{2} \right) \right] \bigg/ f'_y \left(h_0 - \frac{h'_f}{2} \right) \tag{6.19}$$

式中　　A_s，A'_s——受拉和受压钢筋面积；

f_y，f'_y——钢筋抗拉和抗压强度设计值；

x——混凝土受压区高度；

e，e'——轴向力作用点至纵向受拉钢筋合力点，纵向受压钢筋合力点的距离；

γ_{RE}——承载力抗震调整系数，当柱轴比小于 0.15 时取 $\gamma_{RE} = 0.75$，其余取 0.8。

工字形柱截面对称配筋的受拉或受压钢筋面积按下式计算：

$$A'_s = A_s = \frac{\gamma_{RE} Ne - \alpha_1 f_c \left[bx \left(h_0 - \frac{x}{2} \right) + (b'_f - b) h'_f \left(h_0 - \frac{h'_f}{2} \right) \right]}{f'_y (h_0 - a'_s)} \tag{6.20}$$

式中　　b'_f，h'_f——工字形截面受压区的翼缘宽度和高度。

190

（2）牛腿

支承吊车梁的牛腿，可不进行抗震验算；支承低跨屋盖牛腿的纵向受拉钢筋面积 A_s 按下式计算：

$$A_s \geqslant \left(\frac{N_G a}{0.85 h_0 f_y} + 1.2 \frac{N_E}{f_y} \right) \gamma_{RE} \tag{6.21}$$

式中　N_G——柱牛腿面上重力荷载代表值产生的压力设计值；

　　　a——重力作用点至下柱近侧边缘的距离，当小于 $0.3 h_0$ 时采用 $0.3 h_0$；

　　　h_0——牛腿最大竖向截面的有效高度；

　　　A_s——纵向水平受拉钢筋的截面面积；

　　　N_E——柱牛腿上地震组合的水平拉力设计值；

　　　γ_{RE}——承载力抗震调整系数，可采用 1.0。

6.3.5.2　纵向

（1）排架柱

由于按刚度分配承担的地震作用内力比较小，一般不必验算。

（2）柱间支撑

①斜杆长细比不大于 200 的柱间支撑在单位侧力作用下的水平位移，可按下式确定：

$$u = \sum \frac{1}{1 + \varphi_i} u_{ti} \tag{6.22}$$

式中　u——单位侧力作用点的位移；

　　　φ_i——i 节间斜杆轴心受压稳定系数，应按现行国家标准《钢结构设计规范》GB50017 采用；

　　　u_{ti}——单位侧力作用下 i 节间仅考虑拉杆受力的相对位移。

②长细比不大于 200 的斜杆截面可仅按抗拉验算，但应考虑压杆的卸载影响，其拉力可按下式确定：

$$N_t = \frac{l_i}{(1 + \psi_c \varphi_i) S_c} V_{bi} \tag{6.23}$$

式中　N_t——i 节间支撑斜杆抗拉验算时的轴向拉力设计值；

　　　l_i——i 节间斜杆的全长；

　　　ψ_c——压杆斜载系数，压杆长细比为 60，100 和 200 时，可分别采用 0.7，0.6 和 0.5；

　　　V_{bi}——i 节间支撑承受的地震剪力设计值；

　　　S_c——支撑所在柱间的净距。

③柱间支撑与柱连接节点预埋件的锚件采用锚筋时，其截面抗震承载力宜按下列式验算：

$$N_t \leqslant \frac{0.8 f_y A_s}{\gamma_{RE} \left(\frac{\cos\theta}{0.8 \zeta_m \psi} + \frac{\sin\theta}{\zeta_r \zeta_v} \right)} \tag{6.24}$$

$$\psi = \frac{1}{1+\frac{0.6e_0}{\zeta_t s}} \qquad\qquad (6.25)$$

$$\zeta_m = 0.6 + 0.25t/d \qquad\qquad (6.26)$$

$$\zeta_v = (4-0.08d)\sqrt{\frac{f_c}{f_y}} \qquad\qquad (6.27)$$

式中 A_s——锚筋总截面面积；

         γ_{RE}——承载力抗震调整系数，可采用 1.0；

         N——预埋板的斜向拉力，可采用全截面屈服点强度计算的支撑斜杆轴向力的 1.05 倍；

         e_0——斜向拉力对锚筋合力作用线的偏心距，应小于外排锚筋之间距离的 20% (mm)；

         θ——斜向拉力与其水平投影的夹角；

         ψ——偏心影响系数；

         s——外排锚筋之间的距离 (mm)；

         ζ_m——预埋板弯曲变形影响系数；

         t——预埋板厚度 (mm)；

         d——锚筋直径 (mm)；

         ζ_r——验算方向锚筋排数的影响系数，二，三和四排可采用 1.0，0.9 和 0.85；

         ζ_v——锚筋的受剪影响系数，大于 0.7 时采用 0.7。

④柱间支撑与柱连接节点预埋件的锚件采用角钢加端板时，其截面抗震承载力宜按下列公式验算：

$$N \leqslant \frac{0.7}{\gamma_{RE}\left(\frac{\cos\theta}{\psi N_{u0}}+\frac{\sin\theta}{V_{U0}}\right)} \qquad\qquad (6.28)$$

$$V_{u0} = 3n\zeta_r\sqrt{W_{min}bf_af_c} \qquad\qquad (6.29)$$

$$N_{ua} = 0.8nf_aA_s \qquad\qquad (6.30)$$

式中 n——角钢根数；

         b——角钢肢宽；

       W_{min}——与剪力方向垂直的角钢最小截面模量；

         A_s——一根角钢的截面面积；

         f_a——角钢抗拉强度设计值。

⑤8、9 度下柱柱间支撑的下节点位置设置于基础顶面以上时，宜进行纵向柱列柱根的斜截面受剪承载力验算。

6.3.5.3 抗风柱构件抗震验算

（1）唐山地震震害表明：8 度区和 9 度区，不少抗风柱的上柱和下柱根部开裂、折断，导致山尖墙倒塌，严重的抗风柱连同山墙全部向外倾倒。抗风柱虽非单层厂房的主要承重构件，但它却是厂房纵向抗震中的重要构件，对保证厂房的纵向抗震安全具有不可忽视的作用。因此,在8、9度时需要进行平面外的截面抗震验算。

(2) 当抗风柱与屋架下弦相连接时,虽然此类厂房均在厂房两端第一开间设置下弦横向支撑,但当厂房遭到地震作用时,高大山墙引起的纵向水平地震作用具有较大的数值,由于阶形抗风柱的下柱刚度远大于上柱刚度,大部分水平地震作用将通过下柱的上端连接传至屋架下弦,但屋架下弦支撑的强度和刚度往往不能满足要求,从而导致屋架下弦支撑杆件压屈。因此,应对下弦横向支撑杆件的截面和连接节点进行抗震承载力验算。

6.3.5.4 屋架上弦抗扭验算

震害表明,上弦有小立柱的拱形和折线形屋架及上弦节间较长和节间矢高较大的屋架,在地震作用下屋架上弦将产生附加扭矩,导致屋架上弦破坏。

为此,建筑抗震设计规范规定:8度Ⅲ、Ⅳ类场地和9度时,带有小柱的拱形和折线形屋架或上弦节点较长且节间矢高较大的屋架,屋架上弦宜进行抗扭验算。

6.3.5.5 弹塑性变形验算

8度区Ⅲ、Ⅳ类场地和9度时,高大的单层钢筋混凝土柱厂房应进行罕遇地震作用下的弹塑性变形验算,其薄弱部位为阶形柱的上柱,且仅进行横向排架阶形柱上柱的变形验算。其步骤为:

(1) 计算上柱截面实际的正截面承载力

$$M_{cyk} = f_{yk} A_a^s \ (h_0 - a_s') \ + 0.5 N_G h \left(1 - \frac{N_G}{\alpha_1 f_{ck} bh}\right) \tag{6.31}$$

(2) 计算屈服强度系数

$$\zeta_y = M_{cyk} / M_e \tag{6.32}$$

M_e——罕遇地震作用下,弹性地震弯矩(地震作用分项系数)。

(3) 当 $\zeta_y \geqslant 0.5$ 时,不必进行弹塑性变形验算;当 $\zeta_y < 0.5$ 时,按下式计算上柱的弹塑性层间位移 Δu_p。

$$\Delta u_p = \eta_p \cdot \Delta u_e \tag{6.33}$$

$$\Delta u_e = V_e H_1^3 / 3EI \tag{6.34}$$

式中 V_e——罕遇地震作用下排架柱顶弹性地震剪力($\gamma_{RE} = 1.0$);

       H_1,I——上柱高度,上柱截面惯性矩;

       η_p——排架上柱弹塑性变形增大系数,按表3.16采用。

(4) 验算上柱弹塑性层间变形是否满足要求,采用下式:

$$\Delta u_p \leqslant H_1 / 30 \tag{6.35}$$

6.4 抗震构造措施

单层钢筋混凝土柱厂房的各项构造措施,都是加强装配式厂房结构的整体性,形成空间受力的结构体系,而围护结构则宜不影响主体结构的变形。

6.4.1 屋盖系统的抗震构造

按照概念设计的要求,通过设置屋架支撑、天窗架支撑并加强屋盖各预制构件之连接，增强屋盖的整体性，以发挥厂房空间作用。

（1）有檩屋盖

槽瓦、波形瓦等有檩屋盖，只要连接牢固，即使 10 度区也保存完好。但是，如果屋面瓦与檩条或檩条与屋架拉结不牢，在 7 度地震作用下也会出现严重震害。根据震害总结，有檩屋盖构件的连接支撑布置构造的主要要求是：

①檩条与屋架的连接，不仅应有足够的支承长度而且要焊牢，双脊檩约在跨度各 1/2 处尚应相互拉结，以确保檩条与屋架连成整体；

②屋面瓦应与檩条拉线；

③压型钢板与檩条可靠连接；

④支撑系统布置要完整，应符合表 6.7 的要求。

有檩屋盖的支撑布置   表 6.7

支撑名称		烈度		
		6、7	8	9
屋架支撑	上弦横向支撑	单元端开间各设一道	单元端开间及单元长度大于 66m 的柱间支撑开间各设一道；天窗开洞范围的两端各增设局部的支撑一道	单元端开间及单元长度大于 42m 的柱间支撑开间各设一道；天窗开洞范围的两端各增设局部的上弦横向支撑一道
	下弦横向支撑跨中竖向支撑	同非抗震设计		
	端部竖向支撑	屋架端部高度大于 900mm 时，单元端开间及柱间支撑开间各设一道		
天窗架支撑	上弦横向支撑	单元天窗端开间各设一道	单元天窗端开间及每隔 30m 各设一道	单元天窗端开间及每隔 18m 各设一道
	两侧竖向支撑	单元天窗端开间及每隔 36m 各设一道		

（2）无檩屋盖

无檩屋盖自重较大，但屋面整体性较好，空间作用较强。其主要抗震构造是：

①屋面板的构造及其连接

单层厂房的屋面板在地震中坠落的原因，在于连接不牢。为此，预制的大型屋面板的底面和两端的预埋件宜采用角钢并与主筋焊牢；非标准的屋面板，宜采用装配整体式接头或切掉四角的板型，并与屋架（屋面梁）焊牢。

屋面板与屋架的连接设两道防线。第一道是，靠边的第一块屋面板应与屋架焊牢，焊缝的长度不小于 80mm，厚度不低于 6mm。第二道防线是，6、7 度设天窗的厂房单元的两个端开间和 8、9 度的各个开间，屋架两侧相邻的屋面板顶面，利用吊钩或埋件彼此焊牢。

突出屋面的天窗架，其侧板与天窗架立柱宜用螺栓连接，以减轻震害。

②屋架的构造及其连接

屋架自身除满足静力设计要求外，抗震设计的重点有两个方面，其一，8、9 度且跨度大于 24m 时，需考虑竖向地震作用；其二，对静力分析中的构造构件——梯形屋架端竖杆，拱形屋架第一节间上弦杆，折线型屋架调整屋面坡度的小立柱等，应适当增大截面和构造配筋，使之有足够的抗弯、抗剪和抗扭的性能。

为提高连接的性能，屋架（屋面梁）端部预埋件的锚筋，8 度时不小于 4φ10，9 度时不小于 4φ12。屋架（屋面梁）与柱顶的连接，6、7 度可用焊接，8 度宜用螺栓连接，9 度宜用钢板铰，亦可采用螺栓；屋架（屋面梁）端部支承垫板的厚度不宜小于 16mm。

③屋盖系统的支撑布置

无檩屋盖完整的支撑，包括屋架上下弦横向水平支撑、上弦通长水平系杆、跨中和端部竖向支撑、天窗开洞范围内局部的横向支撑，及出屋面天窗架两侧的竖向支撑。详见表 6.8 和表 6.9。8 度和 9 度跨度不大于 15m 的厂房屋盖采用屋面梁时，可仅在厂房单元两端各设竖向支撑一道；单坡屋面梁的屋盖支撑布置，宜按屋架端部高度大于 900mm 的屋盖支撑布置执行。

无檩屋盖的支撑布置　　　　　　　　　　　　　　　　表 6.8

支撑名称		烈度		
		6、7	8	9
屋架支撑	上弦横向支撑	屋架跨度小于 18m 时同非抗震设计，跨度不小于 18m 时在厂房单元端开间各设一道	单元端开间及柱间支撑开间各设一道，天窗开洞范围的两端各增设局部的支撑一道	
	上弦通常水平系杆	同非抗震设计	沿屋架跨度不大于 15m 设一道，但装配整体式屋面可仅在天窗开洞范围内设置；围护墙在屋架上弦高度有现浇圈梁时，其端部处可不另设	沿屋架跨度不大于 12m 设一道，但装配整体式屋面可仅在天窗开洞范围内设置；围护墙在屋架上弦高度有现浇圈梁时，其端部处可不另设
	下弦横向支撑		同非抗震设计	同上弦横向支撑
	跨中竖向支撑			
	两端竖向支撑 屋架端部高度≤900mm		单元端开间各设一道	单元端开间及每隔 48m 各设一道
	两端竖向支撑 屋架端部高度>900mm	单元端开间各设一道	单元端开间及柱间支撑开间各设一道	单元端开间、柱间支撑开间及每隔 30m 各设一道
天窗架支撑	天窗两侧竖向支撑	厂房单元天窗端开间及每隔 30m 各设一道	厂房单元天窗端开间及每隔 24m 各设一道	厂房单元天窗端开间及每隔 18m 各设一道
	上弦横向支撑	同非抗震设计	天窗跨度≥9m 时，单元天窗端开间及柱间支撑开间各设一道	单元端开间及柱间支撑开间各设一道

中间井式天窗无檩屋盖支撑布置　　　　　　　　　　　表 6.9

支撑名称	6、7 度	8 度	9 度
上弦横向支撑 下弦横向支撑	厂房单元端开间各设一道	厂房单元端开间及柱间支撑开间各设一道	
上弦通长水平系杆	天窗范围内屋架跨中上弦节点处设置		
下弦通长水平系杆	天窗两侧及天窗范围内屋架下弦节点处设置		
跨中竖向支撑	有上弦横向支撑开间设置，位置与下弦通长系杆相对应		

支撑名称		6、7 度	8 度	9 度
两端竖向支撑	屋架端部高度≤900mm	同非抗震设计		有上弦横向支撑开间，且间距不大于 48m
	屋架端部高度＞900mm	厂房单元端开间各设一道	有上弦横向支撑开间，且间距不大于 48m	有上弦横向支撑开间，且间距不大于 30m

（3）屋盖支撑的其他构件要求

屋盖支撑是保证屋盖整体性的重要抗震措施。在进一步总结唐山地震经验的基础上，规范对屋盖支撑的构造给出了以下规定：

①天窗开洞范围内，在屋架脊点处应设上弦通长水平压杆；8 度Ⅲ、Ⅳ类场地和 9 度时，梯形屋架端部上节点应沿厂房纵向方向设置通长水平压杆。

②屋架跨中竖向支撑在跨度方向的间距，6～8 度时不大于 15m，9 度时不大于 12m，当仅在跨中设一道时，应设在跨中屋架屋脊处；当设两道时，应在跨度方向均匀布置。

③屋架上、下弦通长水平系杆与竖向支撑宜配合设置。

④柱距不小于 12m 且屋架间距 6m 的厂房，托架（梁）区段及其相邻开间应设下弦纵向水平支撑。

⑤屋盖支撑杆件宜用型钢。

6.4.2 排架柱的抗震构造

单层厂房的钢筋混凝土排架柱，同样依靠尺寸控制和合理的配筋，使之避免剪切破坏先于弯曲破坏和混凝土压碎先于钢筋屈服。为了使厂房结构形成空间工作体系，还要利用上、下柱间支撑直至基础系杆与柱子连成整体工作。

（1）排架柱的配筋构造

排架柱的纵向钢筋无特别要求，抗震构造的重点是箍筋加密范围和加密构造。

①排架柱箍筋的加密区范围

箍筋加密的范围：柱头取 500mm 和柱截面长边的较大值；阶形柱中部取牛腿（柱肩）至起重机梁顶以上 300mm；牛腿（柱肩）取全高；柱根取基础顶面至室内地坪以上 500mm；变形受限制部位（支撑节点、平台、嵌砌内隔墙、毗屋等处）取上下各 300mm。

②排架柱箍筋加密区的箍筋间距、肢距

排架柱箍筋加密区的箍筋间距不应大于 100mm，箍筋肢距和最小直径应符合表 6.10 的规定。这里要说明的是由于厂房角柱处于双向地震作用，所以对厂房角柱柱头的加密箍筋采取了提高 1 度配置。

柱加密区箍筋最大肢距和最小箍筋直径　　　　　　　　　　表 6.10

	烈度和场地类别	6 度和 7 度Ⅰ、Ⅱ类场地	7 度Ⅲ、Ⅳ类场地和 8 度Ⅰ、Ⅱ类场地	8 度Ⅲ、Ⅳ类场地和 9 度
	箍筋最大肢距（mm）	300	250	200
箍筋最小直径	一般柱头和柱根	φ6	φ8	φ8（φ10）
	角柱柱头	φ8	φ10	φ10
	上柱牛腿和有支撑的柱根	φ8	φ8	φ10
	有支撑的柱头和柱变位受约束部位	φ8	φ10	φ12

注：括号内数值用于柱根。

③厂房柱侧向受约束且剪跨比不大于 2 的排架柱，柱顶预埋钢板和柱箍筋加密区的构造尚应符合下列要求：

A. 柱顶预埋钢板沿排架平面方向的长度，宜取柱顶的截面高度，且不得小于截面高度的 1/2 及 300mm。

B. 屋架的安装位置，宜减小在柱顶的偏心，其柱顶轴向力的偏心距不应大于截面高度的 1/4。

C. 柱顶轴向力排架平面内的偏心距，在截面高度的 1/6～1/4 范围内时，柱顶箍筋加密区的箍筋体积配筋率：9 度不宜小于 1.2%；8 度不宜小于 1.0%；6、7 度不宜小于 0.8%。

D. 加密区箍筋宜配置四肢箍，肢距不大于 200mm。

（2）大柱网厂房柱的抗震构造

大柱网厂房柱的震害特点主要是：①柱根出现对角破坏，混凝土酥碎剥落，纵筋压曲，说明主要是纵、横两个方向或斜向地震作用的影响，柱根的承载力和延性不足；②中柱的破坏率和破坏程度均大于边柱，说明与柱的轴压比有关。

根据大柱网厂房的震害和受力特点，给出了大柱网厂房的抗震构造要求：

①柱截面宜采用正方形或接近正方形的矩形，边长不宜小于柱高的 1/18～1/16。

②重屋盖厂房地震组合的柱轴压比，6、7 度时不宜大于 0.8，8 度时不宜大 0.7，9 度时不应大于 0.6。

③纵向钢筋宜沿柱截面周边对称配置，间距不宜大于 200mm，角部宜配置直径较大的钢筋。

④柱根基础顶面至室内地坪以上 1m 且不小于柱全高的 1/6、柱顶以下 500m 且不小于柱截面长边尺寸应进行箍筋加密；箍筋直径、间距和肢距应符合表 7.13 的规定。

（3）山墙抗风柱的抗震构造

地震震害表明，在强烈地震作用下，抗风柱的柱头和上、下柱的根部都会产生裂缝，甚至折断的现象。因此，应对抗风柱的柱头和上、下柱的根部给予适当加强，其具体要求是：

①抗风柱柱顶以下 300mm 和牛腿（柱肩）面以上 300mm 范围内的箍筋，直径不宜小于 6mm，间距不应大于 100mm，肢距不宜大于 250mm。

②抗风柱的变截面牛腿（柱肩）处，宜设置纵向受拉钢筋。

6.4.3 柱间支撑的构造及其连接

柱间支撑是承受厂房纵向地震力并传递给基础的构件。一般在厂房单元中部的下柱和下柱各设一道；有起重机或 8、9 度时，在单元两端的上柱各增设一道；厂房单元较长或 8 度Ⅲ、Ⅳ类场地和 9 度时，可在厂房单元中部 1/3 区段设置两道柱间支撑。受力较大时，柱间支撑应与屋盖、柱顶通长压杆和基础系梁组成传力体系。

（1）支撑杆件的长细比，以交叉节点净长计算，6、7 度Ⅰ、Ⅱ类场地时，下柱支撑不大于 200，上柱支撑不大于 250；7 度Ⅲ、Ⅳ类场地和 8 度Ⅰ、Ⅱ类场地时，下柱支撑不大于 150，上柱支撑不大于 250；8 度Ⅲ、Ⅳ类场地和 9 度Ⅰ、Ⅱ类场地时，下柱支撑不大于 120，上柱支撑不大于 200；9 度Ⅲ、Ⅳ类场地时，上柱支撑，不大于 150，下柱支撑均不大于 120。

（2）支撑应采用整根型钢，交叉节点应在两根斜杆之间，用厚度不小于 10mm 的节点板牢固焊接；端节点板宜焊接；以满足"强节点弱杆件"的要求，其斜杆与水平面的夹角不宜大于 55°。

（3）支撑的地震作用要直接传递给基础，理想的设计要求支撑受力作用线与柱轴线交于基础底面。当条件受限制时，8、9 度时可考虑采用基础系梁，它要与支撑受力作用线交于基础底面，同时加大系梁的端部，使之与基础形成整体；6 度、7 度（0.10g）时，则考虑支撑引起基础偏心及柱的底部形成短柱的不利影响，采取相应的措施。

（4）纵向地震作用较大时，如 8 度跨度不小于 18m 多跨厂房和 9 度，屋面板和屋盖支撑不足以将地震作用传递到柱间支撑，8 度时多跨厂房的中柱列和 9 度时各柱列的柱顶，应设置通长的水平压杆（梯形屋架可用屋架支座处受压的水平系杆替代）。对钢筋混凝土系杆与屋架间的孔隙，要用混凝土填实。

6.4.4 厂房结构构件的连接节点构造

厂房结构构件的连接节点包括屋架与柱的连接、柱预埋件、抗风柱、牛腿（柱肩）柱与柱间支撑连接处的预埋件等。

（1）屋架（屋面梁）与柱顶的连接，8 度时宜采用螺栓，9 度时宜采用钢铰，亦可采用螺栓；屋架（屋面梁）端部支承垫板的厚度不宜小于 16mm。

（2）柱顶预埋件的锚筋，8 度时不宜少于 $4\phi14$，9 度时不宜少于 $4\phi16$；有柱间支撑的柱子，柱顶预埋件尚应增设抗剪钢板。

（3）山墙抗风柱的柱顶，应设置预埋板，使柱顶与端屋架的上弦（屋面梁上翼缘）可靠连接。连接部位应位于上弦横向支撑与屋架的连接点处，不符合时可在支撑中增设次腹杆或设置型钢横梁，将水平地震作用传至节点部位。

（4）支承低跨屋盖的中柱牛腿（柱肩）的预埋件，应与牛腿（柱肩）中按计算承受水平拉力部分的纵向钢筋焊接，且焊接的钢筋，6 度和 7 度时不应少于 $2\phi12$，8 度时不应少于 $2\phi14$，9 度时不应少于 $2\phi16$。

（5）柱间支撑与柱连接节点预埋件的锚件，8 度 Ⅲ、Ⅳ 类场地和 9 度时，宜采用角钢加端板，其他情况可采用 HRB335 级或 HRB400 级热轧钢筋，但锚固长度不应小于 30 倍锚筋直径或增设端板。

（6）厂房中的起重机走道板、端屋架与山墙间的填充小屋面板、天沟板、天窗端壁板和天窗侧板下的填充砌体等构件应与支承结构有可靠的连接。

思 考 题

1. 单层厂房在平面布置上有何要求？
2. 如何进行单层厂房的横向抗震计算？
3. 如何进行单层厂房的纵向抗震计算？
4. 简述厂房柱间支撑的设置构造要求。
5. 简述厂房系杆的设置构造要求。

第 7 章　多高层建筑钢结构抗震设计

7.1　多高层钢结构的主要震害特征

  钢结构强度高、延性好、重量轻、抗震性能好。总体来说，在同等场地、烈度条件下，钢结构房屋的震害较钢筋混凝土结构房屋的震害要小。例如，在墨西哥城的高烈度区内有 102 幢钢结构房屋，其中 59 幢为 1957 年以后所建，在 1985 年 9 月的墨西哥大地震（里氏 8.1 级）中，1957 年以后建造的钢结构房屋倒塌或严重破坏的不多（见表 7.1），而钢筋混凝土结构房屋的破坏就要严重得多。

1985 年墨西哥城地震中钢结构和钢筋混凝土结构的破坏情况　　　　表 7.1

建造年份	钢结构		钢筋混凝土结构	
	倒塌	严重破坏	倒塌	严重破坏
1957 年以前	7	1	27	16
1957～1976 年	3	1	51	23
1976 年以后	0	0	4	6

  多高层钢结构在地震中的破坏形式有三种：①节点连接破坏；②板件破坏；③结构倒塌。

7.1.1　节点连接破坏

  主要有两种节点连接破坏，一种是支撑连接破坏（图 7.1），另一种是梁柱连接破坏（图 7.2），从 1978 年日本宫城县远海地震（里氏 7.4 级）所造成的钢结构建筑破坏情况看（表 7.2），支撑连接更易遭受地震破坏。

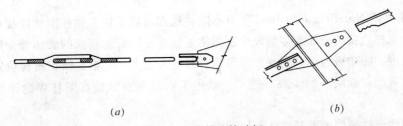

(a)　　　　　　　　　　　　　　　　(b)

图 7.1　支撑连接破坏

(a) 圆钢支撑连接的破坏；(b) 角钢支撑连接的破坏

破坏类型	结构数量	破坏等级*				统计	
		V	Ⅳ	Ⅲ	Ⅱ	总数	百分比（%）
过度弯曲	柱	—	2	—	2	11	7.4
	梁	—	—	—	1		
	梁、柱局部屈曲	2	1	1	2		
连接破坏	支撑连接	6	13	25	63	119	80.4
	梁柱连接	—	—	2	1		
	柱脚连接	—	4	2	—		
	其他连接	—	—	—	1		
基础失效	不均匀沉降	—	2	4	12	18	12.2
总计		8	23	34	83	148	100

* Ⅱ级——支撑、连接等出现裂纹，但没有不可恢复的屈曲变形
  Ⅲ级——出现小于 1/30 层高的永久层间变形
  Ⅳ级——出现大于 1/30 层高的永久层间变形
  V级——倒塌或无法继续使用

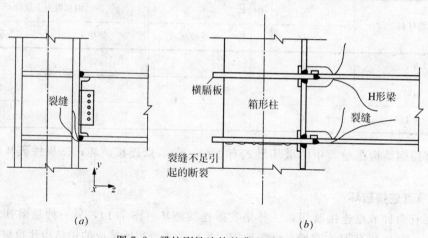

图 7.2 梁柱刚性连接的典型震害现象
(a) 美国 Northridge 地震；(b) 日本阪神地震

1994 年美国 Northridge 和 1995 年日本阪神地震造成了很多梁柱刚性连接破坏，震害调查发现，梁柱连接的破坏大多数发生在梁的下翼缘处，而上翼缘的破坏要少得多。这可能有两种原因：①楼板与梁共同变形导致下翼缘应力增大；②下翼缘在腹板位置焊接的中断是一个显著的焊缝缺陷的来源。图 7.3 给出了震后观察到的在梁柱焊缝连接处的失效模式。

梁柱刚性连接裂缝或断裂破坏的原因有：

（1）焊缝缺陷，如裂纹、欠焊、夹渣和气孔等。这些缺陷将成为裂缝开展直至断裂的起源。

（2）三轴应力影响。分析表明，梁柱连接的焊缝变形由于受到梁和柱约束，施焊后焊缝残存三轴拉应力，使材料变脆。

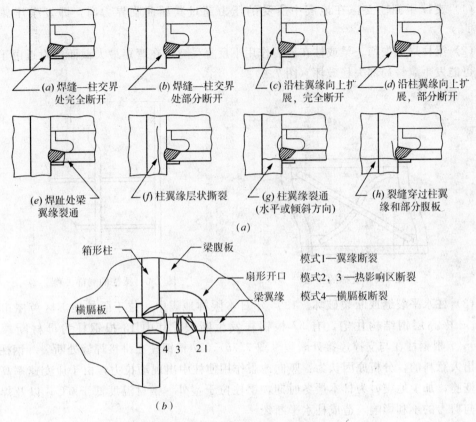

(a) 焊缝—柱交界处完全断开　(b) 焊缝—柱交界处部分断开　(c) 沿柱翼缘向上扩展，完全断开　(d) 沿柱翼缘向上扩展，部分断开

(e) 焊趾处梁翼缘裂通　(f) 柱翼缘层状撕裂　(g) 柱翼缘裂通（水平或倾斜方向）　(h) 裂缝穿过柱翼缘和部分腹板

(a)

箱形柱　梁腹板　扇形开口　梁翼缘　横隔板

模式1—翼缘断裂
模式2，3—热影响区断裂
模式4—横隔板断裂

(b)

图 7.3　梁柱焊接连接处的失效模式

(a) 美国 Northridge 地震；(b) 日本阪神地震

（3）构造缺陷。出于焊接工艺的要求，梁翼缘与柱连接处设有垫条，实际工程中垫条在焊接后就留在结构上，这样垫条与柱翼缘之间就形成一条"人工"裂缝（图 7.4），成为连接裂缝发展的起源。

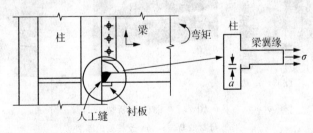

图 7.4　"人工"裂缝

（4）焊缝金属冲击韧性低。美国北岭地震前，焊缝采用 E70T-4 或 E70T-7 自屏蔽药芯焊条，这种焊条对冲击韧性无规定，实验室试件和从实际破坏的结构中取出的连接试件在室温下的试验表明，其冲击韧性往往只有 10~15J，这样低的冲击韧性使得连接很易产生脆性破坏，成为引发节点破坏的重要因素。

7.1.2　构件破坏

多高层建筑钢结构构件破坏的主要形式有：

（1）支撑压屈。支撑在地震中所受的压力超过其屈曲临界力时，即发生压屈破坏（图 7.5）。

（2）梁柱局部失稳。梁或柱在地震作用下反复受弯，在弯矩最大截面处附近由于过度弯曲可能发生翼缘局部失稳破坏（图 7.6）。

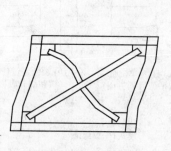
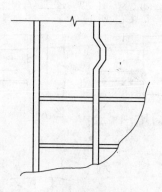

图 7.5　支撑的压屈　　　　　　　　　图 7.6　梁柱的局部失稳

（3）柱水平裂缝或断裂破坏。1995 年日本阪神地震中，位于阪神地震区芦屋市海滨城的 52 栋高层钢结构住宅，有 57 根钢柱发生断裂，其中 13 根钢柱为母材断裂（图 7.7a），7 根钢柱在与支撑连接处断裂（图 7.7b），37 根钢柱在拼接焊缝处断裂。钢柱的断裂是出人意料的，分析原因认为：竖向地震作用使柱中出现动拉力，由于应变速率高，使材料变脆；加上地震时为日本严冬时期，钢柱位于室外，钢材温度低于 0℃；以及焊缝和弯矩与剪力的不利影响，造成柱水平断裂。

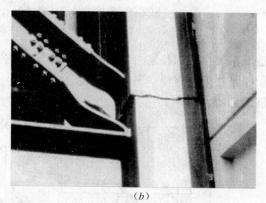

（a）　　　　　　　　　　　　　（b）

图 7.7　钢柱的断裂
(a) 母材的断裂；(b) 支撑处的断裂

7.1.3　结构倒塌

结构倒塌是地震中结构破坏最严重的形式。钢结构建筑尽管抗震性能好，但在地震中也有倒塌事例发生。1985 年墨西哥大地震中有 10 幢钢结构房屋倒塌（见表 7.1），在 1995 年日本阪神地震中，也有钢结构房屋倒塌发生。表 7.3 是阪神地震中 Chou Ward 地区钢结构房屋震害情况。

建造年份	严重破坏或倒塌	中等破坏	轻微破坏	完好
1971 年以前	5	0	2	0
1971～1982 年	0	0	3	5
1982 年以后	0	0	1	7

钢结构房屋在地震中严重破坏或倒塌与结构抗震设计水平关系很大。1957 年和 1976 年，墨西哥结构设计规范分别进行过较大的修订，而 1971 年是日本钢结构设计规范修订的年份，1982 年是日本建筑标准法实施的年份，从表 7.1 和表 7.3 知，由于新设计规范采纳了新研究成果，提高了结构抗震设计水平，在同一地震中按新规范设计建造的钢结构房屋倒塌的数量就要比按老规范设计建造的少得多。

7.2 多高层钢结构的选型与结构布置

7.2.1 结构选型

在结构选型上，多层和高层钢结构无严格界限。但为区分结构的重要性对结构抗震构造措施的要求不同，我国建筑抗震设计规范将超过 12 层的建筑归为高层钢结构建筑，将不超过 12 层的建筑归为多层钢结构建筑。

有抗震要求的多高层建筑钢结构可采用框架结构体系（图 7.8）、框架—中心支撑结构体系（图 7.9）、框架—偏心支撑结构体系（图 7.10）及框筒结构体系（图 7.11）。框架结构体系的梁柱节点宜采用刚接。

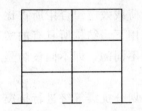 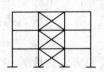 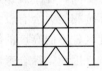

图 7.8 纯框架结构　　　　　　　　图 7.9 各种中心支撑框架结构

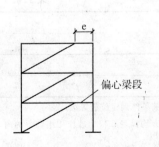 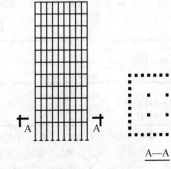

图 7.10 偏心支撑框架结构　　　　　图 7.11 框筒结构

纯框架结构延性好，但抗侧力刚度较差。中心支撑框架通过支撑提高框架的刚度，但支撑受压会屈曲，支撑屈曲将导致原结构承载力降低。偏心支撑框架可通过偏心梁段剪切屈服限制支撑受压屈曲，从而保证结构具有稳定的承载能力和良好的耗能性能，而结构的侧移刚度介于纯框架和中心支撑框架之间。框筒实际上是密柱框架结构，由于梁跨小刚度大，使周圈柱近似构成一个整体受弯的薄壁筒体，具有较大的侧移刚度和承载力，因而框筒结构多用于高层建筑。各种钢结构体系建筑的适用高度与高宽比不宜大于表7.4和表7.5给出的数值。

适用的钢结构房屋最大高度（m） 表7.4

结构类型＼结构体系	6.7度(0.10g)	7度(0.15g)	8度		9度(0.40g)
			(0.20g)	(0.30g)	
框架	110	90	90	70	50
框架—中心支撑	220	200	180	150	120
框架—偏心支撑（延性墙板）	240	220	200	180	160
筒体（框筒，筒中筒，桁架筒，束筒）和巨型框架	300	280	260	240	180

适用的钢结构房屋最大高宽比 表7.5

烈 度	6、7	8	9
最大高宽比	6.5	6.0	5.5

7.2.2 钢结构抗震等级

地震作用下，钢结构的地震反应具有下列特点：（1）设防烈度越大，地震作用越大，房屋的抗震要求越高；（2）房屋越高，地震反应越大，其抗震要求应越高。所以，在不同的抗震设防烈度地区、不同高度的结构，其地震作用效应在与其他荷载效应组合中所占比重不同，在小震作用下，各结构均能保持弹性，但在中震或大震作用下，结构所具有的实际抗震能力会有较大的差别，结构可能进入弹塑性状态的程度也是不同的，即不同设防烈度区、不同高度的结构的延性要求也不一样。

因此，综合考虑设防类别、设防烈度和房屋高度等主要因素，划分抗震等级进行抗震设计，是比较经济合理的。抗震等级的划分，体现了对不同抗震设防类别、不同烈度、同一烈度但不同高度的钢结构延性要求的不同，以及同一种构件在不同结构类型中的延性要求的不同。表7.6是规范规定的丙类建筑抗震等级划分。

钢结构房屋的抗震等级 表7.6

房屋高度	6	7	8	9
≤50m		四	三	二
>50m	四	三	二	一

注：1. 高度接近或等于高度分界时，应允许结合房屋不规则程度和场地、地基条件确定抗震等级；

2. 一般情况，构件的抗震等级应与结构相同；当某个部位各构件的承载力均满足2倍地震作用组合下的内力要求时，7～9度的构件抗震等级应允许按降低一度确定。

7.2.3 结构平面布置

多高层钢结构的平面布置应尽量满足下列要求：

(1) 建筑平面宜简单规则，并使结构各层的抗侧力刚度中心与质量中心接近或重合，同时各层刚心与质心接近在同一竖直线上。

(2) 建筑的开间、进深宜统一，其常用平面的尺寸关系应符合表 7.7 和图 7.12 的要求。当钢框筒结构采用矩形平面时，其长宽比不应大于 1.5:1，不能满足此项要求时，宜采用多束筒结构。

L, l, l', B' 的限值   表 7.7

L/B	L/B_{max}	l/b	l'/B_{max}	B'/B_{max}
<5	<4	<1.5	>1	<0.5

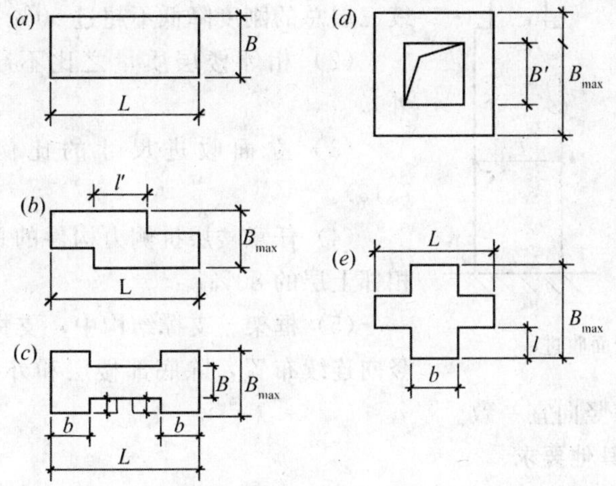

图 7.12 表 7.7 中变量的意义

（3）高层建筑钢结构不宜设置防震缝，但薄弱部位应注意采取措施提高抗震能力。如必须设置伸缩缝，则应同时满足防震缝的要求。

（4）宜避免结构平面不规则布置。如在平面布置上具有下列情况之一者，为平面不规则结构：

①任意层的偏心率大于 0.15。偏心率可按下列公式计算：

$$\varepsilon_x = \frac{e_y}{r_{ex}} \qquad \varepsilon_y = \frac{e_x}{r_{ey}} \tag{7.1}$$

其中：

$$r_{ex} = \sqrt{\frac{K_T}{\sum K_x}} \qquad r_{ey} = \sqrt{\frac{K_T}{\sum K_y}} \tag{7.2}$$

式中 ε_x、ε_y——分别为所计算楼层在 x 和 y 方向的偏心率；

            e_x、e_y——分别为 x 和 y 方向楼层质心到结构刚心的距离；

            r_{ex}、r_{ey}——分别为结构 x 和 y 方向的弹性半径；

       $\sum K_x$、$\sum K_y$——分别为所计算楼层各抗侧力构件在 x 和 y 方向的侧向刚度之和；

            x、y——以刚心为原点的抗侧力构件坐标。

②结构平面形状有凹角，凹角的伸出部分在一个方向的长度，超过该方向建筑总尺寸的25%。

③楼面不连续或刚度突变，包括开洞面积超过该层楼面面积的50%。

④抗水平力构件既不平行于又不对称于抗侧力体系的两个互相垂直的主轴。

属于上述情况第一、第四项者应计算结构扭转影响；属于第三项者应采用相应的计算模型，属于第二项者应在凹角出采用加强措施。

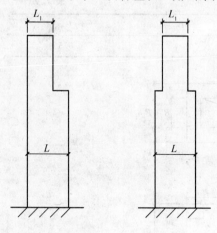

图7.13 立面收进

7.2.4 结构竖向布置

多高层钢结构的竖向布置应尽量满足下列要求：

（1）楼层刚度大于其相邻上层刚度的70%，且连续三层总的刚度降低不超过50%。

（2）相邻楼层质量之比不超过1.5（屋顶层除外）。

（3）立面收进尺寸的比例 $L_1/L > 0.75$（图7.13）。

（4）任意楼层抗侧力构件的总受剪承载力大于其相邻上层的80%。

（5）框架－支撑结构中，支撑（或剪力墙板）宜竖向连续布置，除底部楼层和外伸刚臂所在楼层外，支撑的形式和布置在竖向宜一致。

7.2.5 结构布置的其他要求

（1）高层钢结构宜设置地下室。在框架－支撑（剪力墙板）体系中，竖向连续布置的支撑（剪力墙板）应延伸至基础。设置地下室时，框架柱应至少延伸到地下一层。

（2）8、9度时，宜采用偏心支撑、带缝钢筋混凝土剪力墙板、内藏钢板支撑或其他消能支撑。

（3）采用偏心支撑框架时，顶层可为中心支撑。

（4）楼板宜采用压型钢板（或预应力混凝土薄板）加现浇混凝土叠合层组成的楼板。楼板与钢梁应采用栓钉或其他元件连接（图7.14）。当楼板有较大或较多的开孔时，可增设水平钢支撑以加强楼板的水平刚度。

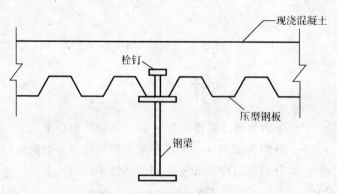

图7.14 楼板与钢梁的连接

（5）必要时可设置由筒体外伸臂和周边桁架组成的加强层。

7.3 多高层钢结构的抗震概念设计

完整的建筑结构抗震设计包括三个方向的内容与要求：概念设计、抗震计算与构造措施。概念设计在总体上把握抗震设计的主要原则，弥补由于地震作用及结构地震反应的复杂性而造成抗震计算不准确的不足；抗震计算为建筑抗震设计提供定量保证；构造措施则为保证抗震概念与抗震计算的有效提供保障。结构抗震设计上述三个方面的内容是一个不可割裂的整体，忽略任何一部分，都可能使抗震设计失效。

多高层钢结构抗震设计在总体上需把握的主要原则有，保证结构的完整性，提高结构延性，设置多道结构防线。下面介绍实现这些原则的一些抗震概念及具体要求。

7.3.1 优先采用延性好的结构方案

刚接框架、偏心支撑框架和框筒结构是延性较好的结构形式，在地震区应优先采用。然而，铰接框架有施工方便及中心支撑框架有刚度大、承载力高的优点，在地震区也可以采用。在具体选择结构形式时应注意：

（1）多层钢结构可采用全刚接框架及部分刚接框架，不允许采用全铰接框架及全铰接框架加支撑的结构形式。当采用部分刚架框架时，结构外围周边框架应采用刚接框架。

（2）高层钢结构应采用全刚接框架。当结构刚度不够时，可采用中心支撑框架、钢框架－混凝土芯筒或钢框筒结构形式；但在高烈度区（8度和9度区），宜采用偏心支撑框架和钢框筒结构。

7.3.2 多道结构防线要求

对于钢框架－支撑结构及钢框架－混凝土芯筒（剪力墙）结构，钢支撑或混凝土芯筒（剪力墙）部分的刚度大，可能承担整体结构绝大部分地震作用力。但钢支撑或混凝土芯筒（剪力墙）的延性较差，为发挥钢框架部分延性好的作用，承担起第二道结构抗震防线的责任，要求钢框架的抗震承载力不能太小，为此框架部分按计算得到的地震剪力应乘以调整系数，达到不小于结构底部总地震剪力的 25% 和框架部分地震剪力最大值 1.8 倍两者的较小值。

7.3.3 强节点弱构件要求

为保证结构在地震作用下的完整性，要求结构所有节点的极限承载力大于构件在相应节点处的极限承载力，以保证节点不先于构件破坏，防止构件不能充分发挥作用。为此，对于多高层钢结构的所有节点连接，除应按地震组合内力进行弹性设计验算外。还应进行"强节点弱构件"原则下的极限承载力验算。

（1）梁与柱的连接要求

梁与柱连接的极限受弯、受剪承载力，应符合下列要求：

$$M_u^j \geqslant \eta_j M_p \tag{7.3}$$

$$V_u^j \geqslant 1.2\ (2M_p/l_n)\ +V_{Gb} \tag{7.4}$$

$$M_u^j = A_f\ (h-t_f)\ \cdot f_u \tag{7.5}$$

当腹板采用角焊缝连接时

$$V_u^j = 0.58 A_f^w f_u \qquad (7.6a)$$

当腹板采用高强度螺栓连接时

$$V_{imu}^j = n N_u^b \qquad (7.6b)$$

N_u^b 取 N_{vu}^b 和 N_{cu}^b 之间的较小值。

式中　　　　M_u——梁上下翼缘全熔透坡口焊缝的极限受弯承载力；

　　　　　　V_u^j——梁腹板连接的极限受剪承载力；垂直于角焊缝受剪时，可提高 1.22 倍；

　　　　　　M_p——梁的全塑性受弯承载力（梁贯通时为柱的），具体计算公式见 8.4.8 节；

　　h_w、t_w、A_t^w——梁腹板的高度、厚度和角焊缝的有效受剪面积；

　　　f_{ay}、f_u——分别为钢材的屈服强度、构件母材的抗拉强度最小值；

　　　　A_f、t_f——翼缘的截面面积和厚度；

　　　　　　　h——梁截面高度；

　　　　　　　n——高强度螺栓的个数；

　　N_{vu}^b、N_{cu}^b——分别为一个高强度螺栓的极限受剪承载力和对应的板件极限承压力；

　　　　　　　η_j——连接系数，可按表 7.8 采用。

钢结构抗震设计的连接系数　　　　　　　　　　表 7.8

母材牌号	梁柱连接		连接，构件拼接		柱脚	
	焊接	螺栓连接	焊接	螺栓连接		
Q235	1.4	1.45	1.25	1.30	埋入式	1.2
Q345	1.3	1.35	1.20	1.25	外包式	1.2
Q345GJ	1.25	1.30	1.15	1.20	外露式	1.1

（2）支撑连接要求

支撑与框架的连接及支撑拼接的极限承载力，应符合下式要求

$$N_{ubr}^j \geqslant \eta_j A_{br} f_y \qquad (7.7)$$

式中　N_{ubr}——螺栓连接和节点板连接在支撑轴线方向的极限承载力；

　　　　A——支撑截面的毛面积；

　　　　f_y——支撑钢材的屈服强度。

（3）梁、柱构件的拼接要求

梁、柱构件拼接的极限承载力应符合下列要求：

$$V_u \geqslant 0.58 h_w t_w f_y \qquad (7.8)$$

无轴力时

$$M_u \geqslant \eta_j M_p \qquad (7.9a)$$

有轴力时

$$M_u \geqslant \eta_j M_{px} \qquad (7.9b)$$

式中　M_u、V_u——分别为构件拼接的极限受弯、受剪承载力；

　　　h_w、t_w——拼接构件截面腹板的高度和厚度；

f_y——被拼接构件的钢材屈服强度；

M_p——无轴力时构件截面塑性弯矩；

M_{px}——有轴力时构件截面塑性弯矩，可按下列情况分别计算：

工字型截面（绕强轴）和箱形截面

当 $N/N_y \leqslant 0.13$ 时 $\qquad M_{px} = M_p$ （7.10）

当 $N/N_y > 0.13$ 时 $\qquad M_{px} = 1.15(1 - N/N_y)M_p$ （7.11）

工字型截面（绕弱轴）

当 $N/N_y \leqslant A_w/A$ 时 $\qquad M_{px} = M_p$ （7.12）

当 $N/N_y > A_w/A$ 时 $\qquad M_{px} = \left[1 - \left(\dfrac{N - A_w f_y}{N_y - A_w f_y}\right)^2\right]M_p$ （7.13）

式中　　N——构件内轴力；

N_y——构件轴向屈服力；

A_w——工字型截面腹板面积；

A——构件截面面积。

当拼接采用螺栓连接时，尚应符合下列要求：

翼缘 $\qquad nN_{cu}^b \geqslant 1.2A_f f_y$ （7.14）

且 $\qquad nN_{vu}^b \geqslant 1.2A_f f_y$ （7.15）

腹板 $\qquad N_{cu}^b \geqslant \sqrt{(V_u/n)^2 + (N_M^b)^2}$ （7.16）

且 $\qquad N_{vu}^b \geqslant \sqrt{(V_u/n)^2 + (N_M^b)^2}$ （7.17）

式中　　N_{vu}^b、N_{cu}^b——一个螺栓的极限受剪承载力和对应的板件极限承压力；

A_f——翼缘的有效截面面积；

N_M^b——腹板拼接中弯矩引起的一个螺栓的最大剪力；

n——翼缘拼接或腹板拼接一侧的螺栓数。

（4）连接极限承载力的计算

焊缝连接的极限承载力可按下列公式计算：

对接焊缝受拉 $\qquad N_u = A_f^w f_u$ （7.18）

角焊缝受剪 $\qquad V_u = 0.58A_f^w f_u$ （7.19）

式中　　A_f^w——焊缝的有效受力面积；

f_u——构件母材的抗拉强度最小值。

高强度螺栓连接的极限受剪承载力，应取下列二式计算的较小者：

$$N_{vu}^b = 0.58n_f A_e^b f_u^b$$ （7.20）

$$N_{cu}^b = d\sum t f_{cu}^b$$ （7.21）

式中　　N_{vu}^b、N_{cu}^b——分别为一个高强度螺栓的极限受剪承载力和对应的板件极限承压力；

n_f—— 螺栓连接的剪切面数量；

A_e^b—— 螺栓螺纹处的有效截面面积；

f_u^b—— 螺栓钢材的抗拉强度最小值；

d—— 螺栓杆直径；

$\sum t$—— 同一受力方向的钢板厚度之和；

f_{cu}^b—— 螺栓连接板的极限承压强度，取 $1.5f_u$。

7.3.4 强柱弱梁要求

强柱弱梁型框架屈服时产生塑性变形而耗能的构件比强梁弱柱型框架多，而在同样的结构顶点位移条件下，强柱弱梁型框架的最大层间变形比强梁弱柱型框架小，因此强柱弱梁型框架的抗震性能较强梁弱柱型框架优越。为保证钢框架为强柱弱梁型，框架的任一梁柱节点处需满足下列要求：

$$\sum W_{pc}(f_{yc} - N/A_c) \geqslant \eta \sum W_{pb} f_{yb} \tag{7.22}$$

式中 W_{pc}、W_{pb}—— 分别为柱和梁的塑性截面模量；

N—— 柱轴向压力设计值；

A_c—— 柱截面面积；

f_{yc}、f_{yb}—— 分别为柱和梁的钢材屈服强度；

η—— 强柱系数，一级取 1.15，二级取 1.10，三级取 1.05。

当柱所在楼层的受剪承载力比上一层的受剪承载力高出 25%，或柱轴向力设计值与柱全截面面积和钢材抗拉强度设计值乘积的比值不超过 0.4，或作为轴心受压构件在 2 倍地震力下稳定性得到保证时，则无需满足式（7.20）的强柱弱梁要求。

7.3.5 偏心支撑框架弱消能梁段要求

偏心支撑框架的设计思想是，在罕遇地震作用下通过消能梁段的屈服消耗地震能量，而达到保护其他结构构件不破坏和防止结构整体倒塌的目的。因此，偏心支撑框架的设计原则是强柱、强支撑和弱消能梁段。

为实现弱消能梁段要求，可对多遇地震作用下偏心支撑框架构件的组合内力设计值进行调整，调整要求如下：

（1）支撑斜杆的轴力设计值，应取与支撑斜杆相连接的消能梁段达到受剪承载力时支撑斜杆轴力与增大系数的乘积；其增大系数，一级不应小于 1.4，二级不应小于 1.3，三级不应小于 1.2。

（2）位于消能梁段同一跨的框架梁内力设计值，应取消能梁段达到受剪承载力时框架梁内力与增大系数的乘积；其增大系数，一级不应小于 1.3，二级不应小于 1.2，三级不应小于 1.1。

（3）框架柱的内力设计值，应取消能梁段达到受剪承载力时柱内力与增大系数的乘积；其增大系数，一级不应小于 1.3，二级不应小于 1.2，三级不应小于 1.1。

偏心支撑框架消能梁段的受剪承载力可按下列公式计算：

当 $N \leqslant 0.15Af$ 时

$$V \leqslant \varphi V_l / \gamma_{RE} \tag{7.23}$$

$$V_l = 0.58 A_w f_y \text{ 或 } V_l = 2M_{lp}/a \text{, 取较小值}$$

$$A_w = (h - 2t_f)t_w \tag{7.24}$$

$$M_{lp} = W_p f \tag{7.25}$$

当 $N > 0.15Af$ 时

$$V \leqslant \varphi V_{lc}/\gamma_{RE} \tag{7.26}$$

$$V_{lc} = 0.58 A_w f_y \sqrt{1 - [N/(Af)^2]} \tag{7.27}$$

或 $$V_{lc} = 2.4 M_{lp}[1 - N/(Af)]/a, \tag{7.28}$$

V_{lc} 取公式（7.27）、（7.28）计算所得的较小值

式中　　　　　φ——系数，可取 0.9；

V、N——分别为消能梁段的剪力设计值和轴力设计值；

V_l、V_{lc}——分别为消能梁段的受剪承载力和计入轴力影响的受剪承载力；

M_{lp}——消能梁段的全塑性受弯承载力；

a、h、t_w、t_f——分别为消能梁段的长度、截面高度、腹板厚度和翼缘厚度；

A、A_w——分别为消能梁段的截面面积和腹板截面面积；

W_p——消能梁段的塑性截面模量；

f、f_y——分别为消能梁段钢材的抗拉强度设计值和屈服强度；

γ_{RE}——消能梁段承载力抗震调整系数，取 0.75。

7.3.6　其他抗震特殊要求

（1）节点域的屈服承载力要求

试验研究发现，钢框架梁柱节点域具有很好的滞回耗能性能（图 7.15），地震下让其屈服对结构抗震有利。但节点域板太薄，会使钢框架的位移增大较多，而太厚又会使节点域不能发挥耗能作用，故节点域既不能太薄又不能太厚。因此节点域在满足弹性内力设计式的要求条件，其屈服承载力尚应符合下式要求：

$$\psi(M_{pb1} + M_{pb2})/V_p \leqslant (4/3)f_v \tag{7.29}$$

式中　M_{pb1}、M_{pb2}——分别为节点域两侧梁的全塑性受弯承载力；

V_p——节点域体积；

f_v——钢材的抗剪强度设计值；

ψ——折剪系数，三、四级取 0.6，一、二级取 0.7。

对于工字形截面柱和箱形截面柱的节点域应按下列公式验算：

$$t_w \geqslant (h_b + h_c)/90 \tag{7.30}$$

$$(M_{b1} + M_{b2})/V_p \leqslant (4/3)f_v/\gamma_{RE} \tag{7.31}$$

式中　h_b、h_c——分别为梁腹板高度和柱腹板高度；

t_w——柱在节点域的腹板厚度；

M_{b1}、M_{b2}——分别为节点域两侧梁的弯矩设计值；

V_p——节点域的体积；

γ_{RE}——节点域承载力抗震调整系数，可采用 0.75。

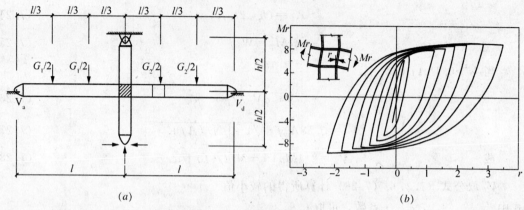

图 7.15　钢框架节点域试验

(a) 试件；(b) 滞回曲线

（2）支撑斜杆的抗震承载力

中心支撑框架的支撑斜杆在地震作用下将受反复的轴力作用，支撑即可受拉，也可能受压。由于轴心受力钢构件的受压承载力要小于受拉承载力，因此支撑斜杆的抗震应按受压构件进行设计。然而，试验发现支撑在反复轴力作用下有下列现象（图 7.16）：

支撑首次受压屈曲后，第二次屈曲荷载明显下降，而且以后每次的屈曲荷载还将逐渐下降，但下降幅度趋于收敛；

支撑受压屈曲后的受压承载力的下降幅与支撑长细比有关，支撑长细比，下降幅度越大，支撑长细比越小，下降幅度越小。

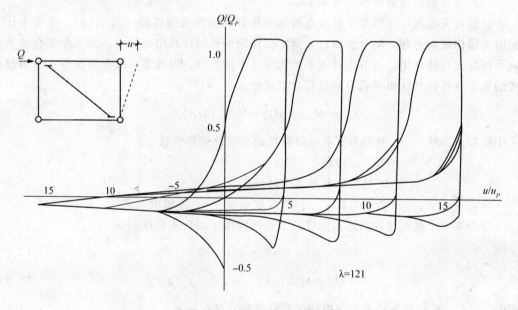

图 7.16　支撑试验滞回曲线

考虑支撑在地震反复轴力作用下的上述受力特征，对于中心支撑框架支撑斜杆，其抗震承载力应按下式验算：

$$\frac{N}{\varphi A_{br}} \leqslant \psi f / \gamma_{RE} \tag{7.32}$$

其中 $\psi = \dfrac{1}{1+0.35\lambda_n}$, $\lambda_n = \dfrac{\lambda}{\pi}\sqrt{f_y/E}$

式中　　N——支撑斜杆的轴向力设计值；

$\quad\quad A_{br}$——支撑斜杆的截面面积；

$\quad\quad \varphi$——轴心受压构件的稳定系数；

$\quad\quad \psi$——受循环荷载时的强度降低系数；

$\quad\quad \lambda_n$——支撑斜杆的正则化长细比；

$\quad\quad E$——支撑斜杆材料的弹性模量；

$\quad\quad f_y$——钢材屈服强度；

$\quad\quad \gamma_{RE}$——支撑承载力抗震调整系数，$\gamma_{RE}=0.8$。

（3）人字形和 V 形支撑框架设计要求

中心支撑框架采用人字形支撑或 V 形支撑时，需考虑支撑斜杆受压屈服后产生的特殊问题。人字形支撑在受压斜杆屈曲时，楼板要下陷，V 形支撑在受压斜杆屈曲时，楼板要上隆。为防止这种情况的出现，横梁设计除应考虑设计内力外，还应按中间无支座的简支梁（考虑弹塑性阶段梁端出现塑性铰）验算楼面荷载作用下的承载力，但在横梁支撑处可考虑支撑受压屈曲提供的一定的与楼面荷载方向相反的反力作用，该反力可取为受压支撑屈曲压力竖向分量的 30%。

此外，人字形和 V 形支撑抗震设计时，斜杆地震内力应乘增大系数 1.5，以减小楼板下陷或上隆现象的发生。

7.4　多高层钢结构的抗震计算要求

7.4.1　计算模型

确定多高层钢结构抗震计算模型时，应注意：

（1）进行多高层钢结构地震作用下的内力与位移分析时，一般可假定楼板在自身平面内为绝对刚性。对整体性较差、开孔面积大、有较长的外伸段的楼板，宜采用楼板平面内的实际刚度进行计算。

（2）进行多高层钢结构多遇地震作用下的反应分析时，可考虑现浇混凝土楼板与钢梁的共同作用。在设计中应保证楼板与钢梁间有可靠的连接措施。此时楼板可作为梁翼缘的一部分计算梁的弹性截面特性，楼板的有效宽度 b_e 按下式计算（图 7.17）：

$$b_e = b_0 + b_1 + b_2 \tag{7.33}$$

式中　　b_0——钢梁上翼缘宽度；

$\quad\quad b_1$、b_2——梁外侧和内侧的翼缘计算宽度，各取梁跨度 l 的 1/6 和翼缘板厚度 t 的 6 倍中的较小值。此外，b_1 高不应超过翼板实际外伸宽度 s_1；b_2 不应超过相邻梁板托间净距 s_0 的 1/2。

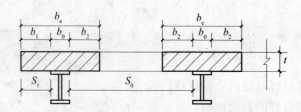

图 7.17 楼板的有效宽度

进行多高层钢结构罕遇地震反应分析时，考虑到此时楼板与梁的连接可能遭到破坏，则不应考虑楼板与梁的共同工作。

（3）多高层钢结构的抗震计算可采用平面抗侧力结构的空间协同计算模型。当结构布置规则、质量及刚度沿高度分布均匀、不计扭转效应时，可采用平面结构计算模型；当结构平面或立面不规则、体型复杂，无法划分平面抗侧力单元的结构以及筒体结构时，应采用空间结构计算模型。

（4）多高层钢结构在地震作用下的内力与位移计算，应考虑梁柱的弯曲变形和剪切变形，尚应考虑柱的轴向变形。一般可不考虑梁的轴向变形，但当梁同时作为腰桁架或桁架的弦杆时，则应考虑轴力的影响。

（5）柱间支撑两端应为刚性连接，但可按两端铰接计算。偏心支撑中的耗能梁段应取为单独单元。

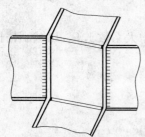

图 7.18 节点域剪切变形

（6）应计入梁柱节点域剪切变形（图 7.18）对多高层建筑钢结构位移的影响。可将梁柱节点域当作一个单独的单元进行结构分析，也可按下列规定作近似计算：

①对于箱形截面柱框架，可将节点域当作刚域，刚域的尺寸取节点域尺寸的一半。

②对于工字形截面柱框架，可按结构轴线尺寸进行分析。若结构参数满足 $EI_{bm}/K_m h_{bm} > 1$ 且 $\eta > 5$ 时，可按下式修正结构楼层处的水平位移。

$$u_i' = \left(1 + \frac{\eta}{100 - 0.5\eta}\right) u_i \tag{7.34}$$

其中

$$\eta = \left[17.5 \frac{EI_{bm}}{K_m h_{bm}} - 1.8\left(\frac{EI_{bm}}{K_m h_{bm}}\right)^2 - 10.7\right] \sqrt[4]{\frac{I_{cm} h_{bm}}{I_{bm} h_{cm}}} \tag{7.35}$$

式中　　　u_i'——修正后的第 i 层楼层的水平位移；

　　　　　u_i——不考虑节点域剪切变形并按结构轴线尺寸计算所得第 i 层楼层得水平位移；

　　I_{cm}、I_{bm}——分别为结构全部柱和梁截面惯性矩得平均值；

　　h_{cm}、h_{bm}——分别为结构全部柱和梁腹板高度的平均值；

　　　　　K_m——节点域剪切刚度的平均值，按下式计算：

$$K_m = h_{cm}h_{bm}t_mG \qquad (7.36)$$

t_m——节点域腹板厚度平均值；

E——钢材的弹性模量；

G——钢材的剪变模量。

7.4.2 阻尼比

多高层钢结构的阻尼比较小，按反应谱法计算多遇地震下的地震作用时，在多遇地震作用下的阻尼比，高度不大于 50m 时可取 0.04，高度大于 50m 且小于 200m 时，可取 0.03；高度不小于 200m 时，宜取 0.02；当偏心支撑框架部分承担的地震倾覆力矩大于结构总地震倾覆力矩的 50% 时，其阻尼比可比普通钢结构相应增加 0.005。但计算罕遇地震下的地震作用时，应考虑结构进入弹塑性，多高层钢结构的阻尼比均可取为 0.05。

7.4.3 计算有关要求

进行多高层钢结构抗震计算时，应注意满足下列设计要求：

(1) 进行多遇地震下抗震设计时，框架－支撑（剪力墙板）结构体系中总框架任意楼层所承担的地震剪力，不得小于结构底部总剪力的 25%。

(2) 在水平地震作用下，如果楼层侧移满足下式，则应考虑 $P-\Delta$ 效应。

$$\frac{\delta}{h} \geqslant 0.1 \frac{\sum V}{\sum P} \qquad (7.37)$$

式中　　　　　δ——多遇地震作用下楼层层间位移；

h——楼层层高；

$\sum P$——计算楼层以上全部竖向荷载之和；

$\sum V$——计算楼层以上全部多遇水平地震作用之和。

此时该楼层的位移和所有构件的内力均应乘以下式放大系数 α。

$$\alpha = \frac{1}{1 - \dfrac{\delta}{h}\dfrac{\sum P}{\sum V}} \qquad (7.38)$$

(3) 验算在多遇地震作用下整体基础（筏形基础或箱形基础）对地基的作用时，可采用底部剪力法计算作用于地基的倾覆力矩，但宜取 0.8 的折减系数。

(4) 当在多遇地震作用下进行构件承载力验算时，托柱梁及承托钢筋混凝土抗震墙的钢框架柱的内力应乘以不小于 1.5 的增大系数。

7.5　多高层钢结构抗震构造要求

7.5.1　纯框架结构抗震构造措施

(1) 框架柱的长细比

在一定的轴力作用下，柱的弯矩转角如图 7.19 所示。研究发现，由于几何非线性（$P-\delta$ 效应）的影响，柱的弯曲变形能力与柱的轴压比及柱的长细比有关（见图 7.20，图

7.21)，柱的轴压比与长细比越大，弯曲变形能力越小。因此，为保障钢框架抗震的变形能力，需对框架柱的轴压比及长细比进行限制。

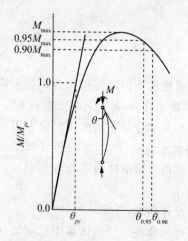

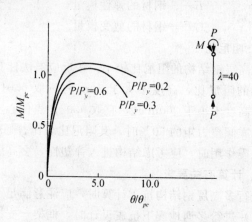

图 7.19　柱的弯矩转角关系

图 7.20　柱的变形能力与轴压比的关系

我国规范目前对框架柱的轴压比没有提出要求，建议按重力荷载代表值作用下框架柱的地震组合轴力设计值计算的轴压比不大于 0.7。

对于框架柱的长细比，则应符合下列规定：

一级不应大于 $60\sqrt{235/f_y}$，一级不应大于 $80\sqrt{235/f_y}$，三级不应大于 $100\sqrt{235/f_y}$，四级不应大于 $120\sqrt{235/f_y}$。

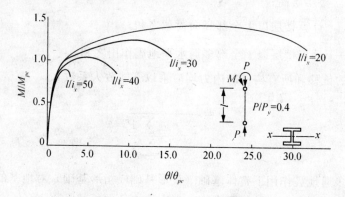

图 7.21　柱的变形能力与长细比的关系

（2）梁、柱板件宽厚比

图 7.22 是日本所做的一组梁柱试件，在反复加载下的受力变形情况。可见，随着构件板件宽厚比的增大，构件反复受载的承载能力与耗能能力将降低。其原因是，板件宽厚比越大，板件越易发生局部屈曲，从而影响后继承载性能。

板件的宽厚比限制是构件局部稳定性的保证，考虑到"强柱弱梁"的设计思想，即要求塑性铰出现在梁上，框架柱一般不出现塑性铰。因此梁的板件宽厚比限值要求满足塑性设计要求，梁的板件宽厚比限值相对严些，框架柱的板件宽厚比相对松点。规范规定柱、梁的板件宽厚比应符合表 7.9、表 7.10 的规定。

板件名称		抗震等级			
		一级	二级	三级	四级
柱	工字形截面翼缘外伸部分	10	11	12	13
	工字形截面腹板	43	45	48	52
	箱形截面壁板	33	36	38	40

注：表列数值适用于 Q235 钢，采用其他牌号钢材应乘以 $\sqrt{235/f_{ay}}$。

框架的梁板件宽厚比限值   表 7.10

板件名称		抗震等级			
		一级	二级	三级	四级
梁	工字形截面和箱形截面翼缘外伸部分	9	9	10	11
	箱形截面翼缘在两腹板之间部分	30	30	32	36
	工字形截面和箱形截面腹板	$72-120N_b/(Af)$	$72-100N_b/(Af)$	$80-110N_b/(Af)$	$80-120N_b/(Af)$

注：1. 工字形梁和箱形梁的腹板宽厚比，对一、二、三、四级分别不宜大于 60、65、70、75。

2. 表列数值适用于 Q235 钢，采用其他牌号钢材应乘以 $\sqrt{235/f_{ay}}$。

3. $N_b/(Af)$ 梁轴压比。

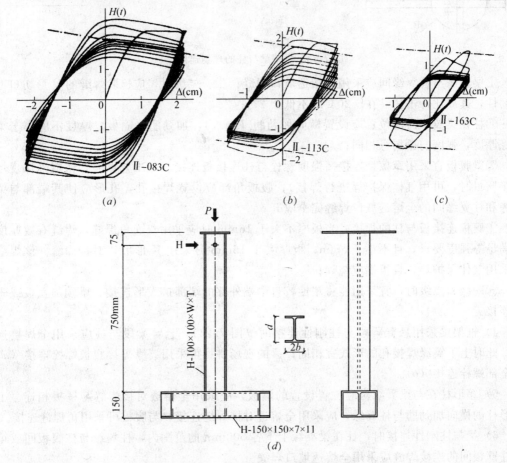

图 7.22 梁柱试件反复加载试验

(a) $b/t=8$；(b) $b/t=11$；(c) $b/t=16$；(d) 试件

（3）梁与柱的连接构造

1）梁与柱的连接宜采用柱贯通型。

2）柱在两个互相垂直的方向都与梁刚接时宜采用箱形截面，并在梁翼缘连接处设置隔板；隔板采用电渣焊时，柱壁板厚度不宜小于16mm，小于16mm时可改用工字形柱或采用贯通式隔板。当柱仅在一个方向与梁刚接时，宜采用工字形截面，并将柱腹板置于刚接框架平面内。

3）工字形柱（绕强轴）和箱形柱与梁刚接时（图7.23），应符合下列要求：

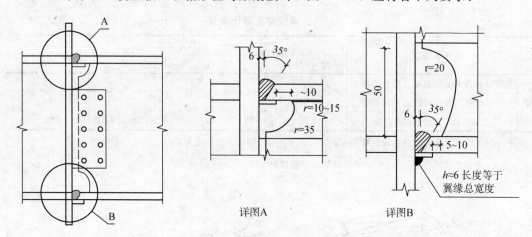

图7.23 框架梁与柱的现场连接

①梁翼缘与柱翼缘间应采用全熔透坡口焊缝；一、二级时，应检验焊缝的 V 形切口冲击韧性，其夏比冲击韧性在−20℃时不低于27J；

②柱在梁翼缘对应位置应设置横向加劲肋（隔板），加劲肋（隔板）厚度不应小于梁翼缘厚度，强度与梁翼缘相同；

③梁腹板宜采用摩擦型连接高强度螺栓与柱连接板连接（经工艺试验合格能确保现场焊接质量时，可用气体保护焊进行焊接）；腹板角部应设置焊接孔，孔形应使其端部与梁翼缘和柱翼缘间的全熔透坡口焊缝完全隔开；

④腹板连接板与柱的焊接，当板厚不大于16mm时应采用双面角焊缝，焊缝有效厚度应满足等强度要求，且不小于5mm；板厚大于16mm时采用 K 形坡口对接焊缝。该焊缝宜采用气体保护焊，且板端应绕焊；

⑤一级和二级时，宜采用能将塑性铰自梁端外移的端部扩大形连接、梁端加盖板或骨形连接。

4）框架梁采用悬臂梁段与柱刚性连接时（图7.24），悬臂梁段与柱应采用全焊接连接，此时上下翼缘焊接孔的形式宜相同；梁的现场拼接可采用翼缘焊接腹板螺栓连接（a）或全部螺栓连接（b）。

5）箱形柱在与梁翼缘对应位置设置的隔板，应采用全熔透对接焊缝与壁板相连。工字形柱的横向加劲肋与柱翼缘，应采用全熔透对接焊缝连接，与腹板可采用角焊缝连接。

6）梁与柱刚性连接时，柱在梁翼缘上下各500mm的范围内，柱翼缘与柱腹板间或箱形柱壁板间的连接焊缝应采用全熔透坡口焊缝。

7）框架柱的接头距框架梁上方的距离，可取1.3m和柱净高一半二者的较小值。

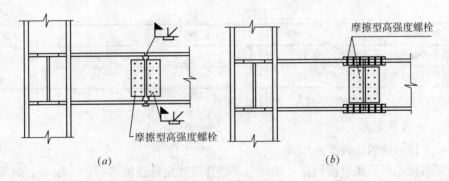

图 7.24 框架柱与梁悬臂段的连接

上下柱的对接接头应采用全熔透焊缝，柱拼接接头上下各 100mm 范围内，工字形柱翼缘与腹板间及箱型柱角部壁板间的焊缝，应采用全熔透焊缝。

8）钢结构的刚接柱脚宜采用埋入式，也可采用外包式；6、7 度且高度不超过 50m 时也可采用外露式。

7.5.2 中心支撑框架抗震构造措施

7.5.2.1 框架部分的构造措施

框架—中心支撑结构的框架部分，当房屋高度不高于 100m 且框架部分按计算分配的地震剪力不大于结构底部总地震剪力的 25% 时，一、二、三级的抗震构造措施可按框架结构降低一级的相应要求采用。其他抗震构造措施，应符合本规范第 8.5 节对框架结构抗震构造措施的规定。

7.5.2.2 中心支撑杆件的构造措施

支撑杆件是框架-中心支撑结构在地震作用下的主要抗侧力构件，因此支撑应具有较高的承载能力和变形、耗能能力。影响支撑承载力和延性的诸因素有：支撑的截面形式、长细比、板材宽厚比等。新的抗震设计规范按不同抗震等级对上述诸方面有不同的要求。

（1）支撑杆件的布置原则

当中心支撑采用只能受拉的单斜杆体系时，应同时设置不同倾斜方向的两组斜杆，且每组中不同方向单斜杆的截面面积在水平方向的投影面积之差不得大于 10%。

（2）支撑杆件的截面选择

一、二、三级，支撑宜采用 H 型钢制作。

（3）中心支撑的杆件长细比和板件宽厚比限值应符合下列规定：

1）支撑杆件的长细比，按压杆设计时，不应大于 $120\sqrt{235/f_{ay}}$；一、二、三级中心支撑不得采用拉杆设计，四级采用拉杆设计时，其长细比不应大于 180。

2）支撑杆件的板件宽厚比，不应大于表 7.11 规定的限值。采用节点板连接时，应注意节点板的强度和稳定。

钢结构中心支撑板件宽厚比限值　　　　　　　　　　　　　　表 7.11

板件名称	一级	二级	三级	四级
翼缘外伸部分	8	9	10	13
工字形截面腹板	25	26	27	33

板件名称	一级	二级	三级	四级
箱形截面壁板	18	20	25	30
圆管外径与壁厚比	38	40	40	42

注：表列数值适用于 Q235 钢，采用其他牌号钢材应乘以 $\sqrt{235/f_{ay}}$，圆管应乘以 $235/f_{ay}$。

7.5.2.3 支撑节点要求

（1）支撑两端的连接节点形式

两端与框架可采用刚接构造，梁柱与支撑连接处应设置加劲肋；一级和二级采用焊接工字形截面的支撑时，其翼缘与腹板的连接宜采用全熔透连续焊缝。

（2）支撑与框架连接处，支撑杆端宜做成圆弧。

（3）梁在其与 V 形支撑或人字支撑相交处，应设置侧向支承；该支承点与梁端支承点间的侧向长细比（λ_y）以及支承力，应符合国家标准《钢结构设计规范》GB 50017 关于塑性设计的规定。

（4）若支撑和框架采用节点板连接，应符合现行国家标准《钢结构设计规范》50017 关于节点板在连接杆件每侧有不小于 30。夹角的规定；一、二级时，支撑端部至节点板最近嵌固点（节点板与框架构件连接焊缝的端部）在沿支撑杆件轴线方向的距离应小于节点板厚度的 2 倍。

7.5.3 偏心支撑框架抗震构造措施

7.5.3.1 消能梁段的长度

偏心支撑框架的抗震设计应保证罕遇地震下结构屈服发生消能梁段上，而消能梁的屈服形式有两种，一种是剪切屈服型，另一种是弯曲屈服型。试验和分析表明，剪切屈服型消能梁段的偏心支撑框架的刚度和承载力较大，延性和耗能性能较好，抗震设计时，消能梁段宜设计成剪切屈服型。其净长 a 满足下列公式要求者为剪切屈服型消能梁段：

当 $\rho(A_w/A)<0.3$ 时

$$a \leqslant 1.6 \frac{M_p}{V_p} \qquad (7.39a)$$

当 $\rho(A_w/A)\geqslant 0.3$ 时

$$a \leqslant \left(1.15-0.5\rho\frac{A_w}{A}\right)1.6\frac{M_p}{V_p} \qquad (7.39b)$$

其中

$$V_p=0.58f_y h_o f_w \qquad (7.40)$$

$$M_p=W_p f_y \qquad (7.41)$$

式中 V_p——消能梁段塑性受剪承载力；

$\qquad$ M_p——消能梁段塑性受弯承载力；

$\qquad$ h_o——消能梁段腹板高度；

$\qquad$ t_w——消能梁段腹板厚度；

$\qquad$ W_p——消能梁段截面塑性抵抗矩；

$\qquad$ A——消能梁段截面面积；

$\qquad$ A_w——消能梁段腹板截面面积。

当消能梁段与柱连接，或在多遇地震作用下的组合轴力设计值 $N>0.16Af$ 时，应设计成剪切屈服型。

7.5.3.2 消能梁段的材料及板件宽厚比要求

偏心支撑框架主要依靠消能梁段的塑性变形消耗地震能量，故对消能梁段的塑性变形能力要求较高。一般钢材的塑性变形能力与其屈服强度成反比，因此消能梁段所采用的钢材的屈服强度不能太高，应不大于 345MPa。

此外，为保障消能梁段具有稳定的反复受力的塑性变形能力，消能梁段腹板不得加焊贴板提高强度，也不得在腹板上开洞，且消能梁段及与消能梁段同一跨内的非消能梁段，其板件的宽厚比不应大于表 7.12 的限值。

偏心支撑框架梁板件宽厚比限值　　　　　　　　　表 7.12

板件名称		宽厚比值
翼缘外伸部分		8
腹板	当 $N/Af\leqslant 0.14$ 时	$90\left[1-1.65N/\left(Af\right)\right]$
	当 $N/Af>0.14$ 时	$33\left[2.3-N/\left(Af\right)\right]$

注：1. 表列数值适用于 Q235 钢，当材料为其他钢号时，应乘以 $\sqrt{235/f_{ay}}$。

　　2. N 为偏心支撑框架梁的轴力设计值；A 为梁截面面积；f 为钢材抗拉强度设计值。

7.5.3.3 消能梁段加劲肋的设置

为保证在塑性变形过程中消能梁段的腹板不发生局部屈曲，应按下列规定在梁腹板两侧设置加劲肋（图 7.25）：

①在与偏心支撑连接处应设加劲肋。

②在距消能梁段端部 b_f 处，应设加劲肋。b_f 为消能梁段翼缘宽度。

③在消能梁段中部应设加劲肋，加劲肋间距 C 应根据消能梁段长度 a 确定。

当 $a\leqslant 1.6M_p/V_p$ 时，最大间距为 $30t_w-\left(h_o/5\right)$；

当 $2.6M_p/V_p<a\leqslant 5M_p/V_p$ 时，最大间距为 $52t_w-\left(h_o/5\right)$；

当 a 介于以上两者之间时，最大间距用线性插值确定。其中 t_w、h_o 分别为消能梁段腹板厚度与高度。

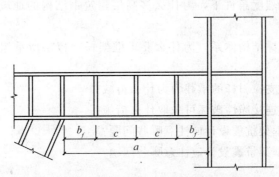

图 7.25　偏心支撑框架消能梁段加劲肋的布置

消能梁段加劲肋的宽度不得小于 $0.5b_f-t_w$，厚度不得小于 t_w 或 10mm。加劲肋应采用角焊缝与消能梁段腹板和翼缘焊接，加劲肋与消能梁段腹板的焊缝应能承受大小为 $A_{st}f_y$ 的力，与翼缘的焊缝应能承受大小为 $A_{st}f_y/4$ 的力。其中 A_{st} 为加劲肋的截面面积，

f_y 为加劲肋屈服强度。

7.5.3.4 消能梁段与柱的连接

为防止消能梁段与柱的连接破坏，而使消能梁段不能充分发挥塑性变形耗能作用，消能梁段与柱的连接应符合下列要求：

（1）消能梁段翼缘与柱翼缘之间应采用坡口全熔透对接焊缝连接，消能梁段腹板与柱之间应采用角焊缝连接；角焊缝的承载力不得小于消能梁段腹板的轴向承载力、受剪承载力和受弯承载力。

（2）消能梁段与柱腹板连接时，消能梁段翼缘与连接板间应采用坡口全熔透焊缝，消能梁段腹板与柱间应采用角焊缝；角焊缝的承载力不得小于消能梁段腹板的轴向承载力、受剪承载力和受弯承载力。

7.5.3.5 支撑及框架部分要求

偏心支撑框架的支撑杆件的长细比不应大于 $120\sqrt{235/f_y}$，支撑杆件的板件宽厚比不应超过轴心受压构件按弹性设计时的宽厚比限值。

偏心支撑框架结构的框架部分的抗震构造措施要求可与纯框架结构抗震构造要求一致。但当房屋高度不高于 100m 且框架部分承担的地震作用不大于结构底部总地震剪力的 25% 时，一、二、三级的抗震构造措施可按框架结构降低一级的相应要求采用。

思 考 题

1. 多高层钢结构梁柱刚性连接断裂破坏的主要原因是什么？
2. 钢框架柱发生水平断裂破坏的可能原因是什么？
3. 为什么楼板与钢梁一般应采用栓钉或其他元件连接？
4. 为什么进行罕遇地震结构反应分析时，不考虑楼板与钢梁的共同工作作用？
5. 进行钢框架地震反应分析与进行钢筋混凝土框架地震反应分析相比有何特殊因素要考虑？
6. 在同样的设防烈度条件下，为什么多高层建筑钢结构的地震作用大于多高层建筑钢筋混凝土结构？
7. 对于框架—支撑结构体系，为什么要求框架任一楼层所承担的地震剪力不得小于一定的数值？
8. 抗震设计时，支撑斜杆的承载力为什么折减？
9. 防止框架梁柱连接脆性破坏可采取什么措施？
10. 中心支撑钢框架抗震设计应注意哪些问题？
11. 偏心支撑钢框架抗震设计应注意哪些问题？

第 8 章 隔震与消能减震及非结构构件抗震设计

8.1 概述

一般来说，传统的结构抗震主要着眼于提高结构自身的承载力、刚度和延性，即由结构本身来吸收和消耗地震能量，以达到减轻地震灾害、减少严重破坏、防止发生倒塌的目的。其结果是在罕遇地震作用下结构构件将出现不同程度的破坏或者出现严重的塑性变形，结构进入塑性状态。如梁柱端出现塑性铰，以结构的局部破坏来消耗地震能。震后需花较高的修复费用来恢复原有的结构性能，若破坏太严重，将只能推倒重建。这是传统的被动消极的抗震对策。

随着科学技术的不断发展，人们已掌握另一种更合理有效的抗震途径，即对结构施加控制装置，由控制装置和结构共同承受地震作用，共同吸收和消耗地震能量，以协调和减轻结构的地震反应，这种积极主动的抗震对策，是抗震对策的重大突破和发展。包括我国在内，世界上许多国家都开展了对结构施加这种控制装置的研究，并已成功应用于工程结构的抗震中。目前比较成熟的是隔震和消能减震技术。

隔震即隔离地震。在建筑物基础与上部结构之间设置一层隔震层，把房屋与基础隔离开来，隔离地面运动能量向建筑物的传递，以减小建筑物的地震反应，实现地震时建筑物只发生较轻微运动和变形，从而保证建筑物的安全。

消能减震则是通过在建筑物中设置消能部件（消能部件可由消能器及斜撑、填充墙、梁或节点等组成），使地震输入到建筑物的能量一部分被消能部件所消耗，一部分由结构的动能和变形能承担，以此来达到减少结构地震反应的目的。

隔震体系能够减小结构的水平地震作用，已被国外强震记录所证实。国内外的大量试验和工程经验表明，隔震一般可使结构的水平地震加速度反应降低60%左右，从而消除或有效地减轻结构和非结构构件的地震破坏，提及其内部设施和人员的地震安全性，增加了震后建筑物继续使用的功能。采用消自S方案不仅可以减少结构在风作用下的位移，对减少结构水平和竖向地震反应也是有效的。

为了适应我国经济发展的需要，有条件地利用隔震和消能减震来减轻建筑结构的地震灾害是完全可能的。因此，《建筑抗震规范》中纳入了隔震与耗能减震的内容。

8.2 隔震结构房屋设计

8.2.1 结构隔震原理

结构隔震是指在房屋基础、底部或下部结构与上部结构之间设置由橡胶隔震支座和阻尼装置等部件组成具有整体复位功能的隔震层，以延长整个结构体系的自振周期，减少输入上部结构的水平地震作用，达到预期防震要求。

隔震系统应满足三个基本功能：①一定的柔度（柔性支承）：用来延长结构周期，降低地震作用；②耗能能力（阻尼、耗能装置）：降低支承面处的相对变形，限制位移在设计允许范围内；③一定的刚度、屈服力：在正常使用荷载下，结构不发生屈服和有害振动。通过延长结构的基本周期，避开地震能量集中的范围，从而达到降低结构上的地震作用的目的，这就是结构隔震的原理。具体说明如图 8.1 所示。从图 8.1（a）的加速度反应谱可以看出，周期延长，结构加速度反应减小，从而使作用在结构上的惯性力减小；而从图 8.1（b）的位移反应谱可见，周期延长，位移反应增大。如果在结构中引入阻尼装置，则可减小结构的位移反应，相应的加速度反应也可降低。

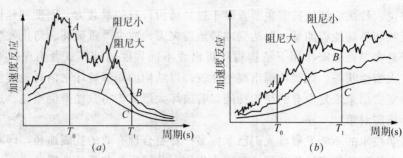

图 8.1　结构反应谱曲线
（a）加速度反应谱；（b）位移反应谱

8.2.2　隔震系统的构成

隔震系统一般由隔震器、阻尼器、地基微震动与风反应控制装置等部分构成。隔震器的主要作用是：一方面在竖向支撑建筑物的重量，另一方面在水平方向具有弹性，能提供一定的水平刚度，延长建筑物的基本周期，以避开地震动的卓越周期，降低建筑物的地震反应，能提供较大的变形能力和自复位能力。

阻尼器的主要作用是吸收或耗散地震能量，抑制结构产生大的位移反应，同时在地震终了时帮助隔震器迅速复位。地基微震动与风反应控制装置的主要作用是增加隔震系统的初期刚度，使建筑物在风荷载或轻微地震作用下保持稳定。常用的隔震器有叠层橡胶支座、螺旋弹簧支座、摩擦滑移支座等。目前国内外应用最广泛的叠层橡胶支座，它又可分为普通橡胶支座、铅芯橡胶支座、高阻尼橡胶支座等。常用的阻尼器有弹塑性阻尼器、黏弹性阻尼器、黏滞阻尼器、摩擦阻尼器等。常用的隔震系统主要有叠层橡胶支座隔震系统、摩擦滑移加阻尼器隔震系统、摩擦滑移摆隔震系统等。

8.2.3　隔震结构的设计要点

8.2.3.1　隔震结构设防目标及方案采用

（1）设防目标

采用隔震或消能减震的建筑，其抗震设防目标可高于一般要求，即：当遭受多遇地震影响时，将基本不受损坏和影响使用功能；当遭受设防烈度的地震影响时，不需修理仍可继续使用；当遭受罕遇地震影响时，将不发生危及生命安全和丧失使用价值的破坏。

（2）方案采用

应根据建筑抗震设防类别、设防烈度、场地条件、建筑结构方案和建筑使用要求，进行技术、经济可行性综合比较分析后确定。建筑结构采用隔震设计时应符合下列各项要求：结构高宽比宜小于 4 且变形特征接近剪切变形，其最大高度应满足本规范非隔震结构要求；高宽比大于 4 的结构采用隔震设计时，应进行详细分析，必要时通过试验确定。建筑场地宜为Ⅰ、Ⅱ、Ⅲ类，并应选用稳定性较好的基础类型。风荷载和其他非地震作用的水平荷载标准值产生的总水平力不宜超过结构总重力的 10%。隔震层应提供必要的竖向承载力、侧向刚度和阻尼；穿过隔震层的设备配管、配线，应采用柔性连接或其他有效措施以适应隔震层的罕遇地震水平位移。

8.2.3.2 隔震结构的抗震计算

《建筑抗震规范》提出了分部设计法和水平向减震系数，在设计方法上建立起了一座联系抗震设计和隔震设计之间的桥梁，力图使设计人员已经熟悉的抗震设计知识、抗震技术在隔震设计中得到应用。

(1) 分部设计方法

把整个隔震结构体系分成上部结构（隔震层以上结构）、隔震层、隔震层以下结构和基础四部分，分别进行设计。

(2) 上部结构设计

应用"水平向减震系数"设计上部结构。

1) 水平向减震系数概念

公式（8.1）及其符号解释，描述了《建筑抗震规范》提出的"水平向减震系数"概念。

$$\beta = (\beta_i)_{\max} / \psi \tag{8.1}$$

$$\psi_i = Q_{gi} / Q_i \tag{8.2}$$

其中 β——水平向减震系数。对于多层建筑，为按弹性计算所得隔震与非隔震各层层间剪力的最大比值。对高层建筑结构，尚应计算隔震与非隔震各层倾覆力矩的最大比值，并与层间剪力的最大比值相比较，取二者的较大值；

    $(\beta_i)_{\max}$——设防烈度下，相应于结构隔震与非隔震时各层层间剪力比的最大值。

    β_i——设防烈度下，结构隔震时第 i 层层间剪力与非隔震时第 i 层层间剪力比的最大值。

    Q_{gi}——设防烈度下，结构隔震时第 i 层层间剪力。

    Q_i——设防烈度下，结构非隔震时第 i 层层间剪力。

    ψ——调整系数；一般橡胶支座，取 0.80；支座剪切性能偏差为 S－A 类，取 0.85；隔震装置带有阻尼器时，相应减少 0.05。

2) 水平向减震系数计算与取值

计算水平向减震系数的结构简图可采用剪切型结构模型（图 8.2），应增加由隔震支座及其顶部梁板组成的质点；隔震层顶部的梁板结构，应作为其上部结构的一部分进行计算和设计。当上部结构的质心与隔震层刚度中心不重合时，宜计入扭转变形的影响。

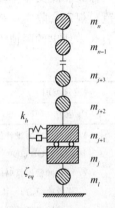

图 8.2 剪切型结构模型

分析对比结构隔震与非隔震两种情况下各层最大层间剪力，宜采用多遇地震下的时程分析。输入地震波的反应谱特性和数量，应符合第 3 章中的要求。计算结果宜取其平均值。当处于发震断层 10km 以内时，若输入地震波未考虑近场影响，对甲乙类建筑，计算结果尚应乘以近场影响系数：5km 以内取 1.5，5～10km 取 1.25。

3）上部结构水平地震作用计算——水平向减震系数应用

①水平地震影响系数的最大值可取第 3 章所规定的水平地震影响系数最大值（即，非隔震时的值）和水平向减震系数的乘积。

隔震层以上结构的总水平地震作用不得低于非隔震结构在 6 度设防时的总水平地震作用，并应进行抗震验算；各楼层的水平地震剪力尚应符合《建筑抗震规范》中对本地区设防烈度的最小地震剪力系数的规定。

②隔震后，地震时上部结构基本处于平动状态。因此，上部结构水平地震作用沿高度可采用矩形分布。

4）上部结构竖向地震作用计算

9 度时和 8 度且水平向减震系数不大于 0.3 时，隔震层以上的结构应按设防烈度进行竖向地震作用的计算。隔震层以上结构竖向地震作用标准值计算时，各楼层可视为质点，按第 3 章中方法计算其竖向地震作用标准值沿高度的分布。

（3）隔震层设计

1）隔震层布置

隔震层设计应根据预期的水平向减震系数和位移控制要求，选择适当的隔震支座、阻尼器以及抵抗地基微震动与风荷载提供初刚度的部件组成隔震层。

隔震层宜设置在结构的底部或下部，其橡胶隔震支座应设置在受力较大的位置，间距不宜过大，其规格、数量和分布应根据竖向承载力、侧向刚度和阻尼的要求通过计算确定。隔震层在罕遇地震下应保持稳定，不宜出现不可恢复的变形；其橡胶支座在罕遇地震的水平和竖向地震同时作用下，拉应力不应大于 1MPa。

2）隔震支座竖向承载力验算

隔震支座应进行竖向承载力验算。隔震层设计原则是罕遇地震不坏。

橡胶隔震支座平均压应力限值和拉应力规定是隔震层承载力设计的关键。《建筑抗震规范》规定：隔震支座在永久荷载和可变荷载作用下组合的竖向平均压应力设计值不应超过表 8.1 列出的限值。

橡胶隔震支座平均压应力限值 表 8.1

建筑类别	甲类建筑	乙类建筑	丙类建筑
平均压应力（MPa）	10	12	15

注：1. 平均压应力设计值应按恒荷载和活荷载的组合计算；其中，楼面活荷载应按现行国家标准《建筑结构荷载规范》GB 50009 的规定乘以折减系数；

2. 结构倾覆验算时应包括水平地震作用效应组合；对需进行竖向地震作用计算的结构，尚应包括竖向地震作用效应组合；

3. 当橡胶支座的第二形状系数（有效直径与橡胶层总厚度之比）小于 5.0 时应降低平均压应力限值：小于 5 不小于 4 时降低 20%，小于 4 不小于 3 时降低 40%；

4. 外径小于 300mm 的橡胶支座，丙类建筑的平均压应力限值为 10MPa。

隔震支座的基本性能之一是"稳定地支承建筑物重力"。通过规定表 8.1 列出的平均压应力限值，保证了隔震层在罕遇地震时的强度及稳定性，并以此初步选取隔震支座的直径。

根据 Haringx 弹性理论，按屈曲要求，以压缩荷载下使叠层橡胶的水平刚度为零的压应力作为屈曲应力 σ_{cr}，该屈曲应力取决于橡胶的硬度、钢板厚度与橡胶厚度的比值、第一形状系数 S_1 和第二形状系数 S_2 等。

通常，隔震支座中间钢板厚度是单层橡胶厚度之半，比值取为 0.5。对硬度为 30～60 共七种橡胶，以及 s_1＝11、13、15、17、19、20 和 s_2＝3、4、5、6、7，累计 210 种组合进行了计算。结果表明：满足 $S_1 \geqslant 15$、$S_2 \geqslant 5$ 且橡胶硬度不小于 40 时，最小的屈曲应力值为 34.0Mpa。考虑橡胶支座在罕遇地震下发生容许的最大剪切变形（0.55D，D—支座有效直径，（式 8.4））后，取支座上下表面垂直投影的重叠部分作为有效受压面积（图 8.3），以该有效受压面积的平均压应力达到屈曲应力作为控制橡胶隔震支座在罕遇地震时保持稳定的条件，则得到最大平均压应力。

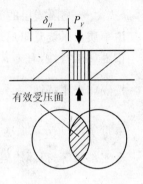

图 8.3　有效受压面积

$$\sigma_{\max}=0.45\sigma_{cr}=15.3\mathrm{MPa}。 \tag{8.3}$$

对 $S_2 < 5$ 且橡胶硬度不小于 40 的支座，
当 S_2＝4.0 时，$\sigma_{\max}$＝12.1MPa；
S_2＝3.0 时，$\sigma_{\max}$＝9.3MPa

规定隔震支座中不宜出现拉应力，主要考虑了下列三个因素：
①橡胶受拉后内部出现损伤，降低了支座的弹性性能。
②隔震层中支座出现拉应力，意味着上部结构存在倾覆危险。
③橡胶隔震支座在拉伸应力下滞回特性的实物实验尚不充分。

3）罕遇地震下隔震支座水平位移验算
隔震支座在罕遇地震作用下的水平位移应符合下列要求：

$$u_i \leqslant [u_i] \tag{8.4}$$

$$u_i = \beta_i u_c \tag{8.5}$$

式中　　u_i——罕遇地震作用下第 i 个隔震支座的水平位移；

　　$[u_i]$——第 i 个隔震支座水平位移限值，不应超过该支座有效直径的 0.55 倍和支座橡胶总厚度的 3.0 倍二者的较小值；

　　u_c——罕遇地震下隔震层质心处或不考虑扭转时的水平位移；

　　β_i——隔震层扭转影响系数，应取考虑扭转和不考虑扭转时支座计算位移的比值，当上部结构质心与隔震层刚度中心在两个主轴方向均无偏心时，边支座的扭转影响系数不应小于 1.15。

4）隔震支座水平剪力计算
隔震支座的水平剪力应根据隔震层在罕遇地震下的水平剪力按各隔震支座的水平刚度进行分配。

5) 隔震层力学性能计算

设计者从橡胶隔震支座产品性能获得的是单个支座力学特性。然而，在水平向减震系数及罕遇地震下隔震支座水平位移计算中，需要用到的是隔震层的力学性能。

设：隔震层中隔震支座和单独设置的阻尼器的总数为 n。

k_j、ζ_j——第 j 个隔震支座、阻尼器的水平刚度、阻尼比。

k_h、ζ_{eq}——隔震层的等效水平刚度、等效阻尼比。

由单质点系统复阻尼理论

按隔震层特性,有 $m\ddot{u} + (1 + 2\zeta_{eq}i)k_h u = 0$

按隔震支座特性,有 $m\ddot{u} + \sum_{j=1}^{n}(1 + 2\zeta_j i)k_j u = 0$

等价条件 $(1 + 2\zeta_{eq}i)k_h = \sum_{j=1}^{n}(1 + 2\zeta_j i)k_j$

令实部相等,得隔震层等效水平刚度

$$k_h = \sum_{j=1}^{n} k_j \tag{8.6}$$

令虚部相等,得隔震层等效阻尼比

$$\zeta_{eq} = \frac{\sum_{j=1}^{n} k_j \zeta_j}{k_h} \tag{8.7}$$

6) 隔震部件的性能要求

①隔震支座承载力、极限变形与耐久性能应符合《建筑隔震橡胶支座》产品标准（JG118—2000）要求。

②隔震支座在表 8.1 所列压力下的极限水平变位；应大于有效直径的 0.55 倍和支座橡胶总厚度 3 倍二者的较大值。

③在经历相应设计基准期的耐久试验后，隔震支座刚度、阻尼特性变化不超过初期值的 ±20%；徐变量不超过各橡胶层总厚度的 5%。

④隔震支座由试验确定设计参数时，竖向荷载应保持表 8.1 的压应力限值；对设防烈度地震的验算，应取剪切变形 100% 的等效刚度和等效黏滞阻尼比；对罕遇地震验算，宜采用剪切变形 250% 时的等效刚度和等效黏滞阻尼比，当隔震支座直径较大时可采用剪切变形 100% 时的等效刚度和等效黏滞阻尼比。

7) 隔震结构的隔震措施，应符合下列规定

①隔震结构应采取不阻碍隔震层在罕遇地震下发生大变形的下列措施：

上部结构的周边应设置竖向隔离缝，缝宽不宜小于各隔震支座在罕遇地震下的最大水平位移值的 1.2 倍且不小于 200mm。对两相邻隔震结构，其缝宽取最大水平位移值之和，且不小于 400mm。

上部结构与下部结构之间，应设置完全贯通的水平隔离缝，缝高可取 20mm，并用柔性材料填充；当设置水平隔离缝确有困难时，应设置可靠的水平滑移垫层。

穿越隔震层的门廊、楼梯、电梯、车道等部位，应防止可能的碰撞。

②隔震层以上结构的抗震措施，当水平向减震系数大于 0.45 时不应降低非隔震时的有关要求；水平向减震系数不大于 0.45 时，可适当降低对非隔震建筑的要求，但烈度降低不得超过 1 度，与抵抗竖向地震作用有关的抗震构造措施不应降低（表 8.2）。

隔震层以上结构抗震措施要求与水平向减震系数的对应关系　　　　　　表 8.2

设防烈度（设计基本加速度）	水平向减震系数	
	≥0.45	0.45＞
9 （0.40g）	9 （0.40g）	8 （0.20g）
8 （0.30g）	8 （0.30g）	7 （0.15g）
8 （0.20g）	8 （0.20g）	7 （0.10g）
7 （0.15g）	7 （0.15g）	7 （0.10g）
7 （0.10g）	7 （0.10g）	6 （0.05g）

注：与抵抗竖向地震作用有关的抗震措施，对钢筋混凝土结构，指墙、柱的轴压比规定；对砌体结构，指外墙尽端墙体的最小尺寸和圈梁的有关规定。

8）隔震层与上部结构、隔震层以下结构的连接

①隔震层顶部应设置梁板式楼盖，且应符合下列要求：

隔震支座的相关部位应采用现浇混凝土梁板结构，现浇板厚度不应小于 160mm。

隔震层顶部梁、板的刚度和承载力，应满足框支梁和转换层楼板的设计要求；楼面大梁应进行罕遇地震下的承载力验算。

隔震支座附近的梁、柱应计算冲切和局部承压，加密箍筋并根据需要配置网状钢筋。

②隔震支座和阻尼器的连接构造，应符合下列要求：

隔震支座和阻尼装置应安装在便于维护人员接近的部位；

隔震支座与上部结构、下部结构之间的连接件，应能传递罕遇地震下支座的最大水平剪力和弯矩；

外露的预埋件应有可靠的防锈措施。预埋件的锚固钢筋应与钢板牢固连接，锚固钢筋的锚固长度宜大于 20 倍锚固钢筋直径，且不应小于 250mm。

③穿过隔震层的设备配管、配线，宜采用柔性连接等适应隔震层的罕遇地震水平位移的措施；采用钢筋或刚架接地的避雷设备，宜设置跨越隔震层的柔性接地配线。

（4）隔震层以下结构设计

隔震层支墩、支柱及相连构件，应采用罕遇地震下隔震支座底部的竖向力、水平力和力矩进行承载力验算。隔震层以下的结构、地下室和隔震塔楼下的底盘中直接支承塔楼结构的相关构件，应满足嵌固的刚度比和设防烈度下的抗震承载力要求，并按罕遇地震下进行抗剪承载力验算。隔震塔楼的底盘在罕遇地震下的层间位移角限值应满足表 8.3 要求。

隔震塔楼下部底盘结构罕遇地震作用下层间弹塑性位移角限值　　　　　表 8.3

下部结构类型	$[\theta_p]$
钢筋混凝土框架结构和钢结构	1/100
钢筋混凝土框架－抗震墙	1/200
钢筋混凝土抗震墙	1/250

（5）地基基础设计

隔震建筑地基基础的抗震验算和地基处理仍应按本地区抗震设防烈度进行，甲、乙类建筑的抗液化措施应按提高一个液化等级确定，直至全部消除液化沉陷。

8.3 消能减震结构设计

8.3.1 消能减震部件及其布置

消能减震设计时，应根据多遇地震下的预期减震要求及罕遇地震下的预期结构位移控制要求，设置适当的消能部件。消能部件可由消能器及斜撑、墙体、梁或节点等支承构件组成。消能器可采用速度相关型、位移相关型或其他类型。

消能部件可根据需要沿结构的两个主轴方向分别设置。消能部件宜设置在变形较大的位置，其数量和分布应通过综合分析合理确定，并有利于提高整个结构的消能减震能力，形成均匀合理的受力体系。

8.3.2 消能减震设计计算要点

（1）由于加上消能部件后不改变主体承载结构的基本形式，除消能部件外的结构设计仍应符合《建筑抗震规范》相应类型结构的要求。因此，计算消能减震结构的关键是确定结构的总刚度和总阻尼。

（2）一般情况下，计算消能减震结构宜采用静力非线性分析或非线性时程分析方法。对非线性时程分析法，宜采用消能部件的恢复力模型计算；对静力非线性分析法，可采用消能部件附加给结构的有效阻尼比和有效刚度计算。

（3）当主体结构基本处于弹性工作阶段时，可采用线性分析方法作简化估算，并根据结构的变形特征和高度等，分别采用底部剪力法、振型分解反应谱法和时程分析法。其地震影响系数可根据消能减震结构的总阻尼比第3章的规定采用。

（4）消能减震结构的总刚度为结构刚度和消能部件有效刚度的总和。

（5）消能减震结构的总阻尼比为结构阻尼比和消能部件附加给结构的有效阻尼比的总和。

8.3.3 消能部件附加给结构的有效阻尼比和有效刚度确定

（1）附加有效阻尼比估算

①估算公式

$$\xi_a = \sum_j W_{cj} / (4\pi W_s) \tag{8.8}$$

式中 ξ_a —— 消能减震结构的附加有效阻尼比；

W_c —— 所有消能部件在结构预期位移下往复一周所消耗的能量；

W_s —— 设置消能部件的结构在预期位移下的总应变能。

② 设置消能部件的结构在预期位移下的总应变能 W_s

不考虑扭转影响时，可按下式估算：

$$W_s = (\sum F_i u_i)/2 \tag{8.9}$$

式中 F_i —— 质点 i 的水平地震作用标准值；

u_i——质点 i 对应于水平地震作用标准值的位移。

③ 所有消能部件在结构预期位移下往复一周所消耗的能量 W_c

a）速度线性相关型消能部件

水平地震作用下所消耗的能量,可按下式估算:

$$W_c = (2\pi^2/T_1) \sum C_j \cos^2 \theta_j \Delta u_j^2 \tag{8.10}$$

式中 T_1——消能减震结构的基本自振周期;

C_j——第 j 个消能部件的线性阻尼系数;

θ_j——第 j 个消能部件的消能方向与水平面的夹角;

Δu_j——第 j 个消能部件两端的相对水平位移。

当消能部件的阻尼系数和有效刚度与结构振动周期有关时,可取相应于消能减震结构基本自振周期的值。

b）位移相关型、速度非线性相关型和其他类型消能部件

水平地震作用下所消耗的能量,可按下式估算:

$$W_c = \sum A_j \tag{8.11}$$

式中 A_j——第 j 个消能部件的滞回环在相对水平位移 Δu_j 时的面积。

④ 消能部件附加给结构的有效阻尼比超过 30% 时,宜按 30% 计算。

（2）消能部件的有效刚度估算

消能部件的有效刚度可取消能部件的恢复力滞回环在相对水平位移 Δu_j 时的割线刚度。

8.3.4 支承构件刚度或恢复力滞回模型的要求

1）速度线性相关型消能器

支承构件在消能器消能方向的刚度应符合下式要求:

$$K_b \geqslant (6\pi/T_1) C_v \tag{8.12}$$

式中 K_b——支承构件在消能方向的刚度;

C_v——由试验确定的相应于结构基本自振周期的消能器的线性阻尼系数;

T_1——消能减震结构的基本自振周期。

2）黏弹性消能器的黏弹性材料单层厚度应满足下式:

$$t \geqslant \Delta u / [\ \ ] \tag{8.13}$$

式中 t——黏弹性消能器的黏弹性材料的单层厚度;

Δu——沿消能器方向的最大可能的位移;

$[\ \ ]$——黏弹性材料允许的最大剪切应变。

3）位移相关型消能器

消能部件恢复力滞回模型的参数宜符合下列要求:

$$\Delta u_{py} / \Delta u_{py} \leqslant 2/3 \tag{8.14}$$

式中 Δu_{py}——消能部件的屈服位移;

Δu_{sy}——设置消能部件的结构层间屈服位移。

8.3.5 消能器的性能检验

对黏滞流体消能器，由第三方进行出厂检验，其数量为同一工程同一类型同一规格数量的 20%，但至少不少于 2 个，检测合格率为 100%，检测后的消能器可用于主体结构；对其他类型消能器，抽检数量为同一类型同一规格数量的 3%，当同一类型同一规格的消能器数量较少时，可以在同一类型消能器中抽检总数量的 3%，但不应少于 2 个，检测合格率为 100%，检测后的消能器不能用于主体结构。

对速度相关型消能器，在消能器设计位移和设计速度幅值下，以结构基本频率往复循环 30 圈后，消能器的主要设计指标误差和衰减量不应超过 15%；对位移相关型消能器，在消能器设计位移幅值下往复循环 30 圈后，消能器的主要设计指标误差和衰减量不应超过 15%，且不应有明显的低周疲劳现象。

8.3.6 消能部件的连接

1）消能器与支承构件的连接，应符合相关构件连接的构造要求。

2）在消能器施加给主结构最大阻尼力作用下，消能器与主结构之间的连接部件应在弹性范围内工作。

3）与消能部件相连的结构构件设计时，应计入消能部件传递的附加内力。

8.4 非结构构件抗震设计规定

非结构构件，包括建筑非结构构件和建筑附属机电设备。建筑非结构构件指建筑中除承重骨架体系以外的固定构件和部件，主要包括非承重墙体，附着于楼面和屋面结构的构件、装饰构件和部件、固定于楼面的大型储物架等。建筑附属机电设备指为现代建筑使用功能服务的附属机械、电气构件、部件和系统，主要包括电梯、照明和应急电源、通信设备，管道系统，采暖和空气调节系统，烟火监测和消防系统，公用天线等。

8.4.1 一般要求

附着于楼、屋面结构上的非结构构件，以及楼梯间的非承重墙体，应与主体结构有可靠的连接或锚固，避免地震时倒塌伤人或砸坏重要设备。

框架结构的围护墙和隔墙，应估计其设置对结构抗震的不利影响，避免不合理设置而导致主体结构的破坏。

幕墙、装饰贴面与主体结构应有可靠连接，避免地震时脱落伤人。

安装在建筑上的附属机械、电气设备系统的支座和连接，应符合地震时使用功能的要求，且不应导致相关部件的损坏。

非结构构件应根据所属建筑的抗震设防类别和非结构地震破坏的后果及其对整个建筑结构影响的范围，采取不同的抗震措施，达到相应的性能化设计目标。

当抗震要求不同的两个非结构构件连接在一起时，应按较高的要求进行抗震设计。其中一个非结构构件连接损坏时，应不致引起与之相连接的有较高要求的非结构构件失效。

8.4.2 基本计算要求

（1）建筑结构抗震计算时，应按下列规定计入非结构构件的影响：

1）地震作用计算时，应计入支承于结构构件的建筑构件和建筑附属机电设备的重力。

2）对柔性连接的建筑构件，可不计入刚度；对嵌入抗侧力构件平面内的刚性建筑非结构构件，应计入其刚度影响，可采用周期调整等简化方法；一般情况下不应计入其抗震承载力，当有专门的构造措施时，尚可按有关规定计入其抗震承载力。

3）支承非结构构件的结构构件，应将非结构构件地震作用效应作为附加作用对待，并满足连接件的锚固要求。

（2）非结构构件的地震作用计算方法，应符合下列要求：

1）各构件和部件的地震力应施加于其重心，水平地震力应沿任一水平方向。

2）一般情况下，非结构构件自身重力产生的地震作用可采用等效侧力法计算；对支承于不同楼层或防震缝两侧的非结构构件，除自身重力产生的地震作用外，尚应同时计及地震时支承点之间相对位移产生的作用效应。

3）建筑附属设备（含支架）的体系自振周期大于 0.1s 且其重力超过所在楼层重力的 1%，或建筑附属设备的重力超过所在楼层重力的 10% 时，宜进入整体结构模型的抗震设计，也可采用楼面谱方法计算。其中，与楼盖非弹性连接的设备，可直接将设备与楼盖作为一个质点计入整个结构的分析中得到设备所受的地震作用。

（3）采用等效侧力法时，水平地震作用标准值宜按下列公式计算：

$$F = \gamma \eta \zeta_1 \zeta_2 \alpha_{\max} G \tag{8.15}$$

式中　F——沿最不利方向施加于非结构构件重心处的水平地震作用标准值；

　　　γ——非结构构件功能系数，由相关标准确定或按本规范附录 M 第 M.2 节执行；

　　　η——非结构构件类别系数，由相关标准确定或按本规范附录 M 第 M.2 节执行；

　　　ζ_1——状态系数，对预制建筑构件、悬臂类构件、支承点低于质心的任何设备和柔性体系宜取 2.0，其余情况可取 1.0；

　　　ζ_2——位置系数，建筑的顶点宜取 2.0，底部宜取 1.0，沿高度线性分布；对本规范第 5 章要求采用时程分析法补充计算的结构，应按其计算结果调整；

　　　$\alpha_{\max}$——地震影响系数最大值；可按本规范第 5.1.4 条关于多遇地震的规定采用；

　　　G——非结构构件的重力，应包括运行时有关的人员、容器和管道中的介质及储物柜中物品的重力。

（4）非结构构件因支承点相对水平位移产生的内力，可按该构件在位移方向的刚度乘以规定的支承点相对水平位移计算。

非结构构件在位移方向的刚度，应根据其端部的实际连接状态，分别采用刚接、铰接、弹性连接或滑动连接等简化的力学模型。

相邻楼层的相对水平位移，可按第 3 章规定的限值采用。

（5）非结构构件的地震作用效应（包括自身重力产生的效应和支座相对位移产生的效应）和其他荷载效应的基本组合，按结构构件的有关规定计算；幕墙需计算地震作用效应与风荷载效应的组合；容器类尚应计及设备运转时的温度、工作压力等产生的作用效应。

（6）非结构构件抗震验算时，摩擦力不得作为抵抗地震作用的抗力；承载力抗震调整系数可采用 1.0。

8.4.3　建筑非结构构件的基本抗震措施

（1）建筑结构中，设置连接幕墙、围护墙、隔墙、女儿墙、雨篷、商标、广告牌、顶篷支架、大型储物架等建筑非结构构件的预埋件、锚固件的部位，应采取加强措施，以承受建筑非结构构件传给主体结构的地震作用。

（2）非承重墙体的材料、选型和布置，应根据烈度、房屋高度、建筑体型、结构层间变形、墙体自身抗侧力性能的利用等因素，经综合分析后确定，并应符合下列要求：

1）非承重墙体宜优先采用轻质墙体材料；采用砌体墙时，应采取措施减少对主体结构的不利影响，并应设置拉结筋、水平系梁、圈梁、构造柱等与主体结构可靠拉结。

2）刚性非承重墙体的布置，应避免使结构形成刚度和强度分布上的突变；当围护墙非对称均匀布置时，应考虑质量和刚度的差异对主体结构抗震不利的影响。

3）墙体与主体结构应有可靠的拉结，应能适应主体结构不同方向的层间位移；8、9度时应具有满足层间变位的变形能力，与悬挑构件相连接时，尚应具有满足节点转动引起的竖向变形的能力。

4）外墙板的连接件应具有足够的延性和适当的转动能力，宜满足在设防地震下主体结构层间变形的要求。

5）砌体女儿墙在人流出入口和通道处应与主体结构锚固；非出入口无锚固的女儿墙高度，6～8度时不宜超过0.5m，9度时应有锚固。防震缝处女儿墙应留有足够的宽度，缝两侧的自由端应予以加强。

（3）多层砌体结构中，非承重墙体等建筑非结构构件应符合下列要求：

1）后砌的非承重隔墙应沿墙高每隔500～600mm配置2φ6拉结钢筋与承重墙或柱拉结，每边伸入墙内不应少于500mm；8度和9度时，长度大于5m的后砌隔墙，墙顶尚应与楼板或梁拉结，独立墙肢端部及大门洞选宜设钢筋混凝土构造柱。

2）烟道、风道、垃圾道等不应削弱墙体；当墙体被削弱时，应对墙体采取加强措施；不宜采用无竖向配筋的附墙烟囱或出屋面的烟囱。

3）不应采用无锚固的钢筋混凝土预制挑檐。

（4）钢筋混凝土结构中的砌体填充墙，尚应符合下列要求：

1）填充墙在平面和竖向的布置，宜均匀对称，宜避免形成薄弱层或短柱。

2）砌体的砂浆强度等级不应低于M5；实心块体的强度等级不宜低于MU2.5，空心块体的强度等级不宜低于MU3.5；墙顶应与框架梁密切结合。

3）填充墙应沿框架柱全高每隔500～600mm设2φ6拉筋，拉筋伸入墙内的长度，6、7度时宜沿墙全长贯通，8、9度时应全长贯通。

4）墙长大于5m时，墙顶与梁宜有拉结；墙长超过8m或层高2倍时，宜设置钢筋混凝土构造柱；墙高超过4m时，墙体半高宜设置与柱连接且沿墙全长贯通的钢筋混凝土水平系梁。

5）楼梯间和人流通道的填充墙，尚应采用钢丝网砂浆面层加强。

（5）单层钢筋混凝土柱厂房的围护墙和隔墙，尚应符合下列要求：

1）厂房的围护墙宜采用轻质墙板或钢筋混凝土大型墙板，砌体围护墙应采用外贴式并与柱可靠拉结；外侧柱距为12m时应采用轻质墙板或钢筋混凝土大型墙板。

2）刚性围护墙沿纵向宜均匀对称布置，不宜一侧为外贴式，另一侧为嵌砌式或开敞式；不宜一侧采用砌体墙一侧采用轻质墙板。

3）不等高厂房的高跨封墙和纵横向厂房交接处的悬墙宜采用轻质墙板，6、7度采用砌体时不应直接砌在低跨屋面上。

4）砌体围护墙在下列部位应设置现浇钢筋混凝土圈梁：

①梯形屋架端部上弦和柱顶的标高处应各设一道．但屋架端部高度不大于 900mm 时可合并设置；

②应按上密下稀的原则每隔 4m 左右在窗顶增设一道圈梁，不等高厂房的高低跨封墙和纵墙跨交接处的悬墙，圈梁的竖向间距不应大于 3m；

③山墙沿屋面应设钢筋混凝土卧梁，并应与屋架端部上弦标高处的圈梁连接。

5）圈梁的构造应符合下列规定：

①圈梁宜闭合，圈梁截面宽度宜与墙厚相同，截面高度不应小于 180mm；圈梁的纵筋，6～8 度时不应少于 $4\phi12$，9 度时不应少于 $4\phi14$；

②厂房转角处柱顶圈梁在端开间范围内的纵筋，6～8 度时不宜少于 $4\phi14$，9 度时不宜少于 $4\phi16$，转角两侧各 1m 范围内的箍筋直径不宜小于 $\phi8$，间距不宜大于 100mm；圈梁转角处应增设不少于 3 根且直径与纵筋相同的水平斜筋；

③圈梁应与柱或屋架牢固连接，山墙卧梁应与屋面板拉结；顶部圈梁与柱或屋架连接的锚拉钢筋不宜少于 $4\phi12$，且锚固长度不宜少于 35 倍钢筋直径，防震缝处圈梁与柱或屋架的拉结宜加强。

6）墙梁宜采用现浇，当采用预制墙梁时，梁底应与砖墙顶面牢固拉结并应与柱锚拉；厂房转角处相邻的墙梁，应相互可靠连接。

7）砌体隔墙与柱宜脱开或柔性连接，并应采取措施使墙体稳定，隔墙顶部应设现浇钢筋混凝土压顶梁。

8）砖墙的基础，8 度Ⅲ、Ⅳ类场地和 9 度时，预制基础梁应采用现浇接头；当另设条形基础时，在柱基础顶面标高处应设置连续的现浇钢筋混凝土圈梁，其配筋不应少于 $4\phi12$。

9）砌体女儿墙高度不宜大于 1m，且应采取措施防止地震时倾倒。

（6）钢结构厂房的围护墙，应符合下列要求：

1）厂房〈围护墙，应优先采用轻型板材，预制钢筋〉混凝土墙板宜与柱柔性连接；9 度时宜采用轻型板材。

2）单层厂房的砌体围护墙应贴砌并与柱拉结，尚应采取措施使墙体不妨碍厂房柱列沿纵向的水平位移；8、9 度时不应采用嵌砌式。

（7）各类顶棚的构件与楼板的连接件，应能承受顶棚、悬挂重物和有关机电设施的自重和地震附加作用；其锚固的承载力应大于连接件的承载力。

（8）悬挑雨篷或一端由柱支承的雨篷，应与主体结构可靠连接。

（9）玻璃幕墙、预制墙板、附属于楼屋面的悬臂构件和大型储物架的抗震构造，应符合相关专门标准的规定。

8.4.4 建筑附属机电设备支架的基本抗震措施

（1）附属于建筑的电梯、照明和应急电源系统、烟火监测和消防系统、采暖和空气调节系统、通信系统、公用天线等与建筑结构的连接构件和部件的抗震措施，应根据设防烈度、建筑使用功能、房屋高度、结构类型和变形特征、附属设备所处的位置和运转要求等经综合分析后确定。

（2）下列附属机电设备的支架可不考虑抗震设防要求：

1）重力不超过 1.8kN 的设备。

2）内径小于 25mm 的燃气管道和内径小于 60mm 的电气配管。

3）矩形截面面积小于 0.38m² 和圆形直径小于 0.70m 的风管。

4）吊杆计算长度不超过 300mm 的吊杆悬挂管道。

（3）建筑附属机电设备不应设置在可能导致其使用功能发生障碍等二次灾害的部位；对于有隔振装置的设备，应注意其强烈振动对连接件的影响，并防止设备和建筑结构发生谐振现象。

建筑附属机电设备的支架应具有足够的刚度和强度；其与建筑结构应有可靠的连接和锚固，应使设备在遭遇设防烈度地震影响后能迅速恢复运转。

（4）管道、电缆、通风管和设备的洞口设置，应减少对主要承重结构构件的削弱；洞口边缘应有补强措施。

管道和设备与建筑结构的连接，应能允许二者间有一定的相对变位。

（5）建筑附属机电设备的基座或连接件应能将设备承受的地震作用全部传递到建筑结构上。建筑结构中，用以固定建筑附属机电设备预埋件、锚固件的部位，应采取加强措施，以承受附属机电设备传给主体结构的地震作用。

（6）建筑内的高位水箱应与所在的结构构件可靠连接；且应计及水箱及所含水重对建筑结构产生的地震作用效应。

（7）在设防地震下需要连续工作的附属设备，宜设置在建筑结构地震反应较小的部位；相关部位的结构构件应采取相应的加强措施。

思 考 题

1. 试从结构抗震思想的演变探讨结构的抗震方向。
2. 为什么硬土地基采用隔震措施较软土地基效果好？
3. 消能减震结构与抗震结构有什么差别？试简述消能减震的基本原理。
4. 消能减震阻尼器有哪些类型？各种阻尼器的耗能原理是什么？
5. 在进行消能减震结构的方案设计时，如何进行阻尼器的布置？
6. 消能减震结构的地震作用计算与抗震结构有何异同之处？
7. 非结构构件的基本计算要求有哪些？

第9章　建筑抗震性能化设计

9.1　概述

基于抗震性能设计的理论，是近十多年来，世界上一些国家开始研究的抗震设计方法。最早由美国于 20 世纪 90 年代开始研究，主要在既有建筑评定、加固中使用了多重目标的概念，并提供了设计方法；以后又提出了新建房屋基于性能的抗震设计理念及设计方法，可较广泛应用于工程建设中。随后日本、澳大利亚、欧洲混凝土协会及我国也展开了这项研究，提出了相应的设计规范。我国目前已批准的《建筑抗震设计规范》及在报批中的《高层建筑混凝土结构设计规程》在近几年科研与工程实践的基础上，已开始纳入性能目标设计的内容，由于该项技术尚处于起步阶段，不少问题需进一步研究，如地震作用的不确定性、结构分析模型和参数的选用存在不少经验因素、模型试验和震害资料较少等，但随着在工程中的不断应用，将会逐渐完善成熟。

基于抗震性能设计方法的特点是：使抗震设计从宏观定性目标具体量化，建设单位或设计者可选择性能目标，然后对确定的性能目标进行深入的分析论证再通过专家的审查。这一方法可适用于一些目前现行标准规范中尚未涉及的复杂结构体系，为推广应用新体系、新材料、新技术，提供了技术可能，是目前抗震设计中研究的热点，预期会成为一种新的发展趋势。

结构设计是否需要采用抗震性能设计方法的主要依据，是在分析结构方案在房屋高度、规则性、结构类型、场地条件或抗震设防标准等方面的特殊要求的基础上确定的。结构方案特殊性的分析中要注意分析结构方案不符合抗震概念设计的情况和程度。国内外历次震害经验说明抗震概念设计是决定结构抗震性能的重要因素。需要要求采用抗震性能设计的工程一般表现为不能完全符合抗震概念设计的要求。在此情况下，结构工程师应根据概念设计的规定与建筑师协商，改进结构方案，尽量减少结构不符合概念设计的情况和程度，不应采用严重不规则的结构方案。对于特别不规则结构可按本节规定进行抗震性能设计，但需慎重选用抗震性能目标，并通过深入的分析论证。

改革开放以来，我国经济得到突飞猛进的发展，建筑业的形势尤为突出。高层、超高层建筑、复杂结构体系的建筑日益增多。许多工程已超越目前规范、规程所涉及的范围，使工程技术人员无技术法规可依。为适应国家建设的需要，并确保工程设计的可靠与安全，2002 年由建设部发布了第 111 号部长令——《超限高层建筑工程抗震设防管理规定》，成立了《全国超限高层建筑工程抗震设防审查专家委员会》，（2009 年已进入第四届），制定了《超限高层建筑工程抗震设防专项审查技术要点》等文件，凡需要设计超限高层建筑工程的项目需根据 111 号部长令的要求，由设计单位在初步设计阶段进行仔细分析，明确超限内容，并提出相应的加强措施，完成审查技术要点规定的内容，报专家委员会论证审查，必要时尚需进行模型试验。近年来，这项工作对确保复杂超限工程质量发挥了重要作用，在执行部长令审查超限工程的过程中开始逐步涉及基于抗震性能设计的理念与方法，2009年颁布的《关于加强超限高层建筑工程抗震设防审查技术把关的建议》中明确提出了对复杂和超限高层建筑，应明确其抗震性能目标，即为实现"大震不倒"所选择的加强措施。目前在复杂和超限高层建筑中已逐步开始应用基于性能的抗震设计，相信在不断应用的过程中，该项设计理念及方法将会日趋成熟完善。

9.2　抗震设防目标

"小震不坏、中震可修、大震不倒"的抗震设防三个水准目标，是唐山地震后国家建设主管部门提出的并在89抗震规范予以明确的规定。将地震水平分为小震、中震、大震三个层次，涉及不坏、可修和不倒的概念，也是最基本的抗震性能化设计目标。

由于地震发生及其强度的随机性，现阶段采用概率的统计分析估计本地区可能遭受的地震影响，对小震、中震和大震有相对明确的概率含义。在建筑结构设计基准期50年内，对当地可能发生的对建筑结构有影响的各种强度的地震次数进行概率统计分析，小震为超越概率约63%的地震烈度，对应的重现期约50年，规范称"多遇地震"；中震为超越概率约10%的地震烈度，对应的重现期约475年，规范称"设防地震"；大震为超越概率约2%～3%（基本烈度7度为3%，9度为2%）的地震烈度，对应的重现期约2400～1600年，规范称"罕遇地震"。因此，小震、中震、大震均是相对于本地区抗震设防烈度而言的地震强弱程度，只是在现有认识水平上的概率，超出罕遇地震强度的地震仍有可能发生。

新的抗震规范，将抗震设防目标分为基本目标和性能目标两大类。基本目标保持89和2001规范的表述，具有抗震性能设计的雏形；抗震性能化目标是针对每个工程的具体情况，包括技术和经济的可能条件，设计上提出的比基本目标更为具体的、灵活的、明确的、定量的、切实可行的设防目标。该目标不得低于基本设防目标，适用于对使用功能或其他方面有专门要求的建筑工程。

修订后的抗震规范继续采用两阶段设计三个地震水准下的基本目标：第一阶段即承载力验算，取多遇地震的地震动参数计算结构的弹性地震作用标准值和相应的地震作用效应，继续采用《建筑结构可靠度设计统一标准》（GB 50068）规定的分项系数表达式进行结构构件的截面承载力抗震验算；第二阶段即弹塑性变形验算，对地震时易倒塌的结构、有明显薄弱层的不规则结构以及有专门要求的建筑，除进行第一阶段设计外，还要进行结构薄弱部位的弹塑性层间变形验算并采取相应的抗震构造措施。定量实现罕遇地震下的设防要求。

9.3　结构性能目标选择

建筑的抗震性能化设计，立足于承载力和变形能力的综合考虑，具有很强的针对性和灵活性。对于具体工程的需要和可能，可以对整个结构，也可以对某些部位或关键构件，灵活运用各种措施达到预期的性能目标——着重提高抗震安全性或满足使用功能的专门要求。

鉴于地震具有很大的不确定性，性能化设计首先需要估计在结构设计使用年限内可能遭遇的各种水准的地震影响，通常可取规范所规定的三个水准的地震影响，在必要时还需要考虑近场效应的影响。《建筑抗震规范》建议：对处于发震断裂两侧 10km 以内的结构，地震动参数应计入近场影响，5km 以内宜乘以增大系数 1.5，5km 以外宜乘以不小于 1.25 的增大系数。

结构性能目标指相对于每一个设防地震等级所期望达到的抗震性能水准，结构及非结构构件的破坏及引起的后果都被认为是性能目标。对于每个预期水准的地震，结构的破坏和可否继续使用的情况可参照建筑地震破坏等级加以划分见表 9.1。选择合适的性能目标是基于性能的抗震理论的核心内容，性能目标的确定要综合考虑场地和结构的功能与重要性，投资与效益，震后损失与恢复重建，潜在的历史文化价值，社会效益以及业主的承受能力等诸多因素。在基于性能的抗震设计时，可根据业主的要求除采用规范规定的设防目标外，建筑结构在不同地震水准下可供选定的高于常规设计的一般情况的预期性能目标可大致归纳如表 9.2 所示。

各类房屋的地震破坏分级和损失估计　　　　　　　　　表 9.1

名称	破坏描述	继续使用的可能性	变形参考值
基本完好 （含完好）	承重构件完好；个别非承重构件轻微损坏；附属构件有不同程度破坏	一般不需要修理即可继续使用	$< [\Delta u_e]$
轻微损坏	个别承重构件轻微裂缝（对钢结构构件指残余变形），个别非承重构件明显破坏；附属构件有不同程度破坏	不需修理或需稍加修理，仍可继续使用	$1.5 \sim 2 [\Delta u_e]$
中等破坏	多数承重构件轻微裂缝（或残余变形），部分明显裂缝（或残余变形）；个别非承重构件严重破坏	需一般修理，采取安全措施后可适当使用	$3 \sim 4 [\Delta u_e]$
严重破坏	多数承重构件严重破坏或部分倒塌	应排险大修，局部拆除	$< 0.9 [\Delta u_p]$
倒塌	多数承重构件倒塌	需拆除	$> [\Delta u_p]$

注：1. 个别指 5% 以下，部分指 30% 以下，多数指 50% 以上；

2. 中等破坏变形参考值，大致取规范弹性和弹塑性位移角限值的平均值，轻微损坏取 1/2 平均值。

高于一般情况的预期性能控制目标破坏状态　　　　　　表 9.2

地震水准	性能 A	性能 B	性能 C	性能 D
多遇地震（小震）	完好	完好	完好	完好
设防烈度地震（中震）	完好、正常使用	基本完好，检修后继续使用	轻微损坏，简单修理后继续使用	轻微至接近中等损坏，变形 $<3 [\Delta u_e]$
罕遇地震（大震）	基本完好，检修后继续使用	轻微至中等破坏修复后继续使用	其破坏需加固后继续使用	接近严重破坏，大修后继续使用

9.4　性能设计指标的选定及设计方法

为实现预期性能的具体指标，设计应选择提高结构或其关键部位的抗震承载力、变形能力和构造的抗震等级的具体指标，宜明确以下目标。

即：在预期的不同的地震动水准下对结构的不同部位的水平、竖向构件不发生脆性破

坏、形成塑性铰、达到屈服或保持弹性等承载力要求;

在不同地震动水准下结构不同部位的预期弹性或弹塑性状态;

在相应情况下构件延性构造的高、中、低要求。

整个结构不同部位的构件(竖向和水平)可选用相同或不同的抗震性能要求。

(1) 结构构件对应不同性能要求的承载力参考指标见表9.3。

结构构件实现抗震性能要求的承载力参考指标　　　　　　　　　　　　　　表 9.3

性能要求	多遇地震	设防烈度地震	罕遇地震
性能 A	完好,按常规设计	完好,承载力按抗震等级调整地震效应的设计值复核	基本完好。承载力按不计抗震等级调整地震效应的设计值复核
性能 B	完好,按常规设计	基本完好,承载力按不计抗震等级调整地震效应的设计值复核	轻~中等破坏,承载力按极限值复核
性能 C	完好,按常规设计	轻微损坏,承载力按标准值复核	中等破坏,承载力达到极限值后能维持稳定,降低少于5%
性能 D	完好,按常规设计	轻~中等破坏,承载力按极限值复核	不严重破坏,承载力达到极限值后基本维持稳定,降低少于10%

注:1. 中等破坏时构件变形的参考值,大致取规范弹性限值和弹塑性限值的平均值。

2. 构件接近极限承载力时,其变形比中等破坏小一些。

3. 轻微损坏,构件处于开裂状态,大致取中等破坏的一半。

4. 不严重破坏,大致取规范不倒塌的弹塑性变形限值的90%。

(2) 结构构件对应于不同性能要求的层间位移参考指标。

结构构件需要按地震残余变形确定使用性能时,在满足提高抗震安全性能要求的条件下,对应于不同性能要求的层间位移参考指标见表9.4。

结构构件实现抗震性能要求的层间位移参考指标　　　　　　　　　　　　　　表 9.4

性能要求	多遇地震	设防烈度地震	罕遇地震
性能 A	完好,变形远小于弹性位移限值	完好,变形小于弹性位移限值	基本完好。变形略大于弹性位移限值
性能 B	完好,变形远小于弹性位移限值	基本完好,变形略大于弹性位移限值	有轻微塑性变形,变形小于2倍弹性位移限值
性能 C	完好,变形明显小于弹性位移限值	轻微损坏,变形小于2倍弹性位移限值	有明显塑性变形,变形约4倍弹性位移限值
性能 D	完好,变形小于弹性位移限值	轻~中等破坏,变形小于3倍弹性位移限值	不严重破坏,变形不大于0.9倍塑性变形限值

(3) 结构构件的细部构造对应于不同性能要求的抗震等级,可按表9.5选用。

结构构件对应于不同性能要求的构造抗震等级　　　　　　　　　　　　　　表 9.5

性能要求	构造的抗震等级
性能 A	基本抗震构造。可按常规设计的有关规定降低二度采用,但不得低于6度,且不发生脆性破坏
性能 B	低延性构造。可按常规设计的有关规定降低一度采用,当构件的承载力高于多遇地震提高二度的要求时,可按降低二度采用;均不得低于6度,且不发生脆性破坏
性能 C	中等延性构造。当构件的承载力高于多遇地震提高一度的要求时,可按常规设计的有关规定降低一度且不低于6度采用,否则仍按常规设计的规定采用
性能 D	高延性构造。仍按常规设计的有关规定采用

结构构件延性的细部构造，对混凝土构件主要指箍筋、边缘构件和轴压比等构造（不包括影响正截面承载力的纵向受力钢筋的构造要求）；对钢结构构件主要指长细比、板件宽厚比、加劲肋等构造。

不同性能要求的位移和延性的要求为：

Ⅰ. 性能 A：在大震作用下位移可按线性弹性计算，约为 $[\Delta u_e]$，震后不存在残余变形。

Ⅱ. 性能 B：在大震作用下，震时位移小于 $2[\Delta u_e]$，震后残余变形小于 $0.5[\Delta u_e]$，延性系数 $\mu < 1.5$，可采用低延性构造。

Ⅲ. 性能 C：在大震作用下，阻尼有所增加，震时位移约为 $4-5[\Delta u_e]$，震后残余变形约为 $[\Delta u_e]$（考虑刚度退化），延性系数 $\mu \approx 2$，采用中等延性构造。

Ⅳ. 性能 D：在大震作用下，考虑等效阻尼加大和刚度退化，震时位移约为 $7-8[\Delta u_e]$，震后残余变形约为 $2[\Delta u_e]$，延性系数 $\mu \approx 5$，采用高延性构造。

9.5 不同抗震性能水准位移控制目标

（1）地震层剪力和地震作用效应调整，应根据结构进入弹塑性阶段程度的不同采用不同的方法。

a. 构件处于开裂阶段或刚刚进入屈服阶段，可取等效刚度和等效阻尼，按等效线性方法估算。

b. 构件处于承载力屈服至极限阶段，宜采用静力或动力弹塑性分析方法估算或采用前述第 3 水准中提到的简化方法计算。

c. 构件处于承载力下降阶段，应采用计入下降段参数的动力弹塑性分析方法估算。

（2）构件层间弹塑性变形计算，应按实际承载力并计入重力二阶效应，风荷载和重力作用下的变形不参与地震组合。

（3）在中震作用下，混凝土构件的初始刚度宜采用长期刚度，一般可取 $0.85E_c$ 简化计算。

（4）构件层间弹塑性变形的验算，采用下列公式

$$\Delta u_p < [\Delta u] \tag{9.1}$$

式中　　Δu_p——竖向构件在中震或大震下计入重力二阶效应和阻尼影响的弹塑性层间位移角；对高宽比大于 3 的结构可扣除整体转动的影响；

$[\Delta u]$——根据性能控制目标确定的弹塑性位移角限值；其值可按表 9.6 采用。

结构竖向构件对应于不同破坏状态的

最大层间位移角控制目标　　　　　　　　　　　　　表 9.6

结构类型	完好	轻微损坏	中等破坏	不严重破坏
钢筋混凝土框架	1/500	1/250	1/120	1/60
钢筋混凝土抗震墙、筒中筒	1/1000	1/500	1/250	1/135
钢筋混凝土框架—抗震墙、板柱—抗震墙、框架—核心筒	1/800	1/400	1/200	1/110

续表

结构类型	完好	轻微损坏	中等破坏	不严重破坏
钢筋混凝土框支层	1/1000	1/500	1/250	1/135
钢结构	1/300	1/200	1/100	1/55
钢框架－钢筋混凝土内筒、型钢混凝土框架－钢筋混凝土内筒	1/800	1/400	1/200	1/110

注：表中"完好"即《抗规》规定的弹性层间位移角限值；"轻微损坏"取"完好"的一倍；"中等破坏"取"轻微破坏"的一倍；"不严重破坏"取《建筑抗震规范》规定的弹塑性层间位移角限值的 0.9 倍。

9.6 结构抗震性能设计对弹塑性计算分析的要求

结构抗震性能设计时，进行弹塑性计算分析应符合下列要求。

(1) 分析方法的选用：

a. 高度不超过 150m 的建筑，可采用静力弹塑性分析法。

b. 高度超过 200m 的建筑，应采用弹塑性时程分析法。

c. 高度在 150～200m 之间，根据不规则程度选用静力或动力时程分析法。

d. 高度超过 300m 的结构、新型结构或特别复杂的结构，应有两个独立的计算，互相校核。

(2) 钢筋混凝土构件的截面尺寸、配筋及钢结构的截面规格，直接影响弹塑性分析的计算结果，因此，计算时应以实际情况输入信息进行计算。

(3) 复杂的结构，应进行施工模拟分析，并以施工完成后的静内力作初始状态进行计算。

(4) 弹塑性时程分析，宜采用双向或三向地震波输入，高度超过 200m 或结构体系复杂的结构，宜取多组波计算结果的最大包络值。

(5) 对计算结果应进行合理性判断。

思 考 题

1. 建筑性能化设计的抗震设防目标是什么？
2. 结构性能目标是什么？
3. 结构抗震性能设计对弹塑性计算分析的要求有哪些？

附录　我国主要城镇抗震设防烈度、
设计基本地震加速度和设计地震分组

本附录仅提供我国抗震设防区各县级及县级以上城镇的中心地区建筑工程抗震设计时所采用的抗震设防烈度、设计基本地震加速度值和所属的设计地震分组。

注：本附录一般把"设计地震第一、二、三组"简称为"第一组、第二组、第三组"。

A.0.1 首都和直辖市

1　抗震设防烈度为 8 度，设计基本地震加速度值为 0.20g：

第一组：北京（东城、西城、崇文、宣武、朝阳、丰台、石景山、海淀、房山、通
　　　　州、顺义、大兴、平谷），延庆，天津（汉沽），宁河。

2　抗震设防烈度为 7 度，设计基本地震加速度值为 0.15g：

第二组：北京（昌平、门头沟、怀柔），密云；天津（和平、河东、河西、南开、河
　　　　北、红桥、塘沽、东丽、西青、津南、北辰、武清、宝坻），蓟县，静海。

3　抗震设防烈度为 7 度，设计基本地震加速度值为 0.10g：

第一组：上海（黄浦、卢湾、徐汇、长宁、静安、普陀、闸北、虹口、杨浦、闵行、
　　　　宝山、嘉定、浦东、松江、青浦、南汇、奉贤）；

第二组：天津（大港）。

4　抗震设防烈度为 6 度，设计基本地震加速度值为 0.05g：

第一组：上海（金山），崇明；重庆（渝中、大渡口、江北、沙坪坝、九龙坡、南岸、
　　　　北碚、万盛、双桥、渝北、巴南、万州、涪陵、黔江、长寿、江津、合川、
　　　　永川、南川），巫山，奉节，云阳，忠县，丰都，壁山，铜梁，大足，荣昌，
　　　　綦江，石柱，巫溪*。

注：上标* 指该城镇的中心位于本设防区和较低设防区的分界线，下同。

A.0.2 河北省

1　抗震设防烈度为 8 度，设计基本地震加速度值为 0.20g：

第一组：唐山（路北、路南、古冶、开平、丰润、丰南），三河，大厂，香河，怀来，
　　　　涿鹿；

第二组：廊坊（广阳、安次）。

2　抗震设防烈度为 7 度，设计基本地震加速度值为 0.15g：

第一组：邯郸（丛台、邯山、复兴、峰峰矿区），任丘，河间，大城，滦县，蔚县，
　　　　磁县，宣化县，张家口（下花园、宣化区），宁晋*；

第二组：涿州，高碑店，涞水，固安，永清，文安，玉田，迁安，卢龙，滦南，唐
　　　　海，乐亭，阳原，邯郸县，大名，临漳，成安。

3　抗震设防烈度为 7 度，设计基本地震加速度值为 0.10g：

第一组：张家口（桥西、桥东），万全，怀安，安平，饶阳，晋州，深州，辛集，赵

县，隆尧，任县，南和，新河，肃宁，柏乡；

第二组：石家庄（长安、桥东、桥西、新华、裕华、井陉矿区），保定（新市、北市、南市），沧州（运河、新华），邢台（桥东、桥西），衡水，霸州，雄县，易县，沧县，张北，兴隆，迁西，抚宁，昌黎，青县，献县，广宗，平乡，鸡泽，曲周，肥乡，馆陶，广平，高邑，内丘，邢台县，武安，涉县，赤城，走兴，容城，徐水，安新，高阳，博野，蠡县，深泽，魏县，藁城，栾城，武强，冀州，巨鹿，沙河，临城，泊头，永年，崇礼，南宫*；

第三组：秦皇岛（海港、北戴河），清苑，遵化，安国，涞源，承德（鹰手营子*）。

4 抗震设防烈度为6度，设计基本地震加速度值为0.05g：

第一组：围场，沽源；

第二组：正定，尚义，无极，平山，鹿泉，井陉县，元氏，南皮，吴桥，景县，东光；

第三组：承德（双桥、双滦），秦皇岛（山海关），承德县，隆化，宽城，青龙，阜平，满城，顺平，唐县，望都，曲阳，定州，行唐，赞皇，黄骅，海兴，孟村，盐山，阜城，故城，清河，新乐，武邑，枣强，威县，丰宁，滦平，平泉，临西，灵寿，邱县。

A.0.3 山西省

1 抗震设防烈度为8度，设计基本地震加速度值为0.20g：

第一组：太原（杏花岭、小店、迎泽、尖草坪、万柏林、晋源），晋中，清徐，阳曲，忻州，定襄，原平，介休，灵石，汾西，代县，霍州，古县，洪洞，临汾，襄汾，浮山，永济；

第二组：祁县，平遥，太谷。

2 抗震设防烈度为7度，设计基本地震加速度值为0.15g：

第一组：大同（城区、矿区、南郊），大同县，怀仁，应县，繁峙，五台，广灵，灵丘，芮城，翼城；

第二组：朔州（朔城区），浑源，山阴，古交，交城，文水，汾阳，孝义，曲沃，侯马，新绛，稷山，绛县，河津，万荣，闻喜，临猗，夏县，运城，平陆，沁源*，宁武*。

3 抗震设防烈度为7度，设计基本地震加速度值为0.10g：

第一组：阳高，天镇；

第二组：大同（新荣），长治（城区、郊区），阳泉（城区、矿区、郊区），长治县，左云，右玉，神池，寿阳，昔阳，安泽，平定，和顺，乡宁，垣曲，黎城，潞城，壶关；

第三组：平顺，榆社，武乡，娄烦，交口，隰县，蒲县，吉县，静乐，陵川，盂县，沁水，沁县，朔州（平鲁）。

4 抗震设防烈度为6度，设计基本地震加速度值为0.05g：

第三组：偏关，河曲，保德，兴县，临县，方山，柳林，五寨，岢岚，岚县，中阳，石楼，永和，大宁，晋城，吕梁，左权，襄垣，屯留，长子，高平，阳城，泽州。

A.0.4 内蒙古自治区

1 抗震设防烈度为8度，设计基本地震加速度值为0.30g：

第一组：土墨特右旗，达拉特旗。

2 抗震设防烈度为8度，设计基本地震加速度值为0.20g：

第一组：呼和浩特（新城、回民、玉泉、赛罕），包头（昆都仑、东河、青山、九原），乌海（海勃湾、海南、乌达），土墨特左旗，杭锦后旗，磴口，宁城；

第二组：包头（石拐），托克托*。

3 抗震设防烈度为7度，设计基本地震加速度值为0.15g：

第一组：赤峰（红山，元宝山区），喀喇沁旗，巴彦淖尔，五原，乌拉特前旗，凉城；

第二组：固阳，武川，和林格尔；

第三组：阿拉善左旗。

4 抗震设防烈度为7度，设计基本地震加速度值为0.10g：

第一组：赤峰（松山区），察右前旗，开鲁，敖汉旗，扎兰屯，通辽*；

第二组：清水河，乌兰察布，卓资，丰镇，乌特拉后旗，乌特拉中旗；

第三组：鄂尔多斯，准格尔旗。

5 抗震设防烈度为6度，设计基本地震加速度值为0.05g：

第一组：满洲里，新巴尔虎右旗，莫力达瓦旗，阿荣旗，扎赉特旗，翁牛特旗，商都，乌审旗，科左中旗，科左后旗，奈曼旗，库伦旗，苏尼特右旗；

第二组：兴和，察右后旗；

第三组：达尔军茂明安联合旗，阿拉善右旗，鄂托克旗，鄂托克前旗，包头（白云矿区），伊金霍洛旗，杭锦旗，四子王旗，察右中旗。

A.0.5 辽宁省

1 抗震设防烈度为8度，设计基本地震加速度值为0.20g：

第一组：普兰店，东港。

2 抗震设防烈度为7度，设计基本地震加速度值为0.15g：

第一组：营口（站前、西市、鲅鱼圈、老边），丹东（振兴、元宝、振安），海城，大石桥，瓦房店，盖州，大连（金州）。

3 抗震设防烈度为7度，设计基本地震加速度值为0.10g：

第一组：沈阳（沈河、和平、大东、皇姑、铁西、苏家屯、东陵、沈北、于洪），鞍山（铁东、铁西、立山、千山），朝阳（双塔、龙城），辽阳（白塔、文圣、宏伟、弓长岭、太子河），抚顺（新抚、东洲、望花），铁岭（银州、清河），盘锦（兴隆台、双台子），盘山，朝阳县，辽阳县，铁岭县，北票，建平，开原，抚顺县*，灯塔，台安，辽中，大洼；

第二组：大连（西岗、中山、沙河口、甘井子、旅顺），岫岩，凌源。

4 抗震设防烈度为6度，设计基本地震加速度值为0.05g：

第一组：本溪（平山、溪湖、明山、南芬），阜新（细河、海州、新邱、太平、清河门），葫芦岛（龙港、连山），昌图，西丰，法库，彰武，调兵山，阜新县，康平，新民，黑山，北宁，义县，宽甸，庄河，长海，抚顺（顺城）；

第二组：锦州（太和、古塔、凌河），凌海，凤城，喀喇沁左翼；

第三组：兴城，绥中，建昌，葫芦岛（南票）。

A. 0. 6 吉林省

1 抗震设防烈度为 8 度，设计基本地震加速度值为 0.20g：

前郭尔罗斯，松原。

2 抗震设防烈度为 7 度，设计基本地震加速度值为 0.15g：

大安*。

3 抗震设防烈度为 7 度，设计基本地震加速度值为 0.10g：

长春（难关、朝阳、宽城、二道、绿园、双阳），吉林（船营、龙潭、昌邑、丰满），白城，乾安，舒兰，九台，永吉*。

4 抗震设防烈度为 6 度，设计基本地震加速度值为 0.05g：

四平（铁西、铁东），辽源（龙山、西安），镇赉，洮南，延吉，汪清，图们，珲春，龙井，和龙，安图，蛟河，桦甸，梨树，磐石，东丰，辉南，梅河口，东辽，榆树，靖宇，抚松，长岭，德惠，农安，伊通，公主岭，扶余，通榆*。

注：全省县级及县级以上设防城镇，设计地震分组均为第一组。

A. 0. 7 黑龙江省

1 抗震设防烈度为 7 度，设计基本地震加速度值为 0.10g：

绥化，萝北，泰来。

2 抗震设防烈度为 6 度，设计基本地震加速度值为 0.05g：

哈尔滨（松北、道里、南岗、道外、香坊、平房、呼兰、阿城），齐齐哈尔（建华、龙沙、铁锋、昂昂溪、富拉尔基、碾子山、梅里斯），大庆（萨尔图、龙凤、让胡路、大同、红岗），鹤岗（向阳、兴山、工农、南山、兴安、东山），牡丹江（东安、爱民、阳明、西安），鸡西（鸡冠、恒山、滴道、梨树、城子河、麻山），佳木斯（前进、向阳、东风、郊区），七台河（桃山、新兴、茄子河），伊春（伊春区、乌马、友好），鸡东，望奎，穆棱，绥芬河，东宁，宁安，五大连池，嘉荫，汤原，桦南，桦川，依兰，勃利，通河，方正，木兰，巴彦，延寿，尚志，宾县，安达，明水，绥棱，庆安，兰西，肇东，肇州，双城，五常，讷河，北安，甘南，富裕，尤江，黑河，肇源，青冈*，海林*。

注：全省县级及县级以上设防城镇，设计地震分组均为第一组。

A. 0. 8 江苏省

1 抗震设防烈度为 8 度，设计基本地震加速度值为 0.30g：

第一组：宿迁（宿城、宿豫*）。

2 抗震设防烈度为 8 度，设计基本地震加速度值为 0.20g：

第一组：新沂，邳州，睢宁。

3 抗震设防烈度为 7 度，设计基本地震加速度值为 0.15g：

第一组：扬州（维扬、广陵、邗江），镇江（京口、润州），泗洪，江都；

第二组：东海，沭阳，大丰。

4 抗震设防烈度为 7 度，设计基本地震加速度值为 0.10g：

第一组：南京（玄武、白下、秦淮、建邺、鼓楼、下关、浦口、六合、栖霞、雨花台、江宁），常州（新北、钟楼、天宁、戚墅堰、武进），泰州（海陵、高港），江浦，东台，海安，姜堰，如皋，扬中，仪征，兴化，高邮，六合，句容，丹阳，金坛，镇江（丹徒），溧阳，溧水，昆山，太仓；

第二组：徐州（云龙、鼓楼、九里、贾汪、泉山），铜山，沛县，淮安（清河、青浦、淮阴），盐城（亭湖、盐都），泗阳，盱眙，射阳，赣榆，如东；

第三组：连云港（新浦、连云、海州），灌云。

5 抗震设防烈度为6度，设计基本地震加速度值为0.05g：

第一组：无锡（崇安、南长、北塘、滨湖、惠山），苏州（金阊、沧浪、平江、虎丘、吴中、相成），宜兴，常熟，吴江，泰兴，高淳；

第二组：南通（崇川、港闸），海门，启东，通州，张家港，靖江，江阴，无锡（锡山），建湖，洪泽，丰县；

第三组：响水，滨海，阜宁，宝应，金湖，灌南，涟水，楚州。

A.0.9 浙江省

1 抗震设防烈度为7度，设计基本地震加速度值为0.10g：

第一组：岱山，嵊泗，舟山（定海、普陀），宁波（北仑、镇海）。

2 抗震设防烈度为6度，设计基本地震加速度值为0.05g：

第一组：杭州（拱墅、上城、下城、江干、西湖、滨江、余杭、萧山），宁波（海曙、江东、江北、鄞州），湖州（吴兴、南浔），嘉兴（南湖、秀洲），温州（鹿城、龙湾、瓯海），绍兴，绍兴县，长兴，安吉，临安，奉化，象山，德清，嘉善，平湖，海盐，桐乡，海宁，上虞，慈溪，余姚，富阳，平阳，苍南，乐清，永嘉，泰顺，景宁，云和，洞头；

第二组：庆元，瑞安。

A.0.10 安徽省

1 抗震设防烈度为7度，设计基本地震加速度值为0.15g：

第一组：五河，泗县。

2 抗震设防烈度为7度，设计基本地震加速度值为0.10g：

第一组：合肥（蜀山、庐阳、瑶海、包河），蚌埠（蚌山、龙子湖、禹会、淮山），阜阳（颍州、颍东、颍泉），淮南（田家庵、大通），枞阳，怀远，长丰，六安（金安、裕安），固镇，凤阳，明光，定远，肥东，肥西，舒城，庐江，桐城，霍山，涡阳，安庆（大观、迎江、宜秀），铜陵县*；

第二组：灵璧。

3 抗震设防烈度为6度，设计基本地震加速度值为0.05g：

第一组：铜陵（铜官山、狮子山、郊区），淮南（谢家集、八公山、潘集），芜湖（镜湖、戈江、三江、鸠江），马鞍山（花山、雨山、金家庄），芜湖县，界首，太和，临泉，阜南，利辛，凤台，寿县，颍上，霍邱，金寨，含山，和县，当涂，无为，繁昌，池州，岳西，潜山，太湖，怀宁，望江，东至，宿松，南陵，宣城，郎溪，广德，泾县，青阳，石台；

第二组：滁州（琅琊、南谯），来安，全椒，砀山，萧县，蒙城，亳州，巢湖，天长；

第三组：濉溪，淮北，宿州。

A.0.11 福建省

1　抗震设防烈度为8度，设计基本地震加速度值为0.20g：

第二组：金门[*]。

2　抗震设防烈度为7度，设计基本地震加速度值为0.15g：

第一组：漳州（芗城、龙文），东山，诏安，龙海；

第二组：厦门（思明、海沧、湖里、集美、同安、翔安），晋江，石狮，长泰，漳浦；

第三组：泉州（丰泽、鲤城、洛江、泉港）。

3　抗震设防烈度为7度，设计基本地震加速度值为0.10g：

第二组：福州（鼓楼、台江、仓山、晋安），华安，南靖，平和，云霄；

第三组：莆田（城厢、涵江、荔城、秀屿），长乐，福清，平潭，惠安，南安，安溪，
　　　　福州（马尾）。

4　抗震设防烈度为6度，设计基本地震加速度值为0.05g：

第一组：三明（梅列、三元），屏南，霞浦，福鼎，福安，柘荣，寿宁，周宁，松溪，
　　　　宁德，古田，罗源，沙县，尤溪，闽清，闽侯，南平，大田，漳平，龙岩，
　　　　泰宁，宁化，长汀，武平，建守，将乐，明溪，清流，连城，上杭，永安，
　　　　建瓯；

第二组：政和，永定；

第三组：连江，永泰，德化，永春，仙游，马祖。

A.0.12　江西省

1　抗震设防烈度为7度，设计基本地震加速度值为0.10g：

寻乌，会昌。

2　抗震设防烈度为6度，设计基本地震加速度值为0.05g：

南昌（东湖、西湖、青云谱、湾里、青山湖），南昌县，九江（浔阳、庐山），九江
县，进贤，余干，彭泽，湖口，星子，瑞昌，德安，都昌，武宁，修水，靖安，铜
鼓，宜丰，宁都，石城，瑞金，安远，定南，龙南，全南，大余。

注：全省县级及县级以上设防城镇，设计地震分组均为第一组。

A.0.13　山东省

1　抗震设防烈度为8度，设计基本地震加速度值为0.20g：

第一组：郯城，临沭，莒南，莒县，沂永，安丘，阳谷，临沂（河东）。

2　抗震设防烈度为7度，设计基本地震加速度值为0.15g：

第一组：临沂（兰山、罗庄），青州，临朐，菏泽，东明，聊城，莘县，鄄城；

第二组：潍坊（奎文、潍城、寒亭、坊子），苍山，沂南，昌邑，昌乐，诸城，五莲，
　　　　长岛，蓬莱，龙口，枣庄（台儿庄），淄博（临淄2），寿光[*]。

3　抗震设防烈度为7度，设计基本地震加速度值为0.10g：

第一组：烟台（莱山、芝罘、牟平），威海，文登，高唐，荏平，定陶，成武；

第二组：烟台（福山），枣庄（薛城、市中、峄城、山亭[*]），淄博（张店、淄川、周
　　　　村），平原，东阿，平阴，梁山，郓城，巨野，曹县，广饶，博兴，高青，
　　　　桓台，蒙阴，费县，微山，禹城，冠县，单县[*]，夏津[*]，莱芜（莱城[*]、钢
　　　　城）；

第三组：东营（东营、河口），日照（东港、岚山），沂源，招远，新泰，栖霞，莱

248

州，平度，高密，垦利，淄博（博山），滨州*，平邑*。

    4 抗震设防烈度为6度，设计基本地震加速度值为0.05g：

第一组：荣成；

第二组：德州，宁阳，曲阜，邹城，鱼台，乳山，兖州；

第三组：济南（市中、历下、槐荫、天桥、历城、长清），青岛（市南、市北、四方、黄岛、崂山、城阳、李沧），泰安（泰山、岱岳），济宁（市中、任城），乐陵，庆云，无棣，阳信，宁津，沾化，利津，武城，惠民，商河，临邑，济阳，齐河，章丘，泗水，莱阳，海阳，金乡，滕州，莱西，即墨，胶南，胶州，东平，汶上，嘉祥，临清，肥城，陵县，邹平。

A.0.14 河南省

    1 抗震设防烈度为8度，设计基本地震加速度值为0.20g：

第一组：新乡（丑滨、红旗、凤泉、牧野），新乡县，安阳（北关、文峰、殷都、龙安），安阳县，淇县，卫辉，辉县，原阳，延津，获嘉，范县；

第二组：鹤壁（淇滨、山城*、鹤山*），汤阴。

    2 抗震设防烈度为7度，设计基本地震加速度值为0.15g：

第一组：台前，南乐，陕县，武陟；

第二组：郑州（中原、二七、管城、金水、惠济），濮阳，濮阳县，长垣，封丘，修武，内黄，浚县，滑县，清丰，灵宝，三门峡，焦作（马村*），林州*。

    3 抗震设防烈度为7度，设计基本地震加速度值为0.10g：

第一组：南阳（卧龙、宛城），新密，长葛，许昌*，许昌县*；

第二组：郑州（上街），新郑，洛阳（西工、老城、瀍河、涧西、吉利、洛龙*），焦作（解放、山阳、中站），开封（鼓楼、龙亭、顺河、禹王台、金明），开封县，民权，兰考，孟州，孟津，巩义，偃师，沁阳，博爱，济源，荥阳，温县，中牟，杞县*。

    4 抗震设防烈度为6度，设计基本地震加速度值为0.05g：

第一组：信阳（浉河、平桥），漯河（郾城、源汇、召陵），平顶山（新华、卫东、湛河、石龙），汝阳，禹州，宝丰，鄢陵，扶沟，太康，鹿邑，郸城，沈丘，项城，淮阳，周口，商水，上蔡，临颍，西华，西平，栾川，内乡，镇平，唐河，邓州，新野，社旗，平舆，新县，驻马店，泌阳，汝南，桐柏，淮滨，息县，正阳，遂平，光山，罗山，潢川，商城，固始，南召，叶县*，舞阳*；

第二组：商丘（梁园、睢阳），义马，新安，襄城，郏县，嵩县，宜阳，伊川，登封，柘城，尉氏，通许，虞城，夏邑，宁陵；

第三组：汝州，睢县，永城，卢氏，洛宁，渑池。

A.0.15 湖北省

    1 抗震设防烈度为7度，设计基本地震加速度值为0.10g：

竹溪，竹山，房县。

    2 抗震谩防烈度为6度，设计基本地震加速度值为0.05g：

武汉（江岸、江汉、矿口、汉阳、武昌、青山、洪山、东西湖、汉南、蔡甸、江夏、黄陂、新洲），荆州（沙市、荆州），荆门（东宝、掇刀），襄樊（襄城、樊城、襄阳），十堰（茅箭、张湾），宜昌（西陵、伍家岗、点军、猇亭、夷陵），黄石（下陆、黄石港、西塞山、铁山），恩施，咸宁，麻城，团风，罗田，英山，黄冈，鄂州，浠水，蕲春，黄梅，武穴，郧西，郧县，丹江口，谷城，老河口，宜城，南漳，保康，神农架，钟祥，沙洋，远安，兴山，巴东，秭归，当阳，建始，利川，公安，宣恩，咸丰，长阳，嘉鱼，大冶，宜都，枝江，松滋，江陵，石首，监利，洪湖，孝感，应城，云梦，天门，仙桃，红安，安陆，潜江，通山，赤壁，崇阳，通城，五峰*，京山*。

注：全省县级及县级以上设防城镇，设计地震分组均为第一组。

A.0.16 湖南省

1 抗震设防烈度为7度，设计基本地震加速度值为0.15g：

常德（武陵、鼎城）。

2 抗震设防烈度为7度，设计基本地震加速度值为0.10g：

岳阳（岳阳楼、君山），岳阳县，汨罗，湘阴，临澧，澧县，津市，桃源，安乡，汉寿。

3 抗震设防烈度为6度，设计基本地震加速度值为0.05g：

长沙（岳麓、芙蓉、天心、开福、雨花），长沙县，岳阳（云溪），益阳（赫山、资阳），张家界（永定、武陵源），郴州（北湖、苏仙），邵阳（大祥、双清、北塔），邵阳县，泸溪，沅陵，娄底，宜章，资兴，平江，宁乡，新化，冷水江，涟源，双峰，新邵，邵东，隆回，石门，慈利，华容，南县，临湘，沅江，桃江，望城，溆浦，会同，靖州，韶山，江华，宁远，道县，临武，湘乡*，安化*，中方*，洪江*。

注：全省县级及县级以上设防城镇，设计地震分组均为第一组。

A.0.17 广东省

1 抗震设防烈度为8度，设计基本地震加速度值为0.20g：

汕头（金平、濠江、龙湖、澄海），潮安，南澳，徐闻，潮州。

2 抗震设防烈度为7度，设计基本地震加速度值为0.15g：

揭阳，揭东，汕头（潮阳、潮南），饶平。

3 抗震设防烈度为7度，设计基本地震加速度值为0.10g：

广州（越秀、荔湾、海珠、天河、白云、黄埔、番禺、南沙、萝岗），深圳（福田、罗湖、南山、宝安、盐田），湛江（赤坎、霞山、坡头、麻章），汕尾，海丰，普宁，惠来，阳江，阳东，阳西，茂名（茂南、茂港），化州，廉江，遂溪，吴川，丰顺，中山，珠海（香洲、斗门、金湾），电白，雷州，佛山（顺德、南海、禅城*），江门（蓬江、江海、新会）*，陆丰*。

4 抗震设防烈度为6度，设计基本地震加速度值为0.05g：

韶关（浈江、武江、曲江），肇庆（端州、鼎湖），广州（花都），深圳（尤岗），河源，揭西，东源，梅州，东莞，清远，清新，南雄，仁化，始兴，乳源，英德，佛冈，龙门，龙川，平远，从化，梅县，兴宁，五华，紫金，陆河，增城，博罗，惠州（惠城、惠阳），惠东，四会，云浮，云安，高要，佛山（三水、高明），鹤山，封开，郁南，罗定，信宜，新兴，开平，恩平，台山，阳春，高州，翁源，连平，和平，蕉

250

岭，大埔，新丰*。

注：全省县级及县级以上设防城镇，除大埔为设计地震第二组外，均为第一组。

A.0.18 广西壮族自治区

1 设防烈度为7度，设计基本地震加速度值为0.15g：

灵山，田东。

2 设防烈度为7度，设计基本地震加速度值为0.10g：

玉林，兴业，横县，北流，百色，田阳，平果，隆安，浦北，博白，乐业*。

3 设防烈度为6度，设计基本地震加速度值为0.05g：

南宁（青秀、兴宁、江南、西乡塘、良庆、邕宁），桂林（象山、叠彩、秀峰、七星、雁山），柳州（柳北、城中、鱼峰、柳南），梧州（长洲、万秀、蝶山），钦州（钦南、钦北），贵港（港北、港南），防城港（港口、防城），北海（海城、银海），兴安，灵川，临桂，永福，鹿寨，天峨，东兰，巴马，都安，大化，马山，融安，象州，武宣，桂平，平南，上林，宾阳，武鸣，大新，扶绥，东兴，合浦，钟山，贺州，藤县，苍梧，容县，岑溪，陆川，凤山，凌云，田林，隆林，西林，德保，靖西，那坡，天等，崇左，上思，龙州，宁明，融水，凭祥，全州。

注：全自治区县级及县级以上设防城镇，设计地震分组均为第一组。

A.0.19 海南省

1 抗震设防烈度为8度，设计基本地震加速度值为0.30g：

海口（龙华、秀英、琼山、美兰）。

2 抗震设防烈度为8度，设计基本地震加速度值为0.20g：

文昌，定安。

3 抗震设防烈度为7度，设计基本地震加速度值为0.15g：

澄迈。

4 抗震设防烈度为7度，设计基本地震加速度值为0.10g：

临高，琼海，儋州，屯昌。

5 抗震设防烈度为6度，设计基本地震加速度值为0.05g：

三亚，万宁，昌江，白沙，保亭，陵水，东方，乐东，五指山，琼中。

注：全省县级及县级以上设防城镇，除屯昌、琼中为设计地震第二组外，均为第一组。

A.0.20 四川省

1 抗震设防烈度不低于9度，设计基本地震加速度值不小于0.40g：

第二组：康定，西昌。

2 抗震设防烈度为8度，设计基本地震加速度值为0.30g：

第二组：冕宁*。

3 抗震设防烈度为8度，设计基本地震加速度值为0.20g：

第一组：茂县，汶川，宝兴；

第二组：松潘，平武，北川（震前），都江堰，道孚，泸定，甘孜，炉霍，喜德，普格，宁南，理塘；

第三组：九寨沟，石棉，德昌。

4 抗震设防烈度为7度，设计基本地震加速度值为0.15g：

第二组：巴塘，德格，马边，雷波，天全，芦山，丹巴，安县，青州，江油，绵竹，什邡，彭州，理县，剑阁*；

第三组：荥经，汉源，昭觉，布拖，甘洛，越西，雅江，九龙，木里，盐源，会东，新龙。

5 抗震设防烈度为 7 度，设计基本地震加速度值为 0.10g：

第一组：自贡（自流井、大安、贡井、沿滩）；

第二组：绵阳（涪城、游仙），广元（利州、元坝、朝天），乐山（市中、沙湾），宜宾，宜宾县，峨边，沐川，屏山，得荣，雅安，中江，德阳，罗江，峨眉山，马尔康；

第三组：成都（青羊、锦江、金牛、武侯、成华、龙泽泉、青白江、新都、温江），攀枝花（东区、西区、仁和），若尔盖，色达，壤塘，石渠，白玉，盐边，米易，乡城，稻城，双流，乐山（金口轲、五通桥），名山，美姑，金阳，小金，会理，黑水，金川，洪雅，夹江，邛崃，蒲江，彭山，丹棱，眉山，青神，郫县，大邑，崇州，新津，金堂，广汉。

6 抗震设防烈度为 6 度，设计基本地震加速度值为 0.05g：

第一组：泸州（江阳、纳溪、龙马潭），内江（市中、东兴），宣汉，达州，达县，大竹，邻水，渠县，广安，华蓥，隆昌，富顺，南溪，兴文，叙永，古蔺，资中，通江，万源，巴中，阆中，仪陇，西充，南部，射洪，大英，乐至，资阳；

第二组：南江，苍溪，旺苍，盐亭，三台，简阳，泸县，江安，长宁，高县，珙县，仁寿，威远；

第三组：犍为，荣县，梓潼，筠连，井研，阿坝，红原。

A.0.21 贵州省

1 抗震设防烈度为 7 度，设计基本地震加速度值为 0.10g：

第一组：望谟；

第三组：威宁。

2 抗震设防烈度为 6 度，设计基本地震加速度值为 0.05g：

第一组：贵阳（乌当*、白云*、小河、南明、云岩溪），凯里，毕节，安顺，都匀，黄平，福泉，贵定，麻江镇，龙里，平坝，纳雍，织金，普定，六枝，镇宁，惠水顺，关岭，紫云，罗甸，兴仁，贞丰，安龙，金沙，赤水，习水，思南*；

第二组：六盘水，水城，册亨；

第三组：赫章，普安，晴隆，兴义，盘县。

A.0.22 云南省

1 抗震设防烈度不低于 9 度，设计基本地震加速度值不小于 0.40g：

第二组：寻甸，昆明（东川）；

第三组：澜沧。

2 抗震设防烈度为 8 度，设计基本地震加速度值为 0.30g：

第二组：剑川，嵩明，宜良，丽江，玉龙，鹤庆，永胜，潞西，龙陵，石屏，建水；

第三组：耿马，双江，沧源，勐海，西盟，孟连。

3 抗震设防烈度为8度，设计基本地震加速度值为0.20g：

第二组：石林，玉溪，大理，巧家，江川，华宁，峨山，通海，洱源，宾川，弥渡，祥云，会泽，南涧；

第三组：昆明（盘龙、五华、官渡、西山），普洱（原思茅市），保山，马龙，呈贡，澄江，晋宁，易门，漾濞，巍山，云县，腾冲，施甸，瑞丽，梁河，安宁，景洪，永德，镇康，临沧，凤庆*，陇川*。

4 抗震设防烈度为7度，设计基本地震加速度值为0.15g：

第二组：香格里拉，泸水，大关，永善，新平*；

第三组：曲靖，弥勒，陆良，富民，禄劝，武定，兰坪，云龙，景谷，宁洱（原普洱），沾益，个旧，红河，元江，禄丰，双柏，开远，盈江，永平，昌宁，宁蒗，南华，楚雄，勐腊，华坪，景东*。

5 抗震设防烈度为7度，设计基本地震加速度值为0.10g：

第二组：盐津，绥江，德钦，贡山，水富；

第三组：昭通，彝良，鲁甸，福贡，永仁，大姚，元谋，姚安，牟定，墨江，绿春，镇沅，江城，金平，富源，师宗，泸西，蒙自，元阳，维西，宣威。

6 抗震设防烈度为6度，设计基本地震加速度值为0.05g：

第一组：威信，镇雄，富宁，西畴，麻栗坡，马关；

第二组：广南；

第三组：丘北，砚山，屏边，河口，文山，罗平。

A.0.23 西藏自治区

1 抗震设防烈度不低于9度，设计基本地震加速度值不小于0.40g：

第三组：当雄，墨脱。

2 抗震设防烈度为8度，设计基本地震加速度值为0.30g：

第二组：申扎；

第三组：米林，波密。

3 抗震设防烈度为8度，设计基本地震加速度值为0.20g：

第二组：普兰，聂拉木，萨嘎；

第三组：拉萨，堆龙德庆，尼木，仁布，尼玛，洛隆，隆子，错那，曲松，那曲，林芝（八一镇），林周。

4 抗震设防烈度为7度，设计基本地震加速度值为0.15g：

第二组：札达，吉隆，拉孜，谢通门，亚东，洛扎，昂仁；

第三组：日土，江孜，康马，白朗，扎囊，措美，桑日，加查，边坝，八宿，丁青，类乌齐，乃东，琼结，贡嘎，朗县，达孜，南木林，班戈，浪卡子，墨竹工卡，曲水，安多，聂荣，日喀则*，噶尔*。

5 抗震设防烈度为7度，设计基本地震加速度值为0.10g：

第一组：改则；

第二组：措勤，仲巴，定结，芒康；

第三组：昌都，定日，萨迦，岗巴，巴青，工布江达，索县，比如，嘉黎，察雅，友贡，察隅，江达，贡觉。

6 抗震设防烈度为6度，设计基本地震加速度值为0.05g：

第二组：革吉。

A.0.24 陕西省

1 抗震设防烈度为8度，设计基本地震加速度值为0.20g：

第一组：西安（未央、莲湖、新城、碑林、灞桥、雁塔、阎良*、临潼），渭南，华
县，华阴，潼关，大荔；

第三组：陇县。

2 抗震设防烈度为7度，设计基本地震加速度值为0.15g：

第一组：咸阳（秦都、渭城），西安（长安），高陵，兴平，周至，户县，蓝田；

第二组：宝鸡（金台、渭滨、陈仓），咸阳（杨凌特区），千阳，岐山，凤翔，扶风，
武功，眉县，三原，富平，澄城，蒲城，泾阳，礼泉，韩城，合阳，略阳；

第三组：凤县。

3 抗震设防烈度为7度，设计基本地震加速度值为0.10g：

第一组：安康，平利；

第二组：洛南，乾县，勉县，宁强，南郑，汉中；

第三组：白水，淳化，麟游，永寿，商洛（商州），太白，留坝，铜川（耀州、王益、
印台*），柞水*。

4 抗震设防烈度为6度，设计基本地震加速度值为0.05g：

第一组：延安，清涧，神木，佳县，米脂，绥德，安塞，延川，延长，志丹，甘泉，
商南，紫阳，镇巴，子长*，子洲*；

第二组：吴旗，富县，旬阳，白河，岚皋，镇坪；

第三组：定边，府谷，吴堡，洛川，黄陵，旬邑，洋县，西乡，石泉，汉阴，宁陕，
城固，宜川，黄龙，宜君，长武，彬县，佛坪，镇安，丹凤，山阳。

A.0.25 甘肃省

1 抗震设防烈度不低于9度，设计基本地震加速度值不小于0.40g：

第二组：古浪。

2 抗震设防烈度为8度，设计基本地震加速度值为0.30g：

第二组：天水（秦州、麦积），礼县，西和；

第三组：白银（平川区）。

3 抗震设防烈度为8度，设计基本地震加速度值为0.20g：

第二组：宕昌，肃北，陇南，成县，徽县，康县，文县；

第三组：兰州（城关、七里河、西固、安宁），武威，永登，天祝，景泰，靖远，陇
西，武山，秦安，清水，甘谷，漳县，会宁，静宁，庄浪，张家川，通渭，
华亭，两当，舟曲。

4 抗震设防烈度为7度，设计基本地震加速度值为0.15g：

第二组：康乐，嘉峪关，玉门，酒泉，高台，临泽，肃南；

第三组：白银（白银区），兰州（红古区），永靖，岷县，东乡，和政 J 广河，临潭，
卓尼，迭部，临洮，渭源，皋兰，崇信，榆中，定西，金昌，阿克塞，民

乐，永昌，平凉。

    5 抗震设防烈度为7度，设计基本地震加速度值为0.10g：

第二组：张掖，合作，玛曲，金塔；

第三组：敦煌，瓜洲，山丹，临夏，临夏县，夏河，碌曲，泾川，灵台，民勤，镇原，环县，积石山。

    6 抗震设防烈度为6度，设计基本地震加速度值为0.05g：

第三组：华池，正宁，庆阳，合水，宁县，西峰。

A.0.26 青海省

    1 抗震设防烈度为8度，设计基本地震加速度值为0.20g：

第二组：玛沁；

第三组：玛多，达日。

    2 抗震设防烈度为7度，设计基本地震加速度值为0.15g：

第二组：祁连；

第三组：甘德，门源，治多，玉树。

    3 抗震设防烈度为7度，设计基本地震加速度值为0.10g：

第二组：乌兰，称多，杂多，囊谦；

第三组：西宁（城中、城东、城西、城北），同仁，共和，德令哈，海晏，湟源，湟中，平安，民和，化隆，贵德，尖扎，循化，格尔木，贵南，同德，河南，曲麻莱，久治，班玛，天峻，刚察，大通，互助，乐都，都兰，兴海。

    4 抗震设防烈度为6度，设计基本地震加速度值为0.05g：

第三组：泽库。

A.0.27 宁夏回族自治区

    1 抗震设防烈度为8度，设计基本地震加速度值为0.30g：

第二组：海原。

    2 抗震设防烈度为8度，设计基本地震加速度值为0.20g：

第一组：石嘴山（大武口、惠农），平罗；

第二组：银川（兴庆、金凤、西夏），吴忠，贺兰，永宁，青铜峡，泾源，灵武，固原；

第三组：西吉，中宁，中卫，同心，隆德。

    3 抗震设防烈度为7度，设计基本地震加速度值为0.15g：

第三组：彭阳。

    4 抗震设防烈度为6度，设计基本地震加速度值为0.05g：

第三组：盐池。

A.0.28 新疆维吾尔自治区

    1 抗震设防烈度不低于9度，设计基本地震加速度值不小于0.40g：

第三组：乌恰，塔什库尔干。

    2 抗震设防烈度为8度，设计基本地震加速度值为0.30g：

第三组：阿图什，喀什，疏附。

    3 抗震设防烈度为8度，设计基本地震加速度值为0.20g：

第一组：巴里坤；

第二组：乌鲁木齐（天山、沙依巴克、新市、水磨沟、头屯河、米东），乌鲁木齐县，温宿，阿克苏，柯坪，昭苏，特克斯，库车，青河，富蕴，乌什*；

第三组：尼勒克，新源，巩留，精河，乌苏，奎屯，沙湾，玛纳斯，石河子，克拉玛依（独山子），疏勒，伽师，阿克陶，英吉沙。

4　抗震设防烈度为 7 度，设计基本地震加速度值为 0.15g：

第一组：木垒*；

第二组：库尔勒，新和，轮台，和静，焉耆，博湖，巴楚，拜城，昌吉，阜康*；

第三组：伊宁，伊宁县，霍城，呼图壁，察布查尔，岳普湖。

5　抗震设防烈度为 7 度，设计基本地震加速度值为 0.10g：

第一组：鄯善；

第二组：乌鲁木齐（达坂城），吐鲁番，和田，和田县，吉木萨尔，洛浦，奇台，伊吾，托克逊，和硕，尉犁，墨玉，策勒，哈密*；

第三组：五家渠，克拉玛依（克拉玛依区），博乐，温泉，阿合奇，阿瓦提，沙雅，图木舒克，莎车，泽普，叶城，麦盖堤，皮山。

6　抗震设防烈度为 6 度，设计基本地震加速度值为 0.05g：

第一组：额敏，和布克赛尔；

第二组：于田，哈巴河，塔城，福海，克拉玛依（马尔禾）；

第三组：阿勒泰，托里，民丰，若羌，布尔津，吉木乃，裕民，克拉玛依（白碱滩），且末，阿拉尔。

A.0.29 港澳特区和台湾省

1　抗震设防烈度不低于 9 度，设计基本地震加速度值不小于 0.40g：

第二组：台中；

第三组：苗栗，云林，嘉义，花莲。

2　抗震设防烈度为 8 度，设计基本地震加速度值为 0.30g：

第二组：台南；

第三组：台北，桃园，基隆，宜兰，台东，屏东。

3　抗震设防烈度为 8 度，设计基本地震加速度值为 0.20g：

第三组：高雄，澎湖。

4　抗震设防烈度为 7 度，设计基本地震加速度值为 0.15g：

第一组：香港。

5　抗震设防烈度为 7 度，设计基本地震加速度值为 0.10g：

第一组：澳门。